Tharwat F. Tadros (†)
Tenside

Weitere empfehlenswerte Titel

Formulierungen.
In Kosmetik und Körperpflege
Tharwat F. Tadros, erscheint 2023
ISBN 978-3-11-079852-4, e-ISBN (PDF) 978-3-11-079854-8

Emulsionen
Tharwat F. Tadros, erscheint 2023
ISBN 978-3-11-079858-6, e-ISBN (PDF) 978-3-11-079859-3

Tribologie Polymerbasierter Verbundwerkstoffe
Klaus Kunze, 2021
ISBN 978-3-11-074626-6, e-ISBN (PDF) 978-3-11-074628-0

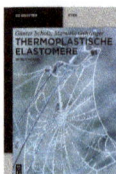

Thermoplastische Elastomere.
Im Blickfang
Günter Scholz und Manuela Gehringer, 2021
ISBN 978-3-11-073986-2, e-ISBN (PDF) 978-3-11-074006-6

Tharwat F. Tadros (†)

Tenside

Deutsche Übersetzung
Betreut im DeGruyter Naturwissenschaftslektorat

DE GRUYTER

Autor
Prof. Dr. Tharwat F. Tadros (†)

ISBN 978-3-11-079856-2
e-ISBN (PDF) 978-3-11-079857-9
e-ISBN (EPUB) 978-3-11-079869-2

Library of Congress Control Number: 2022947584

Bibliografische Information der Deutschen Nationalbibliothek
Die Deutsche Nationalbibliothek verzeichnet diese Publikation in der Deutschen
Nationalbibliografie; detaillierte bibliografische Daten sind im Internet über
http://dnb.dnb.de abrufbar.

© 2023 Walter de Gruyter GmbH, Berlin/Boston
Einbandabbildung: Patrick Daxenbichler/iStock/Getty Images Plus
Satz: Integra Software Services Pvt. Ltd.
Druck und Bindung: CPI books GmbH, Leck

www.degruyter.com

Vorwort

Tenside finden in fast allen chemischen Industriezweigen Anwendung, von denen
hier nur einige genannt werden sollen: Reinigungsmittel, Farben, Farbstoffe, Kosmetika, Pharmazeutika, Agrochemikalien, Fasern, Kunststoffe usw. Darüber hinaus
spielen Tenside eine wichtige Rolle in der Erdölindustrie, zum Beispiel bei der sekundären und tertiären Erdölgewinnung. Gelegentlich werden sie auch im Umweltschutz
eingesetzt, z. B. als Dispersionsmittel für Ölteppiche. Daher ist ein grundlegendes
Verständnis der physikalischen Chemie oberflächenaktiver Stoffe, ihrer ungewöhnlichen Eigenschaften und ihres Phasenverhaltens für die meisten Industriechemiker
unerlässlich. Darüber hinaus ist das Verständnis der grundlegenden Phänomene, die
bei der Anwendung von Tensiden eine Rolle spielen, wie z. B. bei der Herstellung
von Emulsionen und Suspensionen und deren anschließender Stabilisierung, bei
Nano- und Mikroemulsionen, bei der Benetzung, Ausbreitung und Adhäsion usw.,
von entscheidender Bedeutung, um die richtige Zusammensetzung und Kontrolle des
betreffenden Systems zu erreichen. Dieses Buch wurde als Einführung für Chemiker
und Techniker geschrieben, die Tenside in den oben genannten Anwendungen einsetzen. Das Buch ist so weit wie möglich einfach und ohne zu viele Details geschrieben, um dem Leser einen Einstieg in die grundlegenden physikalischen Phänomene
zu ermöglichen, die in diesem weiten Feld eine Rolle spielen. Für weitere Details
kann der Leser auf umfassendere Bücher zurückgreifen, die vom Autor herausgegeben oder geschrieben wurden (z. B. „Applied Surfactants", Wiley 2005; „Encyclopedia of Colloid and Interface Science", Springer, 2013).

Dieses Buch beginnt mit einer allgemeinen Einführung (Kapitel 1), die das Thema
einleitend darstellt und den Aufbau des Buches erläutert. Kapitel 2 enthält eine allgemeine Klassifizierung der Tenside aufgrund der Art der Kopfgruppe (anionisch, kationisch, zwitterionisch und nichtionisch), eine Beschreibung einiger spezialisierter
Moleküle wie Fluorkohlenwasserstoff- und Silikontenside (auch Superbenetzer genannt; engl. superwetting agents), Tenside auf Zuckerbasis, natürlich vorkommende
Tenside und polymere Tenside. Kapitel 3 befasst sich mit den ungewöhnlichen Eigenschaften von Tensidlösungen und dem Prozess der Mizellbildung. Die verschiedenen
Selbstorganisationsstrukturen, die in Tensidlösungen entstehen, werden in Bezug auf
ihre Strukturen und ihr Phasenverhalten beschrieben. Kapitel 4 beschreibt den Prozess der Tensidadsorption an den Grenzflächen Luft/Flüssigkeit (A/L), Flüssigkeit/
Flüssigkeit (L/L) und Feststoff/Flüssigkeit (S/L). Die experimentellen Techniken, die
zur Messung der Adsorption von Tensiden an verschiedenen Grenzflächen eingesetzt
werden können, werden kurz beschrieben. Kapitel 5 beschreibt die Verwendung von
Tensiden als Emulgatoren mit besonderem Augenmerk auf die Methoden, die zur Auswahl von Emulgatoren für ein bestimmtes Öl in der Emulsion angewendet werden
können. Die Rolle der Tenside bei der Stabilisierung der Emulsion gegen Ausflockung,
Ostwald-Reifung und Koaleszenz wird ebenfalls auf einer grundlegenden Ebene beschrieben. Kapitel 6 beschreibt die Verwendung von Tensiden als Dispergiermittel für

https://doi.org/10.1515/9783110798579-202

Suspensionen. Der Prozess der Dispersion von Pulvern in Flüssigkeiten wird im Hinblick auf die Benetzung, Dispersion und Stabilisierung der resultierenden Suspension gegen Ausflockung beschrieben. Kapitel 7 befasst sich mit Tensiden bei der Schaumbildung und -stabilisierung. Es werden die Theorien der Schaumstabilisierung und die Rolle der Tenside beschrieben. Die Anwendung von Tensiden bei der Formulierung von Nanoemulsionen (in einem Größenbereich von 20–200 nm) wird in Kapitel 8 beschrieben. Die verschiedenen Methoden, die zur Herstellung von Nanoemulsionen angewendet werden können, werden beschrieben. Kapitel 9 beschreibt Mikroemulsionen und den Ursprung ihrer thermodynamischen Stabilität. Es werden die verschiedenen Methoden beschrieben, die zur Formulierung von Mikroemulsionen angewendet werden können. Die Verwendung von Tensiden als Benetzungsmittel wird in Kapitel 10 beschrieben. Besonderes Augenmerk wird dabei auf die Grundlagen der Benetzung und Ausbreitung gelegt, unter besonderer Berücksichtigung von Tensiden, die als Netzmittel verwendet werden können. Das abschließende Kapitel 11 befasst sich mit der Anwendung von Tensiden in ausgewählten Branchen: Kosmetika, Pharmazeutika, Agrochemikalien, Farben und Beschichtungen, Reinigungsmittel.

Dieses Buch kann für die Ausbildung von Studenten und Hochschulabsolventen nützlich sein. Es ist auch für Industriechemiker wertvoll, die an der Formulierung von Dispersionssystemen beteiligt sind, bei denen Tenside wesentliche Bestandteile solcher Formulierungen sind.

Wokingham, Berkshire UK, Tharwat Tadros

Inhaltsverzeichnis

1 Allgemeine Einführung

Tenside sind amphiphile oder amphipathische Moleküle, die aus einem unpolaren hydrophoben Teil bestehen, in der Regel einer geraden oder verzweigten Kohlenwasserstoff- oder Fluorkohlenwasserstoffkette mit 8 bis 18 Kohlenstoffatomen, der an einen polaren oder ionischen (hydrophilen) Teil gebunden ist. Der Begriff „amphiphil" leitet sich vom griechischen Wort „amphi" ab, das „beides" bedeutet, und bezieht sich auf die Tatsache, dass alle Tensidmoleküle aus mindestens zwei Teilen bestehen, von denen einer in einer bestimmten Flüssigkeit, z. B. Wasser, löslich ist (der hydrophile Teil) und der andere in Wasser unlöslich ist (der hydrophobe Teil). Der hydrophile Teil kann nichtionisch, ionisch oder zwitterionisch sein, wobei in den letzten beiden Fällen Gegenionen vorhanden sind. Die Kohlenwasserstoffkette interagiert nur schwach mit den Wassermolekülen in einer wässrigen Umgebung, während die polare oder ionische Kopfgruppe über Dipol- oder Ionen-Dipol-Wechselwirkungen stark mit den Wassermolekülen interagiert. Es ist diese starke Wechselwirkung mit den Wassermolekülen, die das Tensid wasserlöslich macht. Die Wassermoleküle vermeiden jedoch den Kontakt mit der hydrophoben Kette, und ihre kooperative Wirkung von Dispersion und Wasserstoffbrückenbindungen führt dazu, dass die Kohlenwasserstoffkette aus dem Wasser herausgedrückt wird, indem sie sich an den Grenzflächen anlagert und sich in Lösung zu Aggregateinheiten zusammenschließt, die als Mizellen bezeichnet werden. Im letzteren Fall sind die hydrophoben Gruppen des Tensids in das Innere des Aggregats und die polaren Kopfgruppen in Richtung des Lösungsmittels gerichtet. Diese Mizellen befinden sich in einem dynamischen Gleichgewicht, und die Austauschrate zwischen einem Tensidmolekül und der Mizelle kann je nach der Struktur des Tensidmoleküls um Größenordnungen variieren. Das Gleichgewicht zwischen hydrophilen und hydrophoben Teilen des Moleküls (das sogenannte hydrophil-lipophile Gleichgewicht, HLB) verleiht diesen Systemen ihre besonderen Eigenschaften wie Adsorption an Grenzflächen und Bildung von Selbstorganisationsstrukturen.

Tenside haben die Eigenschaft, an den Oberflächen oder Grenzflächen des Systems zu adsorbieren und die freie Oberflächen- oder Grenzflächenenergie dieser Oberflächen oder Grenzflächen zu verändern. Die treibende Kraft für die Adsorption von Tensiden ist die Senkung der freien Energie der Phasengrenze. Die freie Grenzflächenenergie pro Flächeneinheit ist die Arbeit, die zur Ausdehnung der Grenzfläche erforderlich ist. Diese freie Grenzflächenenergie, die als Oberflächenspannung oder Grenzflächenspannung γ bezeichnet wird, wird in mJm^{-2} oder mNm^{-1} angegeben. Die Adsorption von Tensidmolekülen an der Grenzfläche senkt die Oberflächenspannung γ_{AW} (an der Luft/Flüssigkeits-Grenzfläche) oder die Grenzflächenspannung γ_{OW} (an der Öl/Wasser-Grenzfläche), und je höher die Tensidadsorption ist (d. h. je dichter die Schicht ist), desto größer ist die Verringerung von γ. Tenside adsorbieren auch an der Fest/flüssig-Grenzfläche, was zu einer Verringerung der Fest/flüssig-Grenzflächenspannung γ_{SL} führt. Der Grad der Tensidadsorption an der Grenzflä-

https://doi.org/10.1515/9783110798579-001

che hängt von der Tensidstruktur und der Art der beiden Phasen ab, die auf die Grenzfläche treffen [1–4].

Bei der Untersuchung von Tensiden sollten zwei Hauptphänomene berücksichtigt werden:

1. Grenzflächeneffekte, die sich auf die Adsorption und Ausrichtung der Moleküle an verschiedenen Grenzflächen beziehen. Dies erfordert genaue Messungen der Adsorption und der Ausrichtung der Tensid-Ionen oder -Moleküle.
2. Kolloidstabilität, die sich auf die Wirkung von Tensiden auf die Stabilisierung verschiedener disperser Systeme bezieht, z. B. Emulsionen, Suspensionen, Schäume, Nano- und Mikroemulsionen. Es sollte erwähnt werden, dass diese Unterteilung nur der Einfachheit halber erfolgt, da Kolloid- und Grenzflächenforschung ein und dasselbe Studienfach sind. Alle Phänomene der Kolloidstabilität sind mit den Grenzflächenphänomenen verbunden.

Tenside finden in fast allen chemischen Industriezweigen Anwendung, von denen hier nur einige genannt werden sollen: Reinigungsmittel, Farben, Farbstoffe, Kosmetika, Pharmazeutika, Agrochemikalien, Fasern, Kunststoffe usw. Darüber hinaus spielen Tenside eine wichtige Rolle in der Erdölindustrie, z. B. bei der sekundären und tertiären Erdölgewinnung. In letzterem Fall werden mizellare Systeme und Mikroemulsionen aus Tensiden verwendet, um das Öl aus den Mikroporen zurückzugewinnen, das aufgrund der Kapillarkräfte eingeschlossen ist. Gelegentlich werden sie auch für den Umweltschutz eingesetzt, z. B. als Dispersionsmittel für Ölteppiche. Das aus Tankern und Ölquellen ausgelaufene Öl wird mit Hilfe von Tensiden emulgiert, die entstandene Emulsion wird getrennt und das System anschließend demulgiert, um das Öl zurückzugewinnen. Daher ist ein grundlegendes Verständnis der physikalischen Chemie von Tensiden, ihrer ungewöhnlichen Eigenschaften und ihres Phasenverhaltens für die meisten Industriechemiker unerlässlich. Darüber hinaus ist das Verständnis der grundlegenden Phänomene bei der Anwendung von Tensiden, z. B. bei der Herstellung von Emulsionen und Suspensionen und deren anschließender Stabilisierung, bei Nano- und Mikroemulsionen, bei der Benetzung, Ausbreitung und Adhäsion usw., von entscheidender Bedeutung, um die richtige Zusammensetzung und Kontrolle des betreffenden Systems zu erreichen [1, 2]. Dies ist insbesondere bei vielen der oben genannten Formulierungen in der chemischen Industrie der Fall.

Es sei darauf hingewiesen, dass es sich bei den kommerziell hergestellten Tensiden nicht um reine Chemikalien handelt und dass es innerhalb der einzelnen chemischen Typen enorme Unterschiede geben kann. Dies ist verständlich, da Tenside aus verschiedenen Ausgangsstoffen hergestellt werden, nämlich aus Petrochemikalien, natürlichen Pflanzenölen und natürlichen tierischen Fetten. Es ist wichtig zu wissen, dass die hydrophobe Gruppe in jedem Fall aus einer Mischung von Ketten unterschiedlicher Länge besteht. Das Gleiche gilt für die polare Kopfgruppe, zum Beispiel bei Polyethylenoxid (dem Hauptbestandteil nichtionischer Tenside), das aus einer Verteilung von Ethylenoxid-Einheiten besteht. Daher können Produkte, die denselben Gattungsnamen tragen, in ihren Eigenschaften sehr unterschiedlich sein, und der Formulierungschemiker sollte dies bei der Auswahl eines Tensids eines bestimmten Herstellers berücksichtigen. Es ist ratsam, vom Hersteller so viele Informationen wie möglich einzuholen, z. B. die Verteilung der Alkylkettenlänge, die Verteilung der Polyethylenoxidkette und auch die Eigenschaften des gewählten Tensids, wie seine Eignung für die Aufgabe, seine Schwankungen von Charge zu Charge, seine Toxizität usw. Der Hersteller verfügt in der Regel über mehr Informationen über das Tensid als auf dem Datenblatt angegeben, und in den meisten Fällen werden diese Informationen auf Anfrage erteilt.

Dieses Buch gibt eine Einführung in Tenside, ihre Lösungseigenschaften, die Adsorption an verschiedenen Grenzflächen und ihre Anwendungen in verschiedenen dispersen Systemen. Kapitel 2 enthält eine allgemeine Klassifizierung der Tenside auf der Grundlage der Art der Kopfgruppe (anionisch, kationisch, zwitterionisch und nichtionisch). Außerdem werden einige spezialisierte Moleküle wie Fluorkohlenwasserstoff- und Silikontenside (als „Superbenetzer" bezeichnet) sowie Tenside auf Zuckerbasis beschrieben. Natürlich vorkommende Tenside, die in der Lebensmittelindustrie und in der Pharmazie verwendet werden, werden ebenfalls beschrieben. Ein Abschnitt ist den polymeren Tensiden gewidmet. Letztere sind besonders wichtig für die Stabilisierung von dispersen Systemen. Kapitel 3 befasst sich mit den ungewöhnlichen Eigenschaften von Tensidlösungen, die bei einer bestimmten Konzentration abrupte Veränderungen zeigen, die mit der Bildung von Aggregateinheiten, den so genannten Mizellen, zusammenhängen. Diese Konzentration, die als kritische Mizellbildungskonzentration (CMC) bezeichnet wird, hängt von der Struktur und Art des Tensidmoleküls ab. Die verschiedenen Selbstorganisationsstrukturen, die in Tensidlösungen entstehen, werden in Bezug auf ihre Strukturen und ihr Phasenverhalten beschrieben. Kapitel 4 beschreibt den Prozess der Adsorption von Tensiden an den Grenzflächen Luft/Flüssigkeit (A/L), Flüssigkeit/Flüssigkeit (L/L) und Feststoff/Flüssigkeit (S/L). Es wird eine thermodynamische Betrachtung des Prozesses der Tensidadsorption gegeben. Diese Betrachtung kann für die reversible Adsorption der Tensidmoleküle angewandt werden, bei der ein Gleichgewicht hergestellt wird, sobald die Adsorptionsrate der Desorptionsrate entspricht. Eine solche thermodynamische Betrachtungsweise kann nicht auf die Adsorption von polymeren Tensiden angewandt werden, da in diesem Fall der Adsorptionsprozess nicht reversibel ist. In diesem Fall kann die statistische thermodynamische Betrachtung des Adsorptionsprozesses angewandt werden. Die experimentellen Techniken, die zur Messung der Adsorption von Tensiden an verschiedenen Grenzflächen eingesetzt werden können, werden kurz beschrieben. Das Verständnis des Prozesses der Adsorption von Tensiden an verschiedenen Grenzflächen ist für ihre Anwendung sehr wichtig. So wird beispielsweise der Prozess der Benetzung und Ausbreitung an verschiedenen Grenzflächen durch die Adsorption von Tensidmolekülen an den Grenzflächen A/L und S/L bestimmt. Die Adsorption an den L/L-Grenzflächen bestimmt den Prozess der Emulgierung und die Stabilität der Emulsion. Das Gleiche gilt für

Nano- und Mikroemulsionen. In Kapitel 5 wird die Verwendung von Tensiden als Emulgatoren beschrieben; besonderes Augenmerk wird auf die Methoden gelegt, die für die Auswahl von Emulgatoren für ein bestimmtes in der Emulsion benutztes Öl angewendet werden können. Die Rolle der Tenside bei der Stabilisierung der Emulsion gegen Ausflockung, Ostwald-Reifung und Koaleszenz wird ebenfalls auf einer grundlegenden Ebene beschrieben. Kapitel 6 beschreibt die Verwendung von Tensiden als Dispergiermittel für Suspensionen. Der Prozess der Dispersion von Pulvern in Flüssigkeiten wird im Hinblick auf die Benetzung, Dispersion und Stabilisierung der resultierenden Suspension gegen Ausflockung beschrieben. Der Prozess der Ostwald-Reifung (Kristallwachstum) und die Rolle von Tensiden wird auf einer grundlegenden Ebene beschrieben. Kapitel 7 befasst sich mit Tensiden bei der Schaumbildung und -stabilisierung. Es werden die Theorien der Schaumstabilisierung und die Rolle von Tensiden beschrieben. Die Anwendung von Tensiden bei der Formulierung von Nanoemulsionen wird in Kapitel 8 beschrieben. Nanoemulsionen sind eine spezielle Klasse von Emulsionen mit einer Tröpfchengröße im Bereich von 20 bis 200 nm. Ihre wichtigsten Vorteile bei der Formulierung werden beschrieben. Es werden die verschiedenen Methoden beschrieben, die zur Herstellung von Nanoemulsionen angewendet werden können. Kapitel 9 beschreibt Mikroemulsionen und den Ursprung ihrer thermodynamischen Stabilität. Es werden die verschiedenen Methoden beschrieben, die zur Formulierung von Mikroemulsionen angewendet werden können. Die Verwendung von Tensiden als Benetzungsmittel wird in Kapitel 10 beschrieben. Besonderes Augenmerk wird dabei auf die Grundlagen der Benetzung und Ausbreitung unter besonderer Berücksichtigung von Tensiden gelegt, die als Netzmittel verwendet werden können. Das abschließende Kapitel 11 befasst sich mit der Anwendung von Tensiden in verschiedenen Branchen: Kosmetika – Pharmazeutika – Agrochemikalien – Farben und Beschichtungen – Reinigungsmittel – Ölrückgewinnung.

Es sollte erwähnt werden, dass dieses Buch für Doktoranden und Wissenschaftler geschrieben ist, die Anfänger auf diesem Gebiet sind. Das Thema wird so weit wie möglich auf einer grundlegenden Ebene ohne zu viele Details behandelt. Für ein umfassenderes Verständnis des Themas Tenside kann der Leser auf andere Texte zurückgreifen, die in der Literaturliste aufgeführt sind.

Literatur

[1]   Th. F. Tadros (ed.) „Surfactants", Academic Press, London (1984).
[2]   M. R. Porter, „Handbook of Surfactants", Chapman and Hall, Blackie, USA (1994).
[3]   K. Holmberg, B. Jonsson, B. Kronberg and B. Lindman, „Surfactants and Polymers in Solution", John Wiley and Sons, Ltd. second edition (2003).
[4]   Th. F. Tadros, „Applied Surfactants", Wiley-VCH, Deutschland (2005).

2 Allgemeine Klassifizierung von Tensiden

Üblicherweise wird für eine einfache Klassifizierung von Tensiden als Grundlage die Art der hydrophilen Gruppe verwendet. Es können vier Hauptklassen unterschieden werden: anionische, kationische, amphotere und nichtionische Tenside [1, 2]. Ein nützliches technisches Nachschlagewerk ist McCutcheon [3], das jährlich herausgegeben wird, um die Liste der verfügbaren Tenside zu aktualisieren. Ein neueres Werk von van Os et al [4], in dem die physikalisch-chemischen Eigenschaften ausgewählter anionischer, kationischer und nichtionischer Tenside aufgelistet sind, wurde von Elsevier veröffentlicht. Ein weiteres nützliches Werk ist das Handbook of Surfactants von Porter [5]. Es sollte auch erwähnt werden, dass eine fünfte Klasse von Tensiden, die gewöhnlich als polymere Tenside bezeichnet werden, seit vielen Jahren für die Herstellung von Emulsionen und Suspensionen und deren Stabilisierung verwendet wird.

2.1 Anionische Tenside

Sie sind die am häufigsten verwendete Klasse von Tensiden in industriellen Anwendungen [5–7]. Dies ist auf ihre relativ niedrigen Herstellungskosten zurückzuführen, und sie werden praktisch in allen Arten von Waschmitteln verwendet. Für eine optimale Waschkraft ist die hydrophobe Kette eine lineare Alkylgruppe mit einer Kettenlänge im Bereich von 12 bis 16 C-Atomen, und die polare Kopfgruppe sollte sich am Ende der Kette befinden. Lineare Ketten werden bevorzugt, da sie wirksamer und besser abbaubar sind als verzweigte Ketten. Die am häufigsten verwendeten hydrophilen Gruppen sind Carboxylate, Sulfate, Sulfonate und Phosphate. Die allgemeine Formel für anionische Tenside lautet wie folgt:

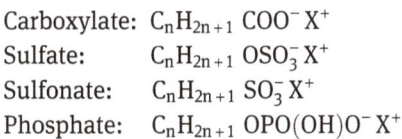

Carboxylate: $C_nH_{2n+1} COO^- X^+$
Sulfate: $C_nH_{2n+1} OSO_3^- X^+$
Sulfonate: $C_nH_{2n+1} SO_3^- X^+$
Phosphate: $C_nH_{2n+1} OPO(OH)O^- X^+$

wobei n im Bereich von 8 bis 16 Atomen liegt und das Gegenion X^+ in der Regel Na^+ ist.

Verschiedene andere anionische Tenside sind im Handel erhältlich, wie z. B. Sulfosuccinate, Isethionate (Ester der Isethionsäure mit der allgemeinen Formel $RCOOCH_2$–CH_2–SO_3Na) und Tauride (Derivate von Methyltaurin mit der allgemeinen Formel $RCON(R')CH_2$–CH_2–SO_3Na), Sarkosine (mit der allgemeinen Formel $RCON(R')COONa$), die manchmal für spezielle Anwendungen verwendet werden. Im Folgenden wird eine kurze Beschreibung der oben genannten anionischen Klassen gegeben mit einigen ihrer Anwendungen.

https://doi.org/10.1515/9783110798579-002

2.1.1 Carboxylate

Dies sind vielleicht die ältesten bekannten Tenside, da sie die frühesten Seifen darstellen, z. B. Natrium- oder Kaliumstearat, $C_{17}H_{35}COONa$, Natriummyristat, $C_{14}H_{29}COONa$. Die Alkylgruppe kann ungesättigte Anteile enthalten, z. B. Natriumoleat, das eine Doppelbindung in der C_{17}-Alkylkette enthält. Die meisten handelsüblichen Seifen sind ein Gemisch aus Fettsäuren, die aus Talg, Kokosnussöl, Palmöl usw. gewonnen werden. Sie werden einfach durch Verseifung der Triglyceride von Ölen und Fetten hergestellt. Die Hauptvorteile dieser einfachen Seifen liegen in ihren niedrigen Kosten, ihrer leichten biologischen Abbaubarkeit und ihrer geringen Toxizität. Ihr Hauptnachteil ist, dass sie in Wasser, das zweiwertige Ionen wie Ca^{2+} und Mg^{2+} enthält, leicht ausfallen. Um ihre Ausfällung in hartem Wasser zu vermeiden, werden die Carboxylate durch die Einführung einiger hydrophiler Ketten modifiziert, z. B. Ethoxycarboxylate mit der allgemeinen Struktur $RO(CH_2CH_2O)_nCH_2COO^-$, Estercarboxylate mit Hydroxyl- oder mehreren COOH-Gruppen, Sarkosinate, die eine Amidgruppe mit der allgemeinen Struktur $RCON(R')COO^-$ enthalten. Der Zusatz der ethoxylierten Gruppen führt zu einer erhöhten Wasserlöslichkeit und einer verbesserten chemischen Stabilität (keine Hydrolyse). Die modifizierten Ethercarboxylate sind auch besser mit Elektrolyten verträglich. Sie sind auch mit anderen nichtionischen, amphoteren und manchmal sogar kationischen Tensiden verträglich. Die Estercarboxylate sind sehr gut wasserlöslich, leiden aber unter dem Problem der Hydrolyse. Die Sarkosinate sind in sauren oder neutralen Lösungen wenig löslich, in alkalischen Medien jedoch gut löslich. Sie sind mit anderen anionischen, nichtionischen und kationischen Stoffen kompatibel. Die Phosphatester haben sehr interessante Eigenschaften, da sie zwischen den ethoxylierten nichtionischen Stoffen und den sulfatierten Derivaten liegen. Sie weisen eine gute Kompatibilität mit anorganischen Buildern (Gerüststoffen bei Waschmitteln) auf und können gute Emulgatoren sein. Ein spezifisches Salz einer Fettsäure ist die Lithium-12-hydroxystearinsäure, die den Hauptbestandteil von Schmierfetten bildet.

2.1.2 Sulfate

Dies ist die größte und wichtigste Klasse der synthetischen Tenside, die durch Reaktion eines Alkohols mit Schwefelsäure hergestellt werden, d. h. sie sind Ester der Schwefelsäure. In der Praxis wird Schwefelsäure nur selten verwendet, und die gängigsten Methoden zur Sulfatierung des Alkohols sind Chlorsulfonsäure- oder Schwefeldioxid/Luft-Gemische. Aufgrund ihrer chemischen Instabilität (Hydrolyse zum Alkohol, insbesondere in sauren Lösungen) werden sie jedoch inzwischen von den chemisch stabilen Sulfonaten verdrängt. Die Eigenschaften von Sulfat-Tensiden hängen von der Art der Alkylkette und der Sulfatgruppe ab. Die Alkalimetallsalze weisen eine gute Wasserlöslichkeit auf, neigen aber dazu, durch die Anwesenheit von Elektrolyten beeinträchtigt zu werden. Das gebräuchlichste Sulfat-Tensid ist Natriumdo-decylsulfat (abgekürzt SDS und manchmal auch als Natriumlaurylsulfat bezeichnet), das sowohl für grundlegende Studien als auch für zahlreiche Anwendungen in der Industrie verwendet wird. Bei Raumtemperatur ($\approx$ 25 °C) ist dieses Tensid gut löslich und 30%ige wässrige Lösungen sind ziemlich flüssig (geringe Viskosität). Unter 25 °C kann sich das Tensid jedoch als weiche Paste absetzen, wenn die Temperatur unter den Krafft-Punkt sinkt (die Temperatur, oberhalb derer das Tensid einen raschen An-stieg der Löslichkeit bei weiterer Temperaturerhöhung zeigt). Letzterer hängt von der Verteilung der Kettenlängen in der Alkylkette ab; je breiter die Verteilung, desto nied-riger die Krafft-Temperatur. Durch Kontrolle dieser Verteilung kann also eine Krafft-Temperatur von $\approx$ 10 °C erreicht werden. Wird die Tensidkonzentration auf 30–40 % erhöht (je nach Verteilung der Kettenlänge in der Alkylgruppe), steigt die Viskosität der Lösung sehr schnell an und kann ein Gel ergeben, fällt dann aber bei etwa 60–70 % ab, um eine gießbare Flüssigkeit zu ergeben, wonach sie wieder zum Gel ansteigt. Die Konzentration, bei der das Minimum auftritt, ist je nach verwendetem Alkoholsulfat und dem Vorhandensein von Verunreinigungen wie ungesättigtem Al-kohol unterschiedlich. Die Viskosität der wässrigen Lösungen kann durch Zugabe von kurzkettigen Alkoholen und Glykolen verringert werden. Die kritische Mizellbil-dungskonzentration (CMC) von SDS (die Konzentration, oberhalb derer sich die Ei-genschaften der Lösung schlagartig ändern) beträgt 8×10^{-3} mol dm^{-3} (0,24 %). Die Alkylsulfate haben gute Schaumeigenschaften mit einem Optimum bei C_{12} bis C_{14}. Wie die Carboxylate werden auch die Sulfat-Tenside chemisch modifiziert, um ihre Eigenschaften zu verändern. Die gebräuchlichste Modifikation besteht darin, einige Ethylenoxid-Einheiten (EO) in die Kette einzufügen, die gewöhnlich als Alkoholether-sulfate bezeichnet werden. Diese werden durch Sulfatierung ethoxylierter Alkohole hergestellt. Zum Beispiel Natriumdodecyl-Triethersulfat, das im Wesentlichen aus Dodecylalkohol besteht, der mit 3 mol EO umgesetzt, dann sulfatiert und mit NaOH neutralisiert wird. Durch das Vorhandensein von PEO (Polyethylenoxid) wird die Lös-lichkeit im Vergleich zu den reinen Alkoholsulfaten verbessert. Darüber hinaus wird das Tensid in wässriger Lösung verträglicher mit Elektrolyten. Die Ethersulfate sind auch chemisch stabiler als die Alkoholsulfate. Der CMC-Wert der Ethersulfate ist ebenfalls niedriger als der des entsprechenden Tensids ohne die EO-Einheiten. Das Viskositätsverhalten wässriger Lösungen ist ähnlich wie bei den Alkoholsulfaten und ergibt Gele im Bereich von 30–60 %. Die Ethersulfate zeigen einen ausgeprägten Salzeffekt, wobei die Viskosität einer verdünnten Lösung bei Zugabe von Elektrolyten wie NaCl deutlich ansteigt. Die Ethersulfate werden häufig in Handgeschirrspülmit-teln und in Shampoos in Kombination mit amphoteren Tensiden verwendet.

2.1.3 Sulfonate

Bei den Sulfonaten ist das Schwefelatom direkt an das Kohlenstoffatom der Alkylgruppe gebunden, was dem Molekül im Vergleich zu den Sulfaten (bei denen das
Schwefelatom indirekt über ein Sauerstoffatom mit dem Kohlenstoff der hydrophoben Gruppe verbunden ist) Stabilität gegen Hydrolyse verleiht. Die häufigste Art dieser Tenside sind die Alkylarylsulfonate (z. B. Natriumalkylbenzolsulfonat), die in der
Regel durch Reaktion von Schwefelsäure mit Alkylarylkohlenwasserstoffen, z. B. Do-
decylbenzol, hergestellt werden. Eine besondere Klasse von Sulfonat-Tensiden sind
die Naphthalin- und Alkylnaphthalinsulfonate, die häufig als Dispergiermittel verwendet werden. Wie bei den Sulfaten wird auch hier eine chemische Modifikation
durch Einführung von Ethylenoxid-Einheiten vorgenommen, z. B. Natriumnonyl-
phenol-Diethoxylat-Ethansulfonat $C_9H_{19}C_6H_4(OCH_2CH_2)_2SO_3^-Na^+$. Die Paraffinsulfo-
nate werden durch Sulfo-Oxidation normaler linearer Paraffine mit Schwefeldioxid
und Sauerstoff hergestellt und mit Ultraviolett- oder Gammastrahlen katalysiert. Die
entstehende Alkansulfonsäure wird mit NaOH neutralisiert. Diese Tenside weisen
eine ausgezeichnete Wasserlöslichkeit und biologische Abbaubarkeit auf. Außerdem
sind sie mit vielen wässrigen Ionen kompatibel. Die linearen Alkylbenzolsulfonate
(LAS) werden aus Alkylbenzol hergestellt, wobei die Alkylkettenlänge von C_8 bis
C_{15} variieren kann und ihre Eigenschaften hauptsächlich durch das durchschnittliche Molekulargewicht und die Verteilung der Kohlenstoffzahl der Alkylseitenkette
beeinflusst werden. Der CMC-Wert von Natriumdodecylbenzolsulfonat beträgt
5×10^{-3} mol dm^{-3} (0,18 %). Der Hauptnachteil von LAS ist ihre Wirkung auf die Haut,
weshalb sie nicht in Körperpflegeformulierungen verwendet werden können.

Eine weitere Klasse von Sulfonaten sind die α-Olefinsulfonate, die durch Reaktion von linearen α-Olefinen mit Schwefeltrioxid hergestellt werden und in der Regel
eine Mischung aus Alkensulfonaten (60–70 %), 3- und 4-Hydroxyalkansulfonaten
(≈ 30 %) und einigen Disulfonaten und anderen Arten ergeben. Die beiden wichtigsten α-Olefinfraktionen, die als Ausgangsmaterial verwendet werden, sind C_{12}–C_{16} und
C_{16}–C_{18}. Fettsäure- und Estersulfonate werden durch Sulfonierung von ungesättigten
Fettsäuren oder Estern hergestellt. Ein gutes Beispiel ist sulfonierte Ölsäure:

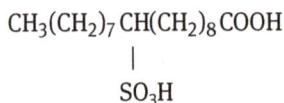

$$CH_3(CH_2)_7\,CH(CH_2)_8\,COOH$$
$$|$$
$$SO_3H$$

Eine besondere Klasse von Sulfonaten sind die Sulfobernsteinsäureester, bei denen
es sich um Ester der Sulfobernsteinsäure handelt:

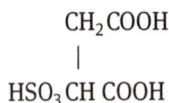

$$CH_2\,COOH$$
$$|$$
$$HSO_3\,CH\,COOH$$

Es werden sowohl Mono- als auch Diester hergestellt. Ein weit verbreiteter Diester, der in vielen Formulierungen verwendet wird, ist Natriumdi(2-ethylhexyl)sulfosuccinat (das im Handel unter dem Namen Aerosol OT verkauft wird). Der CMC-Wert der Diester ist sehr niedrig, im Bereich von 0,06 % für C_6–C_8-Natriumsalze, und sie ergeben ein Minimum der Oberflächenspannung von 26 mNm^{-1} für den C_8-Diester. Somit sind diese Moleküle ausgezeichnete Benetzungsmittel. Die Diester sind sowohl in Wasser als auch in vielen organischen Lösungsmitteln löslich. Sie eignen sich besonders für die Herstellung von Wasser-in-Öl-Mikroemulsionen (W/O-Mikroemulsionen).

2.1.4 Isethionate

Dies sind Ester der Isethionsäure $HOCH_2CH_2SO_3H$. Sie werden durch Reaktion von Chloriden einer Fettsäure mit Natriumisethionat hergestellt. Die Natriumsalze von C_{12-14} sind bei hohen Temperaturen löslich (70 °C), aber sie haben eine sehr geringe Löslichkeit (0,01 %) bei 25 °C. Sie sind mit wässrigen Ionen kompatibel und können daher die Bildung von Schaum in hartem Wasser reduzieren. Sie sind bei einem pH-Wert von 6 bis 8 stabil, werden aber außerhalb dieses Bereichs hydrolysiert. Außerdem haben sie gute Schaumbildungseigenschaften.

2.1.5 Tauride

Es handelt sich um Derivate von Methyltaurin CH_2–NH–CH_2–CH_2–SO_3. Letzteres wird durch Reaktion von Natriumisethionat mit Methylamin hergestellt. Die Tauride werden durch Reaktion von Fettsäurechlorid mit Methyltaurin hergestellt. Im Gegensatz zu den Isethionaten sind die Tauride unempfindlich gegenüber einem niedrigen pH-Wert. Sie haben gute Schaumbildungseigenschaften und sind gute Benetzungsmittel.

2.1.6 Phosphathaltige anionische Tenside

Sowohl Alkylphosphate als auch Alkyletherphosphate werden durch Behandlung der Fettalkohole oder Alkoholethoxylate mit einem Phosphorylierungsmittel, in der Regel Phosphorpentoxid, P_4O_{10} hergestellt. Bei der Reaktion entsteht ein Gemisch aus Mono- und Diestern der Phosphorsäure. Das Verhältnis der beiden Ester wird durch das Verhältnis der Reaktanten und die in der Reaktionsmischung vorhandene Wassermenge bestimmt. Die physikochemischen Eigenschaften der Alkylphosphat-Tenside hängen vom Verhältnis der Ester ab. Sie haben Eigenschaften, die zwischen denen der ethoxylierten nichtionischen Tenside (siehe unten) und denen der sulfatierten Derivate liegen. Sie weisen eine gute Verträglichkeit mit anorganischen Buildern und gute Emulgiereigenschaften auf. Phosphatierte Tenside werden in der metallverarbeitenden Industrie aufgrund ihrer korrosionshemmenden Eigenschaften eingesetzt.

2.2 Kationische Tenside

Die gebräuchlichsten kationischen Tenside sind die quaternären Ammoniumverbindungen [8, 9] mit der allgemeinen Formel $R'R''R'''R''''N^+$ X^-, wobei X^- in der Regel ein Chloridion ist und R Alkylgruppen darstellt. Diese quaternären Verbindungen werden durch Reaktion eines geeigneten tertiären Amins mit einem organischen Halogenid oder einem organischen Sulfat hergestellt. Eine gängige Klasse von Kationen ist das Alkyltrimethylammoniumchlorid, bei dem R 8 bis 18 C-Atome enthält, z. B. Dodecyltrimethylammoniumchlorid, $C_{12}H_{25}(CH_3)_3NCl$. Eine weitere weit verbreitete Klasse kationischer Tenside sind solche, die zwei langkettige Alkylgruppen enthalten, z. B. Dialkyldimethylammoniumchlorid, wobei die Alkylgruppen eine Kettenlänge von 8 bis 18 C-Atomen aufweisen. Diese Dialkyltenside sind weniger wasserlöslich als die quaternären Monoalkylverbindungen, werden aber häufig in Waschmitteln als Weichspüler verwendet. Ein weit verbreitetes kationisches Tensid ist Alkyldimethylbenzylammoniumchlorid (manchmal auch als Benzalkoniumchlorid bezeichnet und häufig als Bakterizid verwendet), das die folgende Struktur aufweist:

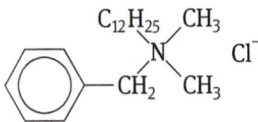

$$C_{12}H_{25} \quad CH_3$$
$$\diagdown N \diagup \qquad Cl^-$$
$$-CH_2 \quad CH_3$$

Imidazoline können auch quaternäre Verbindungen bilden; das häufigste Produkt ist das mit Dimethylsulfat quaternisierte Ditallow-Derivat:

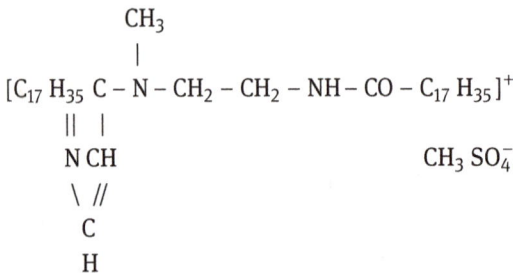

$$CH_3$$
$$|$$
$$[C_{17}H_{35} \ C - N - CH_2 - CH_2 - NH - CO - C_{17}H_{35}]^+$$
$$\| \ |$$
$$N \ CH \qquad\qquad\qquad CH_3 \ SO_4^-$$
$$\diagdown \ /\!/$$
$$C$$
$$H$$

Kationische Tenside können auch durch den Einbau von Polyethylenoxidketten modifiziert werden, z. B. Dodecylmethylpolyethylenoxid-Ammoniumchlorid mit der folgenden Struktur:

$$C_{12}H_{25} \quad (CH_2CH_2O)_nH$$
$$\backslash \quad + \quad /$$
$$N \qquad\qquad Cl^-$$
$$/ \quad \backslash$$
$$CH_3 \quad (CH_2CH_2O)_nH$$

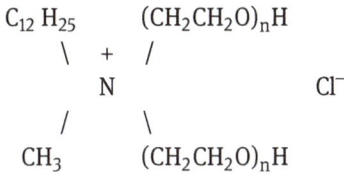

Kationische Tenside sind im Allgemeinen wasserlöslich, wenn nur eine lange Alkyl-gruppe vorhanden ist. Bei Vorhandensein von zwei oder mehr langen hydrophoben Ketten wird das Produkt in Wasser dispergierbar und in organischen Lösungsmitteln löslich. Sie sind im Allgemeinen mit den meisten anorganischen Ionen und hartem Wasser kompatibel, jedoch nicht mit Metasilikaten und stark kondensierten Phospha-ten. Sie sind auch unverträglich mit proteinähnlichen Materialien. Kationische Stoffe sind im Allgemeinen stabil gegenüber pH-Änderungen, sowohl im sauren als auch im alkalischen Bereich. Sie sind mit den meisten anionischen Tensiden unverträglich, aber sie sind mit nichtionischen Tensiden verträglich. Diese kationischen Tenside sind in Kohlenwasserstoffölen unlöslich. Im Gegensatz dazu sind kationische Tenside mit zwei oder mehr langen Alkylketten in Kohlenwasserstoff-Lösungsmitteln löslich, aber sie sind nur in Wasser dispergierbar (und bilden manchmal vesikelartige Dop-pelschichtstrukturen). Sie sind im Allgemeinen chemisch stabil und können Elektro-lyte vertragen. Der CMC-Wert von kationischen Tensiden liegt nahe bei dem von anionischen Tensiden mit der gleichen Alkylkettenlänge. Zum Beispiel beträgt der CMC-Wert von Benzalkoniumchlorid 0,17 %. Die Hauptverwendung kationischer Ten-side beruht auf ihrer Neigung, an negativ geladenen Oberflächen zu adsorbieren, z. B. als Korrosionsschutzmittel für Stahl, als Flotationskollektoren für Mineralerze, als Dispergiermittel für anorganische Pigmente, als Antistatikum für Kunststoffe, als Antistatikum und Weichmacher für Textilien, als Haarspülmittel, als Antibackmittel (Trennmittel) für Düngemittel und als Bakterizide.

2.3 Amphoterische (zwitterionische) Tenside

Dies sind Tenside, die sowohl kationische als auch anionische Gruppen enthalten [10]. Die gebräuchlichsten amphoteren Tenside sind die N-Alkylbetaine, bei denen es sich um Derivate von Trimethylglycin $(CH_3)_3NCH_2COOH$ (das als Betain bezeich-net wurde) handelt. Ein Beispiel für ein Betain-Tensid ist Laurylamido-Propyl-Dimethyl-Betain $C_{12}H_{25}CON(CH_3)_2CH_2COOH$. Alkylbetaine werden manchmal auch als Alkyldimethylglycinate bezeichnet. Das Hauptmerkmal der amphoteren Tenside ist ihre Abhängigkeit vom pH-Wert der Lösung, in der sie gelöst sind. In Lösungen mit saurem pH-Wert erhält das Molekül eine positive Ladung und verhält sich wie ein Kation, während es in Lösungen mit alkalischem pH-Wert negativ geladen wird und sich wie ein Anion verhält. Es kann ein bestimmter pH-Wert definiert werden, bei dem beide ionischen Gruppen gleich stark ionisiert sind (der isoelektrische Punkt des Moleküls). Dies kann durch das folgende Schema beschrieben werden:

$N^+ ... COOH \quad \leftrightarrow \quad N^+ ... COO^- \quad \leftrightarrow \quad NH ... COO^-$
sauer pH < 3 \qquad isoelektrisch \qquad pH > 6 alkalisch

Amphotere Tenside werden manchmal auch als zwitterionische Moleküle bezeichnet. Sie sind in Wasser löslich, wobei die Löslichkeit am isoelektrischen Punkt ein Minimum aufweist. Amphotere Tenside zeigen eine ausgezeichnete Kompatibilität mit anderen Tensiden und bilden Mischmizellen. Sie sind sowohl in Säuren als auch in Laugen chemisch stabil. Die Oberflächenaktivität von Amphoterika ist sehr unterschiedlich und hängt vom Abstand zwischen den geladenen Gruppen ab; sie weisen ein Maximum der Oberflächenaktivität am isoelektrischen Punkt auf.

Eine andere Klasse von Amphoteren sind die N-Alkylamino-Propionate mit der Struktur $R-NHCH_2CH_2COOH$. Die NH-Gruppe ist reaktiv und kann mit einem anderen Säuremolekül (z. B. Acrylsäure) unter Bildung eines Amino-Dipropionats $R-N(CH_2CH_2COOH)_2$ reagieren. Ein Produkt auf Alkylimidazolinbasis kann auch durch Reaktion von Alkylimidazolin mit einer Chlorsäure hergestellt werden. Allerdings bricht der Imidazolinring bei der Bildung der Amphoterie ab.

Die Veränderung der Ladung mit dem pH-Wert amphoterer Tenside beeinflusst deren Eigenschaften, wie z. B. Benetzung, Waschkraft, Schaumbildung usw. Am isoelektrischen Punkt ähneln die Eigenschaften amphoterer Tenside sehr stark denen nichtionischer Tenside. Unterhalb und oberhalb des isoelektrischen Punkts verschieben sich die Eigenschaften in Richtung der kationischen bzw. anionischen Tenside. Zwitterionische Tenside haben ausgezeichnete dermatologische Eigenschaften. Sie reizen auch die Augen nur wenig und werden häufig in Shampoos und anderen Körperpflegeprodukten (Kosmetika) verwendet. Aufgrund ihrer milden Eigenschaften, d. h. ihrer geringen Augen- und Hautreizung, werden Amphotenside häufig in Shampoos verwendet. Sie verleihen dem Haar auch antistatische Eigenschaften, sind gut konditionierend und schaumverstärkend.

2.4 Nichtionische Tenside

Die gebräuchlichsten nichtionischen Tenside sind solche auf der Basis von Ethylenoxid, die als ethoxylierte Tenside bezeichnet werden [11–13]. Es lassen sich mehrere Klassen unterscheiden: Alkoholethoxylate, Alkylphenolethoxylate, Fettsäureethoxylate, Monoalkanolamidethoxylate, Sorbitanesterethoxylate, Fettaminethoxylate und Ethylenoxid-Propylenoxid-Copolymere (manchmal als polymere Tenside bezeichnet). Eine weitere wichtige Klasse der nichtionischen Tenside sind die Multihydroxyprodukte wie Glykolester, Glycerinester (und Polyglycerinester), Glucoside (und Polyglucoside) und Saccharoseester. Aminoxide und Sulfinyl-Tenside sind nichtionische Stoffe mit einer kleinen Kopfgruppe.

2.4.1 Alkoholethoxylate

Sie werden im Allgemeinen durch Ethoxylierung eines Fettalkohols wie Dodecanol hergestellt. Für diese Klasse von Tensiden gibt es mehrere Gattungsbezeichnungen wie ethoxylierte Fettalkohole, Alkylpolyoxyethylenglykol, Monoalkylpolyethyleno-xidglykolether usw. Ein typisches Beispiel ist Dodecylhexaoxyethylenglykolmonoe-ther mit der chemischen Formel $C_{12}H_{25}(OCH_2CH_2O)_6OH$ (manchmal abgekürzt als $C_{12}E_6$). In der Praxis weist der Ausgangsalkohol eine Verteilung der Alkylkettenlän-gen und das resultierende Ethoxylat eine Verteilung der Ethylenoxid-Kettenlänge (EO-Einheiten) auf. Daher beziehen sich die in der Literatur aufgeführten Zahlen auf Durchschnittswerte.

Der CMC-Wert von nichtionischen Tensiden ist etwa zwei Größenordnungen niedriger als der der entsprechenden anionischen Tenside mit derselben Alkylketten-länge. Bei einer gegebenen Alkylkettenlänge nimmt der CMC-Wert mit abnehmender Anzahl der EO-Einheiten ab. Die Löslichkeit der Alkoholethoxylate hängt sowohl von der Alkylkettenlänge als auch von der Anzahl der EO-Einheiten im Molekül ab. Mole-küle mit einer durchschnittlichen Alkylkettenlänge von 12 C-Atomen und mehr als 5 EO-Einheiten sind in der Regel bei Raumtemperatur in Wasser löslich. Wenn die Tem-peratur der Lösung jedoch allmählich erhöht wird, wird die Lösung trübe (infolge der Dehydratisierung der PEO-Kette und der Änderung der Konformation der PEO-Kette), und die Temperatur, bei der dies geschieht, wird als Trübungspunkt (CP; engl. cloud point) des Tensids bezeichnet. Bei einer bestimmten Alkylkettenlänge steigt der CP mit der Zunahme der EO-Kette des Moleküls. Der CP ändert sich mit der Konzent-ration der Tensidlösung; in der Fachliteratur wird in der Regel der CP einer 1% igen Lösung angegeben. Der CP wird auch durch die Anwesenheit von Elektroly-ten in der wässrigen Lösung beeinflusst. Die meisten Elektrolyte senken den CP einer nichtionischen Tensidlösung. Nichtionische Tenside neigen dazu, ihre ma-ximale Oberflächenaktivität in der Nähe des Trübungspunkts zu erreichen. Der CP der meisten nichtionischen Tenside steigt bei Zugabe geringer Mengen anioni-scher Tenside deutlich an. Die Oberflächenspannung von Alkoholethoxylatlösungen nimmt mit zunehmender Konzentration ab, bis sie ihren CP erreicht, danach bleibt sie bei weiterer Erhöhung der Konzentration konstant. Die minimale Oberflächen-spannung, die bei und oberhalb des CMC erreicht wird, nimmt mit der Abnahme der Anzahl der EO-Einheiten der Kette (bei einer gegebenen Alkylkette) ab. Die Viskosität einer nichtionischen Tensidlösung nimmt mit steigender Konzentration allmählich zu, doch bei einer kritischen Konzentration (die von der Alkyl- und EO-Kettenlänge abhängt) steigt die Viskosität rasch an, und schließlich bildet sich eine gelartige Struktur. Dies ist auf die Bildung einer flüssigkristallinen Struktur vom hexagonalen

Typ zurückzuführen. In vielen Fällen erreicht die Viskosität ein Maximum, nach dem sie aufgrund der Bildung anderer Strukturen (z. B. lamellarer Phasen) abnimmt (siehe unten).

2.4.2 Alkylphenolethoxylate

Sie werden durch Reaktion von Ethylenoxid mit dem entsprechenden Alkylphenol hergestellt. Die gebräuchlichsten Tenside dieser Art sind solche auf der Basis von Nonylphenol. Diese Tenside sind billig in der Herstellung, leiden aber unter dem Problem der biologischen Abbaubarkeit und der potenziellen Toxizität (das Nebenprodukt des Abbaus ist Nonylphenol, das eine erhebliche Toxizität für Fische und Säugetiere aufweist). Trotz dieser Probleme werden Nonylphenolethoxylate aufgrund ihrer vorteilhaften Eigenschaften, wie z. B. ihrer Löslichkeit sowohl in wässrigen als auch in nichtwässrigen Medien, ihrer guten Emulgier- und Dispersionseigenschaften usw., immer noch in vielen industriellen Anwendungen eingesetzt.

2.4.3 Fettsäureethoxylate

Diese werden durch Reaktion von Ethylenoxid mit einer Fettsäure oder einem Polyglykol hergestellt und haben die allgemeine Formel $RCOO-(CH_2CH_2O)_nH$. Bei Verwendung eines Polyglykols entsteht ein Gemisch aus Mono- und Di-Estern $(RCOO-(CH_2CH_2O)_n-OCOR)$. Diese Tenside sind im Allgemeinen wasserlöslich, sofern genügend EO-Einheiten vorhanden sind und die Alkylkettenlänge der Säure nicht zu lang ist. Die Mono-Ester sind viel besser in Wasser löslich als die Di-Ester. In letzterem Fall ist eine längere EO-Kette erforderlich, um das Molekül löslich zu machen. Die Tenside sind mit wässrigen Ionen kompatibel, sofern nicht zu viel unreagierte Säure vorhanden ist. In stark alkalischen Lösungen werden diese Tenside jedoch hydrolysiert.

2.4.4 Sorbitan-Ester und ihre ethoxylierten Derivate (Spans und Tweens)

Die Fettsäureester von Sorbitan (im Allgemeinen als Spans bezeichnet, ein Handelsname) und ihre ethoxylierten Derivate (im Allgemeinen als Tweens bezeichnet) sind vielleicht die am häufigsten verwendeten nichtionischen Tenside. Sie wurden zuerst von der Firma Atlas Chemical Industries Inc. in den USA vermarktet, die inzwischen von ICI aufgekauft wurde. Die Sorbitan-Ester werden durch Reaktion von Sorbitol mit einer Fettsäure bei hoher Temperatur (> 200 °C) hergestellt. Das Sorbitol dehydriert zu 1,4-Sorbitan und verestert anschließend. Wenn ein Mol Fettsäure mit einem Mol Sorbit umgesetzt wird, erhält man einen Mono-Ester (als Nebenprodukt entsteht auch ein Di-Ester). Der Sorbitanmonoester hat also die folgende allgemeine Formel:

```
         CH₂ ─────────┐
     H – C – OH       │
    HO – C – H       O
     H – C ──────────┘
     H – C – OH
         CH₂OCOR
```

Die freien OH-Gruppen des Moleküls können verestert werden, wobei Di- und Tri-Ester entstehen. Je nach Art der Alkylgruppe der Säure und je nachdem, ob es sich um einen Mono-, Di- oder Tri-Ester handelt, sind verschiedene Produkte erhältlich. Nachstehend sind einige Beispiele aufgeführt:

Sorbitanmonolaurat   – Span 20
Sorbitanmonopalmitat – Span 40
Sorbitanmonostearat – Span 60
Sorbitanmonooleat   – Span 80
Sorbitantristearat   – Span 65
Sorbitantrioleat   – Span 85

Die ethoxylierten Derivate von Spans (Tweens) werden durch Reaktion von Ethylenoxid mit einer an der Sorbitan-Estergruppe verbleibenden Hydroxylgruppe hergestellt. Alternativ wird das Sorbitol zunächst ethoxyliert und dann verestert. Das Endprodukt hat jedoch andere Tensideigenschaften als die Tweens. Einige Beispiele für Tween-Tenside sind nachstehend aufgeführt:

Polyoxyethylen-(20)-Sorbitanmonolaurat   – Tween 20
Polyoxyethylen-(20)-Sorbitanmonopalmitat – Tween 40
Polyoxyethylen-(20)-Sorbitanmonostearat – Tween 60
Polyoxyethylen-(20)-Sorbitanmonooleat   – Tween 80
Polyoxyethylen-(20)-Sorbitantristearat   – Tween 65
Polyoxyethylen-(20)-Sorbitantrioleat   – Tween 85

Die Sorbitan-Ester sind unlöslich in Wasser, aber löslich in den meisten organischen Lösungsmitteln (Tenside mit niedrigem HLB-Wert). Die ethoxylierten Produkte sind im Allgemeinen gut löslich und haben relativ hohe HLB-Werte. Einer der wichtigsten Vorteile der Sorbitan-Ester und ihrer ethoxylierten Derivate ist ihre Zulassung als Lebensmittelzusatzstoffe. Auch in Kosmetika und einigen pharmazeutischen Präparaten finden sie breite Verwendung.

2.4.5 Ethoxylierte Fette und Öle

Eine Reihe natürlicher Fette und Öle kann ethoxyliert verwendet werden, z. B. Linolin (Wollfett)- und Rizinusölethoxylate. Diese Produkte eignen sich für Pharmazeutika, z. B. als Lösungsvermittler.

2.4.6 Amin-Ethoxylate

Diese werden durch Addition von Ethylenoxid an primäre oder sekundäre Fettamine hergestellt. Bei primären Aminen reagieren beide Wasserstoffatome der Amingruppe mit Ethylenoxid, so dass das resultierende Tensid die folgende Struktur hat:

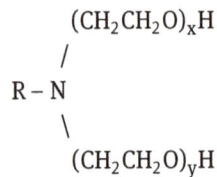

$$
R-N
\begin{cases}
(CH_2CH_2O)_xH \\
(CH_2CH_2O)_yH
\end{cases}
$$

Die oben genannten Tenside erhalten einen kationischen Charakter, wenn die Anzahl der EO-Einheiten gering ist und der pH-Wert niedrig ist. Bei hohem EO-Gehalt und neutralem pH-Wert verhalten sie sich jedoch sehr ähnlich wie nichtionische Tenside. Bei niedrigem EO-Gehalt sind die Tenside nicht wasserlöslich, werden aber in einer sauren Lösung löslich. Bei hohem pH-Wert sind die Aminethoxylate wasserlöslich, sofern die Alkylkette der Verbindung nicht zu lang ist (in der Regel ist eine C_{12}-Kette für eine angemessene Löslichkeit bei ausreichendem EO-Gehalt ausreichend).

2.4.7 Amino-Oxide

Diese werden durch Oxidation einer tertiären Stickstoffgruppe mit wässrigem Wasserstoffperoxid bei Temperaturen im Bereich von 60–80 °C hergestellt. Mehrere Beispiele können angeführt werden: N-Alkylamidopropyl-dimethylaminoxid, N-Alkyl-bis(2-hydroxyethyl)aminoxid und N-Alkyl-dimethylaminoxid. Sie haben allgemein eine Formel wie diese:

$$CocoCONHCH_2CH_2CH_2N \overset{\displaystyle CH_3}{\underset{\displaystyle CH_3}{|}} \rightarrow O \qquad \text{Alkyl-Amidopropyl-Dimethylaminoxid}$$

CH₃ — CocoCONHCH₂CH₂CH₂N → O | CH₃ Alkyl-Amidopropyl-Dimethylaminoxid

$$Coco\,N \overset{\displaystyle CH_2CH_2OH}{\underset{\displaystyle CH_2CH_2OH}{|}} \rightarrow O \qquad \text{Coco-bis-(2-Hydroxyethyl)aminoxid}$$

$$CH_{12}H_{25}\,N \overset{\displaystyle CH_3}{\underset{\displaystyle CH_3}{|}} \rightarrow O \qquad \text{Lauryldimethylaminoxid}$$

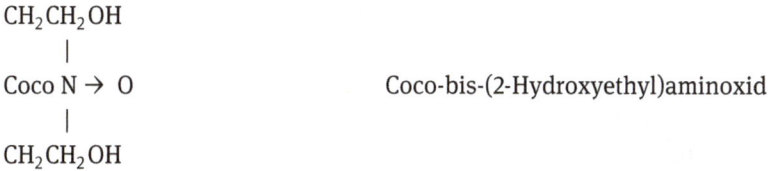

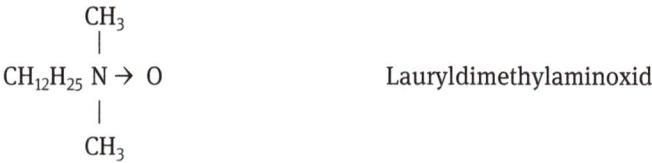

In sauren Lösungen ist die Aminogruppe protoniert und wirkt als kationisches Tensid. In neutraler oder alkalischer Lösung haben die Aminoxide im Wesentlichen nichtionischen Charakter. Alkyldimethylaminoxide sind bis zu einer C_{16}-Alkylkette wasserlöslich. Oberhalb von pH 9 sind Aminoxide mit den meisten Anionen kompatibel. Bei einem pH-Wert von 6,5 und darunter neigen einige Anionen zu Wechselwirkungen und bilden Ausfällungen. In Kombination mit Anionen können Aminoxide als Schaumverstärker dienen (z. B. in Shampoos).

2.5 Spezielle Tenside

2.5.1 Fluorkohlenwasserstoff- und Silikon-Tenside

Diese Tenside können die Oberflächenspannung von Wasser auf Werte unter 20 mNm^{-1} senken. Die meisten der oben beschriebenen Tenside senken die Oberflächenspannung von Wasser auf Werte über 20 mNm^{-1}, typischerweise im Bereich von 25 bis 27 mNm^{-1}. Die Fluorkohlenwasserstoff- und Silikon-Tenside werden manchmal als Superbenetzer bezeichnet, da sie eine verbesserte Benetzung und Ausbreitung ihrer wässrigen Lösung bewirken. Sie sind jedoch viel teurer als herkömmliche Tenside und werden nur für bestimmte Anwendungen eingesetzt, bei denen die niedrige Oberflächenspannung eine erwünschte Eigenschaft ist. Fluorkohlenwasserstoff-Tenside wurden mit verschiedenen Strukturen hergestellt, die aus Perfluoralkylketten und anionischen, kationischen, amphoteren und Polyethylenoxid-Polargruppen bestehen. Diese Tenside haben eine gute thermische und chemische Stabilität und sind ausgezeichnete Benetzungsmittel für Oberflächen mit niedriger Energie. Silikontenside, die manchmal auch als Organosilikone bezeichnet werden, haben ein Polydimethylsilixan-Grundgerüst. Die Silikontenside werden durch Einbau einer wasserlöslichen oder hydrophilen Gruppe in ein Siloxan-Grundgerüst hergestellt. Letztere können auch durch den Einbau einer paraffinischen hydrophoben Kette am Ende oder entlang des Polysiloxan-Rückgrats modifiziert werden. Die am häufigsten vorkommenden hydrophilen Gruppen sind Ethylenoxid/Propylenoxid (EO/PO). Die dabei entstehenden Strukturen sind recht komplex, und die meisten Hersteller von Silikontensiden geben die genaue Struktur nicht preis. Der Mechanismus, durch den diese Moleküle die Oberflächenspannung von Wasser auf niedrige Werte senken, ist bei weitem noch nicht ausreichend erforscht. Die Tenside werden in großem Umfang als Spreitmittel auf vielen hydrophoben Oberflächen eingesetzt. Durch den Einbau organophiler Gruppen in das Polydimethylsiloxan-Grundgerüst können Produkte hergestellt werden, die in organischen Lösungsmitteln oberflächenaktive Eigenschaften aufweisen.

2.5.2 Gemini-Tenside

Ein Gemini-Tensid ist ein dimeres Molekül, das aus zwei hydrophoben Schwänzen und zwei Kopfgruppen besteht, die durch einen kurzen Spacer miteinander verbunden sind [14]. Dies wird im Folgenden anhand eines Moleküls mit zwei kationischen Kopfgruppen (getrennt durch zwei Methylengruppen) und zwei Alkylketten veranschaulicht:

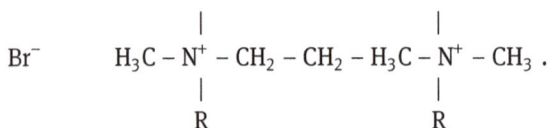

$$
\text{Br}^- \qquad \underset{\displaystyle R}{\overset{\displaystyle |}{\text{H}_3\text{C} - \text{N}^+}} - \text{CH}_2 - \text{CH}_2 - \underset{\displaystyle R}{\overset{\displaystyle |}{\text{H}_3\text{C} - \text{N}^+}} - \text{CH}_3 \; .
$$

Diese Tenside weisen mehrere interessante physikalisch-chemische Eigenschaften auf, wie z. B. eine sehr hohe Effizienz bei der Senkung der Oberflächenspannung und einen sehr niedrigen CMC-Wert. So beträgt beispielsweise der CMC-Wert eines herkömmlichen kationischen Dodecyltrimethylammoniumbromids 16 mM, während der des entsprechenden Gemini-Tensids, das eine Bindung zwischen zwei Kohlenstoffen der Kopfgruppen aufweist, 0,9 mM beträgt. Darüber hinaus ist die Oberflächenspannung, die bei und über dem CMC erreicht wird, bei Gemini-Tensiden niedriger als bei den entsprechenden herkömmlichen Tensiden. Gemini-Tenside sind auch wirksamer bei der Senkung der dynamischen Oberflächenspannung (die zum Erreichen des Gleichgewichtswerts erforderliche Zeit ist kürzer). Diese Effekte sind auf die bessere Packung der Gemini-Tensid-Moleküle an der Luft/Wasser-Grenzfläche zurückzuführen.

2.5.3 Von Mono- und Polysacchariden abgeleitete Tenside

Mehrere Tenside wurden ausgehend von Mono- oder Oligosacchariden durch Reaktion mit multifunktionellen Hydroxylgruppen synthetisiert: Alkylglucoside, Alkylpolyglucoside [15], Zuckerfettsäureester und Saccharoseester [16] usw. Das technische Problem besteht darin, eine hydrophobe Gruppe an die Multihydroxylstruktur zu binden. Es wurden mehrere Tenside hergestellt, z. B. die Veresterung von Saccharose mit Fettsäuren oder Fettglyceriden zur Herstellung von Saccharoseestern mit folgender Struktur:

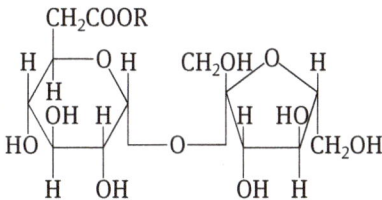

Die interessantesten Zuckertenside sind die Alkylpolyglucoside (APG), die in einem zweistufigen Transacetalisierungsverfahren synthetisiert werden [15]. In der ersten Stufe reagiert das Kohlenhydrat mit einem kurzkettigen Alkohol, z. B. Butanol oder Propylenglykol. In der zweiten Stufe wird das kurzkettige Alkylglucosid mit einem relativ langkettigen Alkohol (C_{12-14}–OH) transacetalisiert, um das gewünschte Alkylpolyglucosid zu bilden. Dieses Verfahren wird angewandt, wenn Oligo- und Polyglucosen (z. B. Stärke, Sirupe mit niedrigem Dextroseäquivalent, DE) verwendet werden. In einem vereinfachten Transacetalisierungsverfahren können Sirupe mit hohem Glucosegehalt (DE > 96 %) oder feste Glucosetypen mit kurzkettigen Alkoholen unter Normaldruck reagieren. Das Schema für die Alkylpolyglucosid-Synthese ist unten dargestellt. Handelsübliche Alkylpolyglucoside (APG) sind komplexe Mischungen von Spezies, die sich im Polymerisationsgrad (DP; engl. degree of polymerization; normalerweise im Bereich von 1,1 bis 3) und in der Länge der Alkylkette unterscheiden. Wenn letztere kürzer als C_{14} ist, ist das Produkt wasserlöslich. Die CMC-Werte von APG sind mit denen nichtionischer Tenside vergleichbar und nehmen mit zunehmender Länge der Alkylkette ab.

APG-Tenside sind gut wasserlöslich und haben einen hohen Trübungspunkt (> 100 °C). Sie sind in neutralen und alkalischen Lösungen stabil, in stark sauren Lösungen jedoch instabil. APG-Tenside können hohe Elektrolytkonzentrationen vertragen und sind mit den meisten Arten von Tensiden kompatibel. Sie werden in Körperpflegeprodukten für Reinigungsformulierungen sowie für Hautpflege- und Haarprodukte verwendet. Sie werden auch in Reinigungsmitteln für harte Oberflächen und in Waschmitteln verwendet. Mehrere Anwendungen in agrochemischen Formulierungen können erwähnt werden, wie z. B. als Netzmittel und Penetrationsmittel für den Wirkstoff.

2.5.4 Natürlich vorkommende Tenside

Es gibt mehrere natürlich vorkommende amphipathische Moleküle (im Körper), wie Gallensalze, Phospholipide, Cholesterin, die bei verschiedenen biologischen Prozessen eine wichtige Rolle spielen. Ihre Wechselwirkungen mit anderen gelösten Stoffen, z. B. Arzneimittelmolekülen, und mit Membranen sind ebenfalls sehr wichtig. Gallensalze werden in der Leber synthetisiert und bestehen aus alicyclischen Verbindungen, die Hydroxyl- und Carboxylgruppen besitzen. Zur Veranschaulichung wird im Folgenden die Struktur der Cholsäure (einer Gallensäure, die Gallensalze bildet) dargestellt:

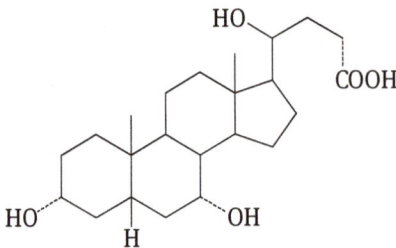

Es ist die Positionierung der hydrophilen Gruppen im Verhältnis zum hydrophoben Steroidkern, die den Gallensalzen ihre Oberflächenaktivität verleiht und die Fähigkeit zur Aggregation bestimmt. Abbildung 2.1 zeigt die mögliche Ausrichtung der Cholsäure an der Luft-Wasser-Grenzfläche, wobei die hydrophilen Gruppen zur wässrigen Phase hin orientiert sind [17, 18]. Der Steroidteil des Moleküls ist wie eine „Untertasse" geformt, da der A-Ring in Bezug auf den B-Ring sich in der cis-Position befindet. Small [19] schlug vor, dass sich kleine oder primäre Aggregate mit bis zu 10 Monomeren oberhalb des CMC durch hydrophobe Wechselwirkungen zwischen der unpolaren Seite der Monomere bilden. Diese primären Aggregate bilden größere Einheiten durch Wasserstoffbrückenbindungen zwischen den primären Mizellen. Dies ist in Abb. 2.2 schematisch dargestellt. Oakefull und Fisher [18, 20] betonten, dass bei der Assoziation von Gallensalzen eher die Wasserstoffbrückenbindung als die hydrophobe Bindung eine Rolle spielt. Zana [21] hingegen betrachtete die Assoziation als einen kontinuierlichen Prozess, bei dem die hydrophobe Wechselwirkung die Hauptantriebskraft darstellt.

Der CMC-Wert von Gallensalzen wird stark von ihrer Struktur beeinflusst; die Trihydroxy-Cholansäuren haben einen höheren CMC-Wert als die weniger hydrophilen Dihydroxyderivate. Wie erwartet, hat der pH-Wert der Lösungen dieser Carbonsäuresalze einen Einfluss auf die Mizellenbildung. Bei ausreichend niedrigem pH-Wert werden schwer lösliche Gallensäuren aus der Lösung ausgefällt, wobei sie zunächst in die vorhandenen Mizellen eingebaut oder darin solubilisiert werden. Der pH-Wert, bei dem die Ausfällung bei Sättigung des Mizellensystems erfolgt, ist im Allgemeinen etwa eine pH-Einheit höher als der pK_a der Gallensäure. Gallensalze spielen eine

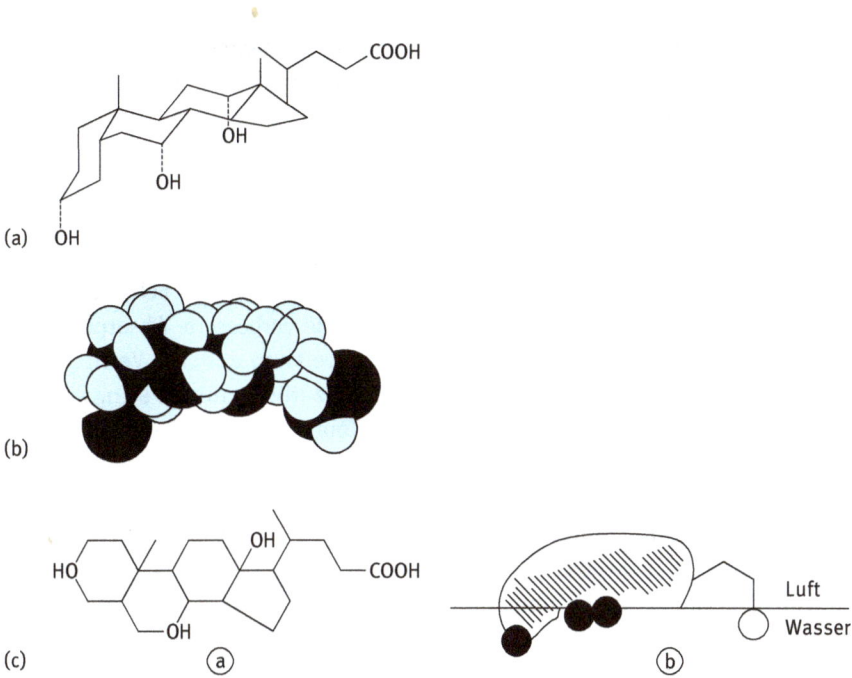

Abb. 2.1: (a) Strukturformel der Cholsäure, in der die cis-Position des A-Rings gezeigt wird; (b) Raumfüllungsmodell der Cholsäure; (c) Orientierung der Cholsäuremoleküle an der Luft-Wasser-Grenzfläche (Hydroxylgruppen durch gefüllte Kreise und Carbonsäuregruppen durch ungefüllte Kreise dargestellt).

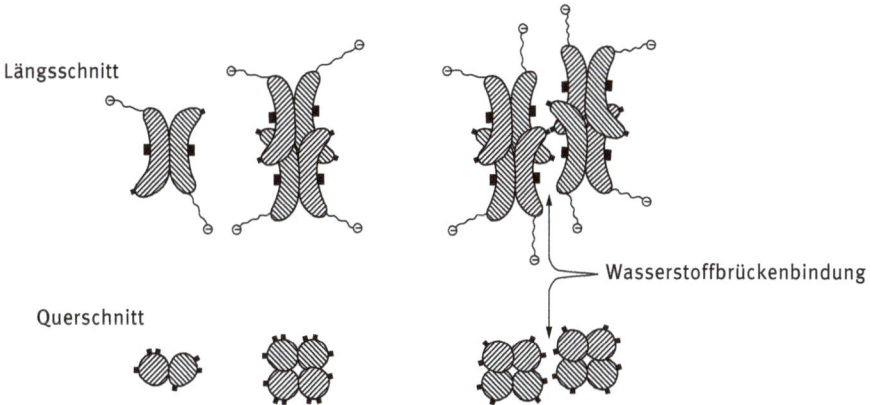

Abb. 2.2: Schematische Darstellung der Struktur von Gallensäuresalzmizellen.

wichtige Rolle bei physiologischen Funktionen und der Aufnahme von Arzneimitteln. Es ist allgemein anerkannt, dass Gallensalze die Fettaufnahme fördern. Gemischte Mizellen aus Gallensalzen, Fettsäuren und Monoglyceriden können als Vehikel für den Fetttransport dienen. Die Rolle der Gallensalze beim Transport von Arzneimitteln ist jedoch nicht gut verstanden. Es wurden mehrere Vorschläge gemacht, um die Rolle der Gallensalze beim Arzneimitteltransport zu erklären, z. B. die Erleichterung des Transports von der Leber in die Galle durch direkte Wirkung auf die kanalikulären Membranen, die Stimulierung der Mizellenbildung innerhalb der Leberzellen, die Bindung von Arzneimittelanionen an Mizellen usw. Die verbesserte Absorption von Arzneimitteln bei Verabreichung mit Desoxycholsäure kann auf eine Verringerung der Grenzflächenspannung oder auf Mizellenbildung zurückzuführen sein. Die Verabreichung von Chinin und anderen Alkaloiden in Kombination mit Gallensalzen soll ihre parasitizide Wirkung verstärken. Es wird davon ausgegangen, dass oral eingenommenes Chinin hauptsächlich aus dem Darm absorbiert wird und eine beträchtliche Menge an Gallensalzen erforderlich ist, um eine kolloidale Dispersion von Chinin aufrechtzuerhalten. Gallensalze können auch die Arzneimittelabsorption beeinflussen, indem sie entweder die Membrandurchlässigkeit beeinflussen oder die normale Magenentleerungsrate verändern. So erhöht beispielsweise Natriumtaurocholat die Absorption von Sulfaguanidin aus Magen, Jejunum und Ileum. Dies ist auf eine Erhöhung der Membrandurchlässigkeit zurückzuführen, die durch Calciumverarmung und eine Beeinträchtigung der Bindung zwischen den Phospholipiden in der Membran verursacht wird.

Eine weitere wichtige natürlich vorkommende Klasse von Tensiden, die in biologischen Membranen weit verbreitet sind, sind die Lipide, darunter Phosphatidylcholin (Lecithin), Lysolecithin, Phosphatidylethanolamin und Phosphahitidylinositol. Die Struktur dieser Lipide ist in Abb. 2.3 dargestellt. Diese Lipide werden auch als Emulgatoren für intravenöse Fettemulsionen, Anästhesieemulsionen sowie zur Herstellung von Liposomen oder Vesikeln für die Verabreichung von Arzneimitteln verwendet. Die Lipide bilden trübe Dispersionen großer Aggregate (Liposomen), die bei Ultraschallbeschallung kleinere Einheiten oder Vesikel bilden. Die Liposomen sind smektische Mesophasen von Phospholipiden, die in Doppelschichten organisiert sind und eine multilamellare oder unilamellare Struktur annehmen. Die multilamellaren Spezies sind heterogene Aggregate, die meist durch Dispersion eines dünnen Phospholipidfilms (allein oder mit Cholesterin) in Wasser hergestellt werden. Durch Beschallung der multilamellaren Einheiten können unilamellare Liposomen entstehen, die manchmal auch als Vesikel bezeichnet werden. Die Nettoladung der Liposomen lässt sich durch den Einbau eines langkettigen Amins wie Stearylamin (für ein positiv geladenes Vesikel) oder Dicetylphosphat (für eine negativ geladene Spezies) verändern. Sowohl lipidlösliche als auch wasserlösliche Arzneimittel können in Liposomen eingeschlossen werden. Die fettlöslichen Arzneimittel werden in den Kohlenwasserstoffzwischenräumen der Lipiddoppelschichten gelöst, während die wasserlöslichen Arzneimittel in die wässrigen Schichten eingelagert werden. Die Verwendung von Li-

$$CH_2O \cdot CO \cdot R$$
$$R^1 \cdot COOH \cdot CH \quad O$$
$$CH_2O-P-O \cdot CH_2 \cdot CH_2 \cdot \overset{\oplus}{N}-CH_3$$
$$O^-$$

Unpolarer Teil

Polarer Teil

Cholin

Lecithin

$$CH_2O \cdot CO \cdot R$$
$$HOCH \quad O$$
$$CH_2O-P-O \cdot CH_2 \cdot CH_2 \cdot \overset{\oplus}{N}-CH_3$$
$$O^-$$

Lysolecithin

$$CH_2O \cdot CO \cdot R$$
$$R^1 \cdot COO \cdot CH \quad O$$
$$CH_2O-P-O \cdot CH_2 \cdot CH_2$$
$$O^- \quad Ethanolamin$$

Phosphatidylethanolamin

$$CH_2O \cdot CO \cdot R$$
$$R^1 \cdot COO \cdot CH \quad O$$
$$CH_2O-P-O$$
$$O^-$$

Phosphatidylinositol

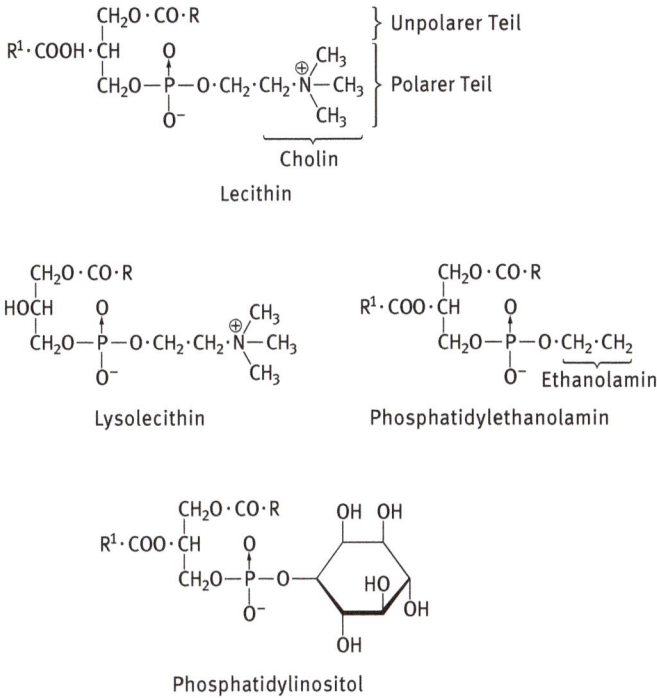

Abb. 2.3: Strukturformeln von Lipiden.

posomen als Arzneimittelträger wurde von Fendler und Romero besprochen, auf die der Leser für weitere Einzelheiten verweisen sollte. Liposomen können wie Mizellen ein spezielles Medium für Reaktionen zwischen den in den Lipiddoppelschichten eingelagerten Molekülen oder zwischen den im Vesikel eingeschlossenen Molekülen und freien gelösten Molekülen darstellen.

Phospholipide spielen eine wichtige Rolle für die Lungenfunktionen. Das oberflächenaktive Material in der Alveolarauskleidung der Lunge ist eine Mischung aus Phospholipiden, neutralen Lipiden und Proteinen. Die Senkung der Oberflächenspannung durch das Surfactant-System der Lunge und die Oberflächenelastizität der Oberflächenschichten unterstützen die Expansion und Kontraktion der Alveolen. Ein Mangel an Lungentensiden bei Neugeborenen führt zu einem Atemnotsyndrom, was zu der Annahme führte, dass die Instillation von Phospholipid-Tensiden das Problem lösen könnte.

2.5.5 Bio-Tenside

In den letzten Jahren gab es viele Bedenken hinsichtlich der Verwendung herkömmlicher Tenside in kosmetischen und Körperpflegeprodukten. Dies ist auf die Umwelt-

und Gesundheitsbedenken bei der Verwendung vieler der derzeit verwendeten synthetischen Tenside zurückzuführen. Diese Bedenken können durch die Verwendung von Bio-Tensiden ausgeräumt werden, die aus natürlichen Rohstoffen hergestellt werden, die eine gute biologische Abbaubarkeit, geringe Toxizität und die gewünschten funktionellen Eigenschaften wie gute Emulgierung und Dispersion, hohe physikalische Stabilität und hohe Anwendungsleistung aufweisen. Die Bio-Tenside werden mit Hilfe von Katalysatoren in Form von lebenden Mikroorganismen und Enzymen hergestellt [22–24]. Mikrobielle Bio-Tenside sind strukturell vielfältig und komplex und werden in einem biosynthetischen, durch Enzyme katalysierten Prozess hergestellt. Es gibt mehrere Klassen: Glykolipide (z. B. Rhamnolipide, Sophorolipide), Lipopeptide und Lipoproteine (z. B. Surfactin, Polymyxine, Gramicidine), Phospholipide und Fettsäuren sowie komplexe Kombinationen von Biopolymeren (z. B. Emulsan, Liposan). Bei der enzymatischen Synthese von Tensiden handelt es sich im Wesentlichen um chemische Reaktionen, bei denen ein Enzym einen herkömmlichen chemischen Katalysator ersetzt. Die von einem einzelnen Enzym hergestellten Tenside sind im Vergleich zu den von Mikroorganismen hergestellten Tensiden einfacher aufgebaut. Enzyme sind in der Lage, eine breite Palette von Reaktionen zu katalysieren, und sie sind einzigartig in ihrer Spezifität und Selektivität. Die Selektivität wird auf drei Ebenen erkannt: Chemo-, Regio- und Enantioselektivität. So können Reaktionen, die mit der klassischen organischen Synthese nicht erreicht werden können (die mehrere Schritte erfordern), durch Biokatalyse erleichtert werden. Die hohe Selektivität führt dazu, dass weniger Nebenprodukte anfallen. Auch die Entwicklung lösungsmittelfreier Verfahren ist mit Enzymen möglich, so dass die Produkte sicherer und umweltfreundlicher sind. Die Biokatalyse wurde für die Synthese von Tensiden mit verschiedenen hydrophilen Gruppen eingesetzt, die über Ester-, Amid- oder Glycosidbindungen an die hydrophobe Kette gebunden sind. Typische Beispiele sind die Mono- und Diacylglycerine. Für die technische Herstellung wird ein natürliches Fett oder Öl (Triglycerid) als Ausgangsmaterial verwendet. Enzymatische Verfahren haben den Vorteil einer hohen Selektivität. So ist es beispielsweise möglich, 2-Monoacylglycerine durch selektive Entfernung der Fettsäuren in 1- und 3-Position unter Verwendung einer regiospezifischen Lipase als Katalysator in einem geeigneten Reaktionsmedium herzustellen. Mit Hilfe von Enzymen können Glycerolphospholipide durch Entfernung einer der Fettsäuren modifiziert werden, um Lysophospholipide (gute Emulgatoren) herzustellen. Diese Umwandlung kann mit Hilfe von Phospholipase A_2 erreicht werden, die die Fettsäure in der sn-2-Position entfernt.

Lipasen wurden zur Synthese einer breiten Palette von Tensidestern aus Fettsäuren und Kohlenhydraten verwendet. Die Fettsäure kann entweder in freier Form oder als Ester verwendet werden, um ein Lösungsmittel zu finden, das sowohl die Fettsäure als auch das Kohlenhydrat effizient auflöst. Das Kohlenhydrat wird hydrophober gemacht, indem es in ein Acetal umgewandelt wird, wobei eine OH-Gruppe für die Veresterung übrigbleibt. Die Acetalgruppen werden durch Säurekatalyse entfernt.

Dies ist in Abb. 2.4 dargestellt. Alternativ kann das Kohlenhydrat durch Umwandlung mit Hilfe von Glucosidase in ein Butylglykosid hydrophober gemacht werden, das dann mit Hilfe von Lipase mit einer Fettsäure weiterreagiert, wie in Abb. 2.4 unten dargestellt. Die meisten Studien zur enzymatischen Zuckerestersynthese haben sich auf die Veresterung von Monosacchariden konzentriert, da das Problem der schlechten Mischbarkeit der Substrate mit zunehmender Größe des Kohlenhydrats deutlich zunimmt. Durch sorgfältige Wahl der Reaktionsbedingungen ist es jedoch möglich, mehrere Di- und Trisaccharide zu acylieren. Lösungsmittelgemische aus 2-Methyl-2-butanol und Dimethylsulfoxid wurden in Kombination mit Vinylestern (C8 bis C18) für die erfolgreiche Acylierung von Maltose, Maltotriose und Leucrose verwendet. Ionische Flüssigkeiten sind vielversprechende nichtwässrige Lösungsmittel für die Auflösung von Kohlenhydraten und wurden in mehreren Studien zur enzymatischen Zuckerestersynthese verwendet. Es wurde über die Protease-katalysierte Synthese von Zuckerestern berichtet. 6-O-Butyl-D-Glucose wurde unter Verwendung von Subtilisin (einer Protease aus Bacillus subtilis) als Katalysator und Trichlorethylbutyrat als Acyldonator in wasserfreiem Dimethylformamid hergestellt. Auch Oligosaccharide, die so lang wie Maltoheptase sind, wurden unter diesen Bedingungen acyliert. Bacillus-Protease wurde zur Synthese von Saccharose-Laurat aus Saccharose und Vinyl-Laurat in Dimethylformamid verwendet. Lipasen können eine Vielzahl von Nucleophilen für die Deacylierung der Acyl-Enzymsynthese akzeptieren. Durch die richtige Wahl der Reaktionsbedingungen ist es möglich, eine breite Palette von Kohlenhydraten zu acylieren. Die Hauptprodukte werden durch Veresterung der primären Hydroxylgruppe gewonnen. Bei Kohlenhydraten mit mehr als einer primären OH-Gruppe kann das Enzym selektiv eine von ihnen acylieren. Dies ist bei Maltose der Fall. Mit Fructose werden Mischungen erhalten. Die meisten Kohlenhydratester werden aus Monosacchariden als Substraten hergestellt.

Schema 1

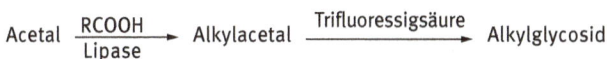

$$\text{Acetal} \xrightarrow[\text{Lipase}]{\text{RCOOH}} \text{Alkylacetal} \xrightarrow{\text{Trifluoressigsäure}} \text{Alkylglycosid}$$

Schema 2

$$\text{Glucose} \xrightarrow[\text{Glucosidase}]{\text{BuOH}} \text{Butylglycosid} \xrightarrow[\text{Lipase}]{\text{RCOOH}} \text{Alkylglycosid}$$

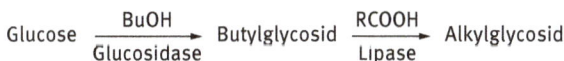

Abb. 2.4: Schematische Darstellungen der Synthese eines Alkylglycosids auf enzymatischem Weg in zwei Schritten.

Fettsäurederivate mit einer Amidbindung besitzen nützliche Eigenschaften für Tenside, z. B. die Verbesserung der Schaumbildung bei Reinigungs- und Körperpflegeprodukten, die Stabilisierung des Schaums und die Verbesserung der Waschkraft. Die Amidbindung erhöht die Hydrophilie der Fettsäure, wodurch das Tensid unter alkalischen Bedingungen chemisch und physikalisch sehr stabil wird. Die Synthese von Amiden kann durch Proteasen erfolgen, aber diese Enzyme sind sehr spezifisch für bestimmte Aminosäuren und reagieren empfindlicher auf organische Lösungsmittel. Lipasen werden für die Synthese von Peptiden, Fettamiden und N-Acylaminosäuren sowie für die Acylierung von Alkanolaminen verwendet.

Eine weitere wichtige Klasse von Bio-Tensiden sind die Aminozuckerderivate. Glycamid-Tenside sind nichtionische, biologisch abbaubare Tenside, bei denen der hydrophile Teil (ein Aminozuckerderivat) über eine Amidbindung an die Fettsäure gebunden ist, z. B. Glucamide und Lactobionamide. Eine herkömmliche Methode zur Herstellung von Zucker-Fettamid-Tensiden ist die Schotten-Baumann-Reaktion zwischen einem Amin und einem Fettsäurechlorid, wobei das entstandene Chloridsalz entfernt werden muss. Die Regio- und Enantioselektivität von Enzymen bietet eine praktische Methode zur Acylierung von Zuckern und Zuckeraminen. Die chemoselektive Acylierung eines sekundären Amins, N-Methylglucamin, mit einer Fettsäure ist mit Lipasen (z. B. von Novozymes, Dänemark) möglich.

Alkanolamide sind wichtige Fettsäurederivate für ein breites Spektrum von Anwendungen, z. B. in der Körperpflege und bei der Reinigung harter Oberflächen. Sie zeichnen sich durch ihre Hautverträglichkeit, gute biologische Abbaubarkeit und geringe Toxizität aus. Alkanolamide werden durch Kondensation von Fettsäuren oder Fettsäureestern oder Triglyceriden mit Alkanolaminen (Aminoalkoholen), z. B. Monoethanolamin oder Diethanolamin, unter Verwendung hoher Temperaturen oder eines Metalloxidkatalysators hergestellt.

Die Alkanolaminsynthese kann auch mit Hilfe von Lipase durchgeführt werden. Alkanolamine sind sowohl an der Amin- als auch an der Hydroxylgruppe acylierbar. Das Hauptprodukt bei der Verwendung von Lipase (Novozym® 435) ist das Amid.

Aminosäure-Peptid-Lipid-Konjugate sind eine interessante Klasse von Tensiden mit guter Oberflächenaktivität, ausgezeichneter Eignung als Emulgiermittel, antimikrobieller Wirkung, geringer Toxizität und hoher biologischer Abbaubarkeit. Sie sind attraktiv für die Anwendung in Körperpflegeprodukten. Die große Vielfalt an Aminosäure-/Peptidstrukturen in Kombination mit Fettsäuren unterschiedlicher Struktur und Kohlenstoffkettenlänge kann zu Tensiden mit großer struktureller Vielfalt und unterschiedlichen physikochemischen und biologischen Eigenschaften führen. Je nach den freien funktionellen Gruppen der Aminosäuren können anionische, nichtionische, amphotere und kationische Tenside hergestellt werden. Verschiedene Formen von Aminosäure-Tensiden wurden mit Hilfe von Enzymen synthetisiert.

Wie bereits erwähnt, haben Kohlenhydratester-Tenside den Nachteil der chemischen Instabilität bei neutralem oder alkalischem pH-Wert (aufgrund der Instabilität der Esterbindung). Dieses Instabilitätsproblem kann durch die Verwendung von Alkylglykosiden überwunden werden, die auf ähnlichen Bausteinen beruhen. Die chemische Synthese eignet sich für die Herstellung von Alkylglykosidmischungen, wie bereits erwähnt. Wenn reine Isomere benötigt werden, bietet die enzymatische Synthese eine attraktive Alternative. Zwei Hauptklassen von Enzymen können für die

Kopplung des Kohlenhydratteils an einen hydrophoben Alkohol verwendet werden, nämlich Glykosyltransferasen und Glykosylhydrolasen. Ein alternativer Weg zu Alkylglykosiden ist die Transglykosylierungsreaktion mit einem aktivierten Kohlenhydratsubstrat

2.5.6 Polymere Tenside

Der einfachste Typ eines polymeren Tensids ist ein Homopolymer, das aus denselben sich wiederholenden Einheiten gebildet wird, wie z. B. Poly(ethylenoxid) oder Poly(vinylpyrrolidon). Diese Homopolymere haben eine geringe Oberflächenaktivität an der O/W-Grenzfläche, da die Homopolymersegmente (Ethylenoxid oder Vinylpyrrolidon) gut wasserlöslich sind und eine geringe Affinität zur Grenzfläche aufweisen. Solche Homopolymere können jedoch an der S/L-Grenzfläche erheblich adsorbieren. Selbst wenn die Adsorptionsenergie pro Monomersegment an der Oberfläche gering ist (Bruchteil von kT; wobei k die Boltzmann-Konstante und T die absolute Temperatur ist), kann die gesamte Adsorptionsenergie pro Molekül ausreichen, um den ungünstigen Entropieverlust des Moleküls an der S/L-Grenzfläche zu überwinden. Es liegt auf der Hand, dass Homopolymere nicht die allerbesten Emulgatoren oder Dispergiermittel sind. Eine kleine Variante besteht darin, Polymere zu verwenden, die spezifische Gruppen enthalten, die eine hohe Affinität zur Oberfläche haben. Ein Beispiel hierfür ist teilhydrolysiertes Poly(vinylacetat) (PVAC), das technisch als Poly(vinylalkohol) (PVAL) bezeichnet wird. Das Polymer wird durch Teilhydrolyse von PVAC hergestellt, wobei einige restliche Vinylacetatgruppen übrig bleiben. Die meisten im Handel erhältlichen PVAL-Moleküle enthalten 4–12 % Acetatgruppen. Diese Acetatgruppen, die hydrophob sind, verleihen dem Molekül seinen amphipathischen Charakter. Auf einer hydrophoben Oberfläche wie Polystyrol adsorbiert das Polymer, wobei sich die Acetatgruppen bevorzugt an der Oberfläche anlagern und die hydrophileren Vinylalkoholsegmente im wässrigen Medium baumeln lassen. Diese teilweise hydrolysierten PVAL-Moleküle zeigen auch eine Oberflächenaktivität an der O/W-Grenzfläche [25]. Die zweckmäßigsten polymeren Tenside sind solche vom Typ der Block- und Pfropfcopolymere. Ein Blockcopolymer ist eine lineare Anordnung von Blöcken mit unterschiedlicher Monomerzusammensetzung. Die Nomenklatur für einen Diblock ist Poly A Block Poly-B und für einen Triblock Poly-A-Block-Poly-B-Poly-A. Zu den am häufigsten verwendeten Triblock-Polymer-Tensiden gehören die „Pluronics" (BASF, Deutschland), die aus zwei Poly-A-Blöcken aus Polyethylenoxid (PEO) und einem Block aus Polypropylenoxid (PPO) bestehen. Es sind verschiedene Kettenlängen von PEO und PPO erhältlich. Es lassen sich zwei Typen unterscheiden: solche, die durch Reaktion von Polyoxypropylenglykol (difunktionell) mit EO oder gemischtem EO/PO hergestellt werden und Blockcopolymere mit der folgenden Struktur ergeben:

$$HO(CH_2CH_2O)_n - (CH_2CHO)_m - (CH_2CH_2)_nOH \quad \text{abgekürzt:} \ (EO)_n(PO)_m(EO)_n$$
$$|$$
$$CH_3$$

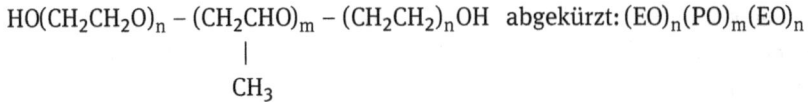

Es stehen verschiedene Moleküle zur Verfügung, wobei n und m systematisch variiert werden. Die zweite Art von EO/PO-Copolymeren wird durch Reaktion von Polyethylenglykol (difunktionell) mit PO oder gemischtem EO/PO hergestellt. Diese haben die Struktur $(PO)_n(EO)_m(PO)_n$ und werden als reverse Pluronics bezeichnet. Diese polymeren Dreiblöcke können als Emulgatoren oder Dispergiermittel eingesetzt werden, wobei davon ausgegangen wird, dass sich die hydrophobe PPO-Kette an der hydrophoben Oberfläche befindet und die beiden PEO-Ketten in wässriger Lösung baumeln und somit für sterische Abstoßung sorgen. Es sind auch trifunktionale Produkte erhältlich, bei denen das Ausgangsmaterial Glycerin ist. Diese haben die folgende Struktur:

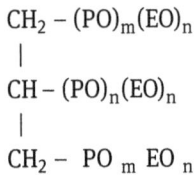

$$CH_2 - (PO)_m(EO)_n$$
$$|$$
$$CH - (PO)_n(EO)_n$$
$$|$$
$$CH_2 - PO_m \ EO_n$$

Es gibt tetrafunktionelle Produkte, bei denen der Ausgangsstoff Ethylendiamin ist. Sie haben folgende Strukturen:

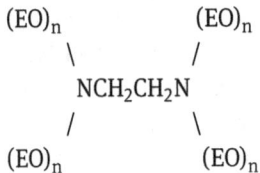

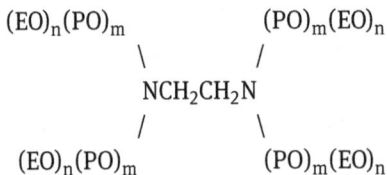

$$
\begin{array}{ccc}
(EO)_n & & (EO)_n \\
\backslash & & / \\
& NCH_2CH_2N & \\
/ & & \backslash \\
(EO)_n & & (EO)_n
\end{array}
$$

$$
\begin{array}{ccc}
(EO)_n(PO)_m & & (PO)_m(EO)_n \\
\backslash & & / \\
& NCH_2CH_2N & \\
/ & & \backslash \\
(EO)_n(PO)_m & & (PO)_m(EO)_n
\end{array}
$$

Obwohl diese blockcopolymeren Tenside in verschiedenen Anwendungen in Emulsionen und Suspensionen weit verbreitet sind, sind einige Zweifel an ihrer Wirksamkeit aufgekommen. Es wird allgemein angenommen, dass die PPO-Kette nicht ausreichend hydrophob ist, um eine starke „Verankerung" an einer hydrophoben Oberfläche oder an einem Öltröpfchen zu gewährleisten. Der Grund für die Oberflächenaktivität der PEO-PPO-PEO-Triblock-Copolymere an der O/W-Grenzfläche könnte in der Tat auf einen Prozess der „Ablehnung" der Verankerung der PPO-Kette zurückzuführen sein, da diese nicht sowohl in Öl als auch in Wasser löslich ist. Es wurden mehrere andere Di- und Triblock-Copolymere synthetisiert, die jedoch nur in begrenztem Umfang kommerziell verfügbar sind. Typische Beispiele sind Diblocks aus Polystyrol-Block-Polyvinylalkohol, Triblocks aus Poly(methylmethacrylat)-Block-Poly(ethylenoxid)-Block-Poly(methylmethacrylat), Diblocks aus Polystyrol-Block-Polyethylenoxid und Triblocks aus Polyethylenoxid-Block-Polystyrol-Polyethylenoxid [25]. Ein alternatives (und vielleicht effizienteres) polymeres Tensid ist das amphipathische Pfropfcopolymer, das aus einem polymeren Grundgerüst B (Polystyrol oder Polymethylmethacrylat) und mehreren A-Ketten („Zähnen") wie Polyethylenoxid besteht [25]. Dieses Pfropfcopolymer wird manchmal auch als „Kamm-Stabilisator" bezeichnet. Es wird in der Regel durch Aufpfropfen eines Makromonomers wie Methoxy-Polyethylenoxidmethacrylat auf Polymethylmethacrylat hergestellt. Die Technik des „Aufpfropfens" wurde auch zur Synthese von Polystyrol-Polyethylenoxid-Pfropfcopolymeren verwendet. In jüngster Zeit wurden Pfropfcopolymere auf der Basis von Polysacchariden [25] zur Stabilisierung von dispersen Systemen entwickelt. Eines der nützlichsten Pfropfcopolymere basiert auf Inulin, das aus Zichorienwurzeln gewonnen wird. Es handelt sich um eine lineare Polyfructosekette mit einem Glucoseende. Das aus Zichorienwurzeln extrahierte Inulin weist eine große Bandbreite an Kettenlängen auf, die von 2 bis 65 Fructoseeinheiten reichen. Es wird fraktioniert, um ein Molekül mit enger Molekulargewichtsverteilung und einem Polymerisationsgrad > 23 zu erhalten, das als INUTEC® N25 im Handel erhältlich ist. Das letztgenannte Molekül wird zur Herstellung einer Reihe von Pfropfcopolymeren durch zufälliges Aufpfropfen von Alkylketten (unter Verwendung von Alkylisocyanat) auf das Inulin-Grundgerüst verwendet. Das erste Molekül dieser Reihe ist INUTEC® SP1 (BENEO-Remy, Belgien), das durch zufälliges Aufpfropfen von C_{12}-Alkylketten gewonnen wird. Es hat ein durchschnittliches Molekulargewicht von etwa 5000 Dalton und seine Struktur ist in Abb. 2.5 dargestellt. Das Molekül ist schematisch dargestellt, wobei die hydrophile Polyfructosekette (Grundgerüst) und die zufällig angebrachten Alkylketten zu sehen sind. Die Hauptvorteile von INUTEC® SP1 als Stabilisator für disperse Systeme sind:

(1) Starke Adsorption an die Partikel oder Tröpfchen durch Mehrfachbindung mit mehreren Alkylketten. Dadurch wird eine Desorption und Verdrängung des Moleküls von der Grenzfläche verhindert.

(2) Starke Hydratation der linearen Polyfructoseketten sowohl in Wasser als auch in Gegenwart hoher Elektrolytkonzentrationen und hoher Temperatur. Dies gewährleistet eine wirksame sterische Stabilisierung.

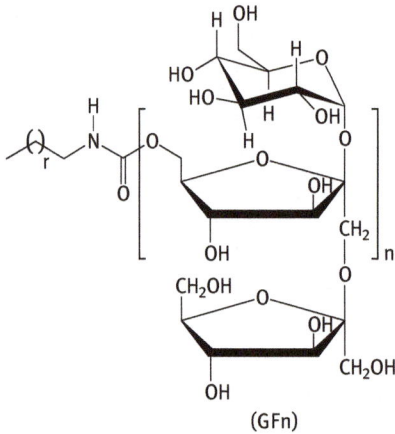

(GFn)

Abb. 2.5: Die Struktur von INUTEC® SP1.

Literatur

[1] Th. F. Tadros (ed.) „Surfactants", Academic Press, London (1984).

[2] K. Holmberg, B. Jonsson, B. Kronberg and B. Lindman, „Surfactants and Polymers in Solution", John Wiley and Sons, Ltd., second edition (2003).

[3] McCutcheon, „Detergents and Emulsifiers", Allied Publishing Co., New Jersey, published annually.

[4] N. M. van Os, J. R. Haak, L. A. M. Rupert, „Physico-chemical Properties of Selected Anionic, Cationic and Nonionic Surfactants", Elsevier Publishing Co., Amsterdam (1993).

[5] M. R. Porter, „Handbook of Surfactants", Chapman and Hall, Blackie, USA (1994).

[6] W. M. Linfield (ed.) „Anionic Surfactants", Marcel Dekker, N. Y. (1967).

[7] E. H. Lucassen-Reynders, „Anionic Surfactants – Physical Chemistry of Surfactant Action", Marcel Dekker, N. Y. (1981).

[8] E. Jungermann, „Cationic Surfactants", Marcel Dekker, N. Y. (1970).

[9] N. Rubingh and P. M. Holland (ed.) „Cationic Surfactants – Physical Chemistry", Marcel Dekker, N. Y. (1991).

[10] B. R. Bluestein and C. L. Hilton, „Amphoteric Surfactants", Marcel Dekker, N. Y. (1982).

[11] M. J. Schick (ed.) „Nonionic Surfactants", Marcel Dekker, N. Y. (1966).

[12] M. J. Schick (ed.) „Nonionic Surfactants – Physical Chemistry", Marcel Dekker, N. Y. (1987).

[13] N. Schonfeldt, „Surface Active Ethylene Oxide Adducts", Pergamon Press, USA (1970).

[14] R. R. Zana and E. Alami, „Gemini Surfactants", in „Novel Surfactants", K. Holberg (ed.), Marcel Dekker, New York (2003), chapter 12.

[15] W. von Rybinsky and K. Hill, „Alkyl Polyglycosids", in „Novel Surfactants", K. Holberg (ed.), Marcel Dekker, New York (2003), chapter 2.

[16] C. J. Drummond, C. Fong, I. Krodkiewska, B. J. Boyd and I. J. A. Baker, „Sugar Fatty Acid Esters" in „Novel Surfactants", K. Holberg (ed.), Marcel Dekker, New York (2003), chapter 3.

[17] B. W. Barry and G. M. T. Gray, J. Colloid Interface Sci., **52**, 314 (1975).

[18] D. G. Oakenfull and L. R. Fisher, J. Phys. Chem., **81**, 1838 (1977).

[19] D. M. Small, Advan. Chem. Ser., **84**, 31 (1968).

[20] D. G. Oakenfull and L. R. Fisher, J. Phys. Chem., **82**, 2443 (1978).

[21] R. Zana, J. Phys. Chem., **82**, 2440 (1978).

[22] J. D. Desai and I. M. Banat, „Microbial production of surfactants and their commercial potential". Micobiol Molec. Biol. Rev. **61,** 47–64 (1997).

[23] K. K. Guatam and V. K. Tyagi, „Microbial surfactants; a review". J. Oleo. Sci., **55,** 155–166 (2006).

[24] A. J. J. Straathof and P. Aldercreutz (Hrsg.) „Applied Biocatalysis", Harwood Academic, Amsterdam (2000).

[25] Th F. Tadros, in „Novel Surfactants", K. Holberg (ed.), Marcel Dekker, New York (2003), chapter 16.

3 Aggregation von Tensiden, Strukturen der Selbstorganisation, flüssigkristalline Phasen

Die physikalischen Eigenschaften von Tensidlösungen unterscheiden sich von denen nicht-amphipathischer Moleküllösungen (z. B. Zuckerlösungen) in einem wesentlichen Aspekt, nämlich in der abrupten Änderung ihrer Eigenschaften oberhalb einer kritischen Konzentration [1]. Dies wird in Abb. 3.1 veranschaulicht, die Diagramme mehrerer physikalischer Eigenschaften (osmotischer Druck, Oberflächenspannung, Trübung, Solubilisierung, magnetische Resonanz, äquivalente Leitfähigkeit und Selbstdiffusion) als Funktion der Konzentration für ein anionisches Tensid zeigt. Bei niedrigen Konzentrationen sind die meisten Eigenschaften denen eines einfachen Elektrolyten ähnlich. Eine bemerkenswerte Ausnahme ist die Oberflächenspannung, die mit zunehmender Tensidkonzentration rasch abnimmt. Alle Eigenschaften (Grenzflächen- und Volumeneigenschaften) weisen jedoch bei einer bestimmten Konzentration eine abrupte Änderung auf, was darauf zurückzuführen ist, dass sich oberflächenaktive Moleküle oder Ionen ab dieser Konzentration zu größeren Einheiten zusammenschließen. Diese assoziierten Einheiten werden als Mizellen (selbstorganisierte Strukturen) bezeichnet, und die ersten gebildeten Aggregate haben im Allgemeinen eine annähernd kugelförmige Gestalt. Eine schematische Darstellung einer kugelförmigen Mizelle ist in Abb. 3.2 zu sehen.

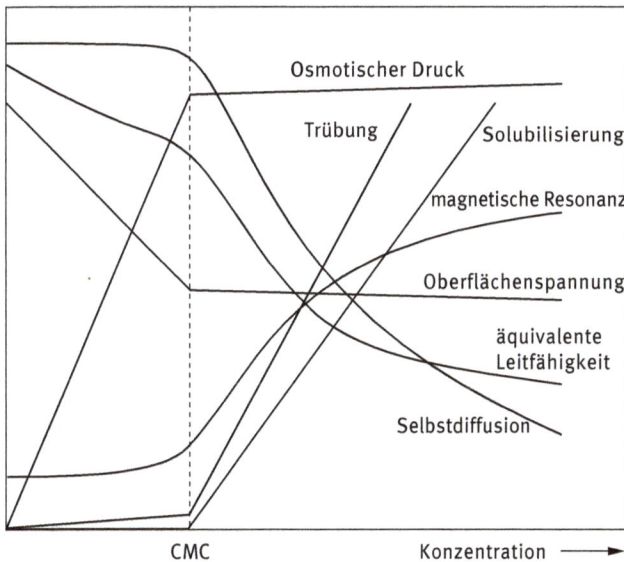

Abb. 3.1: Veränderungen der Eigenschaften einer Lösung abhängig von der Tensidkonzentration.

https://doi.org/10.1515/9783110798579-003

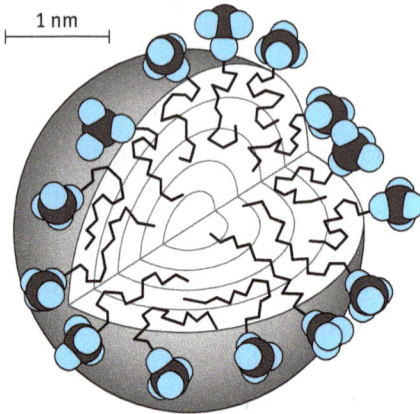

Abb. 3.2: Darstellung einer sphärischen Mizelle von Dodecylsulfat [2].

Die Konzentration, bei der dieses Assoziationsphänomen auftritt, wird als kritische Mizellbildungskonzentration (CMC) bezeichnet. Jedes Tensidmolekül hat einen charakteristischen CMC-Wert bei einer bestimmten Temperatur und Elektrolytkonzentration. Die gebräuchlichste Technik zur Messung des CMC-Werts ist die Oberflächenspannung (γ), die einen Bruch bei dem CMC-Wert zeigt, nach dem γ bei weiter steigender Konzentration praktisch konstant bleibt. Es können jedoch auch andere Techniken wie Selbstdiffusionsmessungen, NMR-Spektroskopie (Kernspinresonanzspektroskopie; engl. nuclear magnetic resonance) und Fluoreszenzspektroskopie angewandt werden. Eine Zusammenstellung von CMC-Werten wurde 1971 von Mukerjee und Mysels [3] gegeben, die zwar nicht auf dem neuesten Stand ist, aber eine äußerst wertvolle Referenz darstellt. Zur Veranschaulichung sind die CMC-Werte einer Reihe von Tensiden in Tab. 3.1 aufgeführt, um einige der allgemeinen Tendenzen aufzuzeigen [3]. Innerhalb jeder Klasse von Tensiden sinkt der CMC-Wert mit zunehmender Kettenlänge des hydrophoben Teils (Alkylgruppe). In der Regel sinkt der CMC-Wert bei ionischen Tensiden (ohne Salzzusatz) um den Faktor 2 und bei nichtionischen Tensiden um den Faktor 3, wenn eine Methylengruppe an die Alkylkette angefügt wird. Bei nichtionischen Tensiden führt eine Erhöhung der Länge der hydrophilen Gruppe (Polyethylenoxid) zu einem Anstieg des CMC-Werts.

Im Allgemeinen haben nichtionische Tenside niedrigere CMC-Werte als die entsprechenden ionischen Tenside mit der gleichen Alkylkettenlänge. Der Einbau einer Phenylgruppe in die Alkylgruppe erhöht die Hydrophobie in wesentlich geringerem Maße als die Erhöhung der Kettenlänge bei gleicher Anzahl von Kohlenstoffatomen. Die Wertigkeit des Gegenions in ionischen Tensiden hat einen erheblichen Einfluss auf den CMC-Wert. Eine Erhöhung der Wertigkeit des Gegenions von 1 auf 2 führt beispielsweise zu einer Verringerung des CMC-Werts um etwa den Faktor 4.

Der CMC-Wert ist in erster Näherung unabhängig von der Temperatur. Dies wird in Abb. 3.3 veranschaulicht, in der die Variation des CMC-Werts von SDS in Abhän-

Tab. 3.1: Oberflächenaktive Stoffe und ihre CMC-Werte.

Oberflächenaktiver Stoff	CMC [mol dm^{-3}]
(A) Anionisch	
Natriumoctyl-l-sulfat	$1{,}30 \times 10^{-1}$
Natriumdecyl-l-sulfat	$3{,}32 \times 10^{-2}$
Natriumdodecyl-l-sulfat	$8{,}39 \times 10^{-3}$
Natriumtetradecyl-l-sulfat	$2{,}05 \times 10^{-3}$
(B) Kationisch	
Octyltrimethylammoniumbromid	$1{,}30 \times 10^{-1}$
Cetyltrimethylammoniumbromid	$6{,}46 \times 10^{-2}$
Dodecyltrimethylammoniumbromid	$1{,}56 \times 10^{-2}$
Hexadecyltrimethylammoniumbromid	$9{,}20 \times 10^{-4}$
(C) Nichtionisch	
Octylhexaoxyethylenglykolmonoether C_8E_6	$9{,}80 \times 10^{-3}$
Decylhexaoxyethylenglykol-Monoether $C_{10}E_6$	$9{,}00 \times 10^{-4}$
Decylnonaoxyethylenglykol-Monoether $C_{10}E_9$	$1{,}30 \times 10^{-3}$
Dodecylhexaoxyethylenglykolmonoether $C_{12}E_6$	$8{,}70 \times 10^{-5}$
Octylphenylhexaoxyethylenglykolmonoether C_8E_6	$2{,}05 \times 10^{-4}$

gigkeit von der Temperatur dargestellt ist. Der CMC-Wert schwankt nichtmonoton um ca. 10–20 % über einen breiten Temperaturbereich. Das flache Minimum bei 25 °C kann mit einem ähnlichen Minimum bei der Löslichkeit von Kohlenwasserstoffen in Wasser verglichen werden [4]. Nichtionische Tenside vom Ethoxylat-Typ zeigen jedoch eine monotone Abnahme [4] von CMC mit steigender Temperatur, wie in Abb. 3.3 für $C_{10}E_5$ dargestellt. Die Auswirkung der Zugabe von Cosoluten, z. B. Elektrolyten und Nichtelektrolyten, auf den CMC-Wert kann sehr auffällig sein. So führt beispielsweise

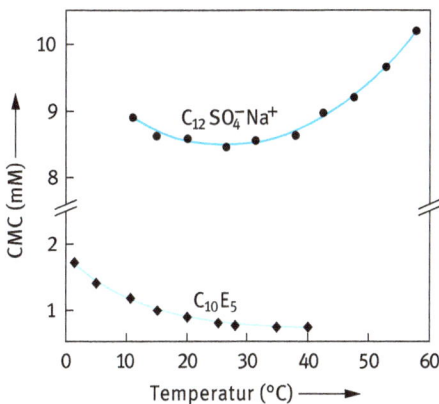

Abb. 3.3: Temperaturabhängigkeit der CMC von SDS und $C_{10}E_5$ [4].

die Zugabe eines 1:1-Elektrolyten zu einer Lösung eines anionischen Tensids zu einer drastischen Senkung des CMC-Werts, die eine Größenordnung erreichen kann. Der Effekt ist bei kurzkettigen Tensiden mäßig, bei langkettigen jedoch viel größer. Bei hohen Elektrolytkonzentrationen ist die Verringerung von CMC mit zunehmender Anzahl der Kohlenstoffatome in der Alkylkette viel stärker als ohne Elektrolytzusatz. Diese Abnahme bei hohen Elektrolytkonzentrationen ist mit der von nichtionischen Stoffen vergleichbar. Die Wirkung des zugesetzten Elektrolyts hängt auch von der Wertigkeit der zugesetzten Gegenionen ab. Im Gegensatz dazu verursacht die Zugabe von Elektrolyten bei nichtionischen Stoffen nur eine geringe Veränderung des CMC-Werts.

Nichtelektrolyte wie z. B. Alkohole können ebenfalls eine Verringerung des CMC-Werts bewirken [5]. Die Alkohole sind weniger polar als Wasser und verteilen sich zwischen der Hauptlösung und den Mizellen. Je mehr sie die Mizellen bevorzugen, desto mehr stabilisieren sie diese. Eine längere Alkylkette führt zu einer ungünstigeren Lage im Wasser und zu einer günstigeren Lage in den Mizellen.

Das Vorhandensein von Mizellen kann für viele der ungewöhnlichen Eigenschaften von Lösungen oberflächenaktiver Stoffe verantwortlich sein. So kann es beispielsweise die nahezu konstante Oberflächenspannung oberhalb der CMC erklären (siehe Abb. 3.1). Es erklärt auch die Verringerung der molaren Leitfähigkeit der Tensidlösung oberhalb der CMC, was mit der Verringerung der Mobilität der Mizellen infolge der Assoziation der Gegenionen übereinstimmt. Das Vorhandensein von Mizellen erklärt auch den raschen Anstieg der Lichtstreuung bzw. der Trübung oberhalb der CMC. Die Existenz von Mizellen wurde ursprünglich von McBain [6] vorgeschlagen, der davon ausging, dass unterhalb der CMC die meisten Tensidmoleküle nicht assoziiert sind, während in den isotropen Lösungen unmittelbar oberhalb der CMC Mizellen und Tensidionen (Tensidmoleküle) nebeneinander existieren, wobei sich die Konzentration der letzteren nur geringfügig ändert, wenn mehr Tensid gelöst wird. Die Selbstassoziation eines Amphiphils erfolgt jedoch schrittweise, wobei jeweils ein Monomer zum Aggregat hinzugefügt wird. Bei langkettigen Amphiphilen ist die Assoziation bis zu einer bestimmten Mizellengröße stark kooperativ, danach gewinnen gegenläufige Faktoren zunehmend an Bedeutung. Typischerweise haben die Mizellen in einem relativ breiten Konzentrationsbereich oberhalb der CMC eine annähernd kugelförmige Gestalt. Ursprünglich wurde von Adam [7] und Hartley [8] vorgeschlagen, dass Mizellen kugelförmig sind und die folgenden Eigenschaften aufweisen:

1. Die Assoziationseinheit ist kugelförmig mit einem Radius, der ungefähr der Länge der Kohlenwasserstoffkette entspricht;
2. die Mizelle enthält etwa 50 bis 100 Monomereinheiten; die Aggregationszahl steigt im Allgemeinen mit zunehmender Alkylkettenlänge;
3. bei ionischen Tensiden sind die meisten Gegenionen an die Mizellenoberfläche gebunden, wodurch die Mobilität deutlich unter dem Wert liegt, der von einer Mizelle mit nicht-gegenionischer Bindung zu erwarten wäre;
4. die Mizellbildung erfolgt aufgrund der hohen Assoziationszahl der Tensidmizellen in einem engen Konzentrationsbereich;

5. das Innere der Tensidmizelle hat im Wesentlichen die Eigenschaften eines flüssigen Kohlenwasserstoffs. Dies wird durch die hohe Mobilität der Alkylketten und die Fähigkeit der Mizellen bestätigt, viele wasserunlösliche organische Moleküle, z. B. Farbstoffe und Agrochemikalien, zu lösen.

In erster Näherung können Mizellen in einem weiten Konzentrationsbereich oberhalb der CMC als mikroskopisch kleine flüssige Kohlenwasserstofftröpfchen betrachtet werden, die mit polaren Kopfgruppen bedeckt sind, die stark mit Wassermolekülen wechselwirken. Es scheint, dass der Radius des Mizellenkerns, der aus den Alkylketten besteht, in der Nähe der verlängerten Länge der Alkylkette liegt, d. h. im Bereich von 1,5030 nm. Wie wir später sehen werden, ist die treibende Kraft für die Mizellenbildung die Eliminierung des Kontakts zwischen den Alkylketten und dem Wasser. Je größer eine kugelförmige Mizelle ist, desto effizienter ist dies, da das Verhältnis von Volumen zu Fläche zunimmt. Es ist zu beachten, dass die Tensidmoleküle in den Mizellen nicht alle verlängert sind. Nur ein Molekül muss gestreckt sein, um das Kriterium zu erfüllen, dass der Radius des Mizellenkerns nahe der gestreckten Länge der Alkylkette liegt. Die Mehrheit der Tensidmoleküle befindet sich in einem ungeordneten Zustand. Mit anderen Worten: Das Innere der Mizelle entspricht in etwa dem des entsprechenden Alkans in einem reinen flüssigen Öl. Dies erklärt die große Lösungskapazität der Mizelle für ein breites Spektrum an unpolaren und schwach polaren Substanzen. An der Oberfläche der Mizelle sind assoziierte Gegenionen (in der Größenordnung von 50–80 % der Tensidionen) vorhanden. Einfache anorganische Gegenionen sind jedoch nur sehr lose mit der Mizelle verbunden. Die Gegenionen sind sehr mobil (siehe unten) und es bildet sich kein spezifischer Komplex mit einem bestimmten Abstand zwischen Gegenion und Kopfgruppe. Mit anderen Worten: Die Gegenionen sind durch weitreichende elektrostatische Wechselwirkungen miteinander verbunden.

Ein nützliches Konzept zur Charakterisierung der Mizellengeometrie ist der kritische Packungsparameter, CPP. Die Aggregationszahl N ist das Verhältnis zwischen dem Volumen des Mizellenkerns V_{mic} und dem Volumen einer Kette v:

$$N = \frac{V_{mic}}{v} = \frac{(4/3)\pi R_{mic}^3}{v},\qquad(3.1)$$

wobei R_{mic} der Radius der Mizelle ist.

Die Aggregationszahl N ist auch gleich dem Verhältnis zwischen der Fläche einer Mizelle A_{mic} und der Querschnittsfläche a eines Tensidmoleküls:

$$N = \frac{A_{mic}}{a} = \frac{4\pi R_{mic}^2}{a}.\qquad(3.2)$$

Die Kombination der Gleichungen (3.1) und (3.2) ergibt:

$$\frac{v}{R_{mic}a} = \frac{1}{3}.$$

(3.3)

Da R_{mic} die gestreckte Länge l_{max} der Alkylkette eines Tensids nicht überschreiten kann,

$$l_{max} = 1,5 + 1,265 n_c,$$

(3.4)

bedeutet dies für eine kugelförmige Mizelle:

$$\frac{v}{l_{max}a} \leq \frac{1}{3}.$$

(3.5)

Das Verhältnis $v/(l_{max}\,a)$ wird als der kritische Packungsparameter (CPP) bezeichnet.

Obwohl das Modell der kugelförmigen Mizellen viele der physikalischen Eigenschaften von Tensidlösungen erklärt, bleibt eine Reihe von Phänomenen unerklärt, wenn andere Formen nicht berücksichtigt werden. McBain [9] schlug beispielsweise das Vorhandensein von zwei Arten von Mizellen vor, nämlich kugelförmige und lamellare, um den Abfall der molaren Leitfähigkeit von Tensidlösungen zu erklären. Die lamellaren Mizellen sind neutral und daher für die Verringerung des Leitwerts verantwortlich. Später verwendeten Harkins et al. [10] das Modell der lamellaren Mizellen von McBain, um seine Röntgenergebnisse in Seifenlösungen zu interpretieren. Darüber hinaus zeigen viele moderne Techniken wie Licht- und Neutronenstreuung, dass die Mizellen in vielen Systemen nicht kugelförmig sind. So schlugen Debye und Anacker [11] eine zylindrische Mizelle vor, um die Ergebnisse der Lichtstreuung an Hexadecyltrimethylammoniumbromid in Wasser zu erklären. Unter bestimmten Bedingungen sind auch scheibenförmige Mizellen nachgewiesen worden. Eine schematische Darstellung der von McBain, Hartley und Debye vorgeschlagenen kugel-, lamellen- und stäbchenförmigen Mizellen findet sich in Abb. 3.4. Viele ionische Tenside zeigen eine dramatische Temperaturabhängigkeit der Löslichkeit, wie in Abb. 3.5 dargestellt. Die Löslichkeit nimmt zunächst allmählich mit steigender Temperatur zu, und dann, oberhalb einer bestimmten Temperatur, kommt es zu einem plötzlichen Anstieg der Löslichkeit bei weiterer Erhöhung der Temperatur. Der CMC-Wert nimmt mit steigender Temperatur allmählich zu. Bei einer bestimmten Temperatur wird die Löslichkeit gleich der CMC, d. h. die Löslichkeitskurve schneidet die CMC-Kurve, und diese Temperatur wird als Krafft-Temperatur bezeichnet. Bei dieser Temperatur besteht ein Gleichgewicht zwischen dem gleitenden hydratisierten Tensid, den Mizellen und den Monomeren (d. h. die Krafft-Temperatur ist ein „Tripelpunkt"). Tenside mit ionischen Kopfgruppen und langen geraden Alkylketten haben hohe Krafft-Temperaturen. Die Krafft-Temperatur steigt mit zunehmender Länge der Alkylkette des Tensidmoleküls. Sie kann durch die Einführung von Verzweigungen in der Alkylkette gesenkt werden. Die Krafft-Temperatur wird auch durch die Verwendung von Alkylketten mit einer breiten Verteilung der Kettenlänge verringert. Der Zusatz von Elektrolyten führt zu einem Anstieg der Krafft-Temperatur.

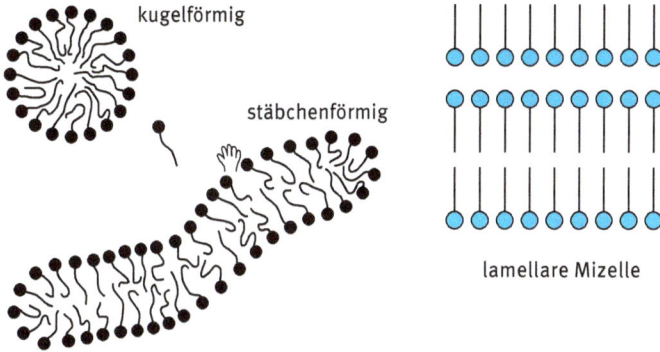

Abb. 3.4: Formen von Mizellen.

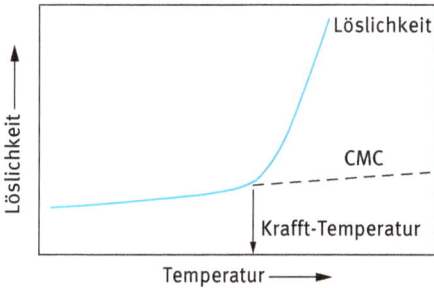

Abb. 3.5: Variation der Löslichkeit und der CMC in Abhängigkeit von der Temperatur.

Bei nichtionischen Tensiden des Ethoxylat-Typs führt ein Temperaturanstieg bei einer Lösung mit einer bestimmten Konzentration zur Dehydratisierung der PEO-Ketten und bei einer kritischen Temperatur wird die Lösung trüb. Dies ist in Abb. 3.6 dargestellt, die das Phasendiagramm von $C_{12}EO_6$ zeigt. Unterhalb der Trübungs-punktkurve (CP-Kurve) kann man verschiedene flüssigkristalline Phasen erkennen: hexagonal – kubisch – lamellar, die in Abb. 3.7 schematisch dargestellt sind.

3.1 Thermodynamik der Mizellbildung

Der Prozess der Mizellbildung ist eine der wichtigsten Eigenschaften einer Tensidlö-sung und daher ist es wichtig, seinen Mechanismus (die treibende Kraft für die Mi-zellenbildung) zu verstehen. Dies erfordert eine Analyse der Dynamik des Prozesses (d. h. der kinetischen Aspekte) sowie der Gleichgewichtsaspekte, wobei die Gesetze der Thermodynamik angewendet werden können, um die freie Energie, die Enthal-pie und die Entropie der Mizellbildung zu erhalten.

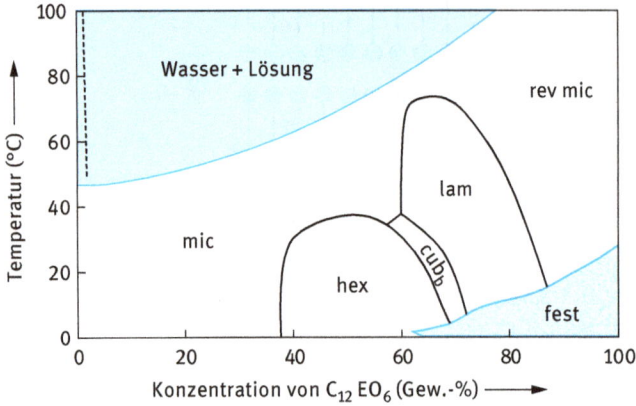

Abb. 3.6: Phasendiagramm von $C_{12}EO_6$.

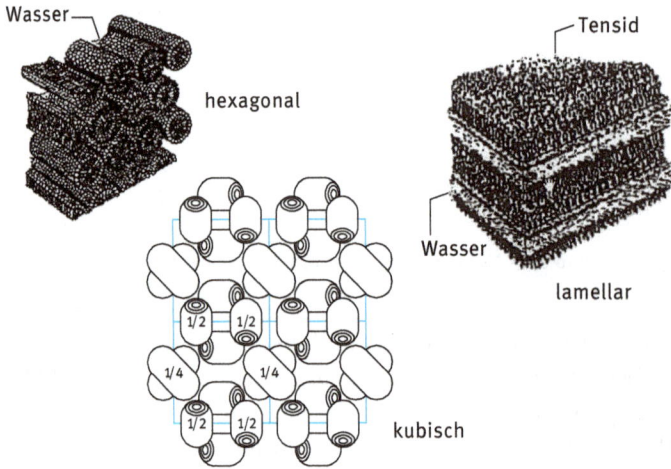

Abb. 3.7: Schematische Darstellung flüssigkristalliner Phasen.

3.1.1 Kinetische Aspekte

Die Mizellbildung ist ein dynamisches Phänomen, bei dem sich n monomere Tensidmoleküle zu einer Mizelle S_n zusammenschließen, d. h.

$$nS \Leftrightarrow S_n. \tag{3.6}$$

Hartley [8] geht von einem dynamischen Gleichgewicht aus, bei dem Tensidmoleküle ständig die Mizellen verlassen, während andere Moleküle aus der Lösung in die Mizellen eintreten. Das Gleiche gilt für die Gegenionen der ionischen Tenside, die zwischen der Mizellenoberfläche und der Hauptlösung wechseln können. Experimentelle Untersuchungen mit schnellen kinetischen Methoden wie Stopped-Flow, Temperatursprung- und Drucksprung-Methode sowie Ultraschall-Relaxationsmessungen haben gezeigt, dass es zwei Relaxationsprozesse für das mizellare Gleichgewicht gibt [12–18], die durch die Relaxationszeiten τ_1 und τ_2 gekennzeichnet sind. Die erste Relaxationszeit, τ_1, liegt in der Größenordnung von 10^{-7} s (10^{-8} bis 10^{-3} s) und stellt die Lebensdauer eines oberflächenaktiven Moleküls in einer Mizelle dar, d. h. sie repräsentiert die Assoziations- und Dissoziationsrate für ein einzelnes Molekül, das in die Mizelle eintritt und sie wieder verlässt, was durch die folgende Gleichung dargestellt werden kann:

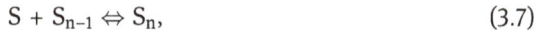

$$S + S_{n-1} \Leftrightarrow S_n, \tag{3.7}$$

wobei K^+ und K^- die Assoziations- bzw. Dissoziationsrate für ein einzelnes Molekül darstellen, das in die Mizelle eintritt oder sie verlässt.

Die langsamere Relaxationszeit τ_2 entspricht einem relativ langsamen Prozess, nämlich dem durch Gleichung 3.6 dargestellten Mizellenauflösungsprozess. Der Wert von τ_2 liegt in der Größenordnung von Millisekunden (10^{-3} bis 1 s) und kann daher bequem mit Stopped-Flow-Methoden gemessen werden. Die schnelle Relaxationszeit τ_1 kann je nach Bereich mit verschiedenen Techniken gemessen werden. Zum Beispiel lassen τ_1-Werte im Bereich von 10^{-8} bis 10^{-7} s Ultraschallabsorptionsmethoden zu, während τ_1 im Bereich von 10^{-5} bis 10^{-3} s mit Drucksprung-Methoden gemessen werden kann. Der Wert von τ_1 hängt von der Tensidkonzentration, der Kettenlänge und der Temperatur ab. τ_1 steigt mit zunehmender Kettenlänge der Tenside, d. h. die Verweilzeit nimmt mit zunehmender Kettenlänge zu.

Die obige Erörterung unterstreicht die dynamische Natur der Mizellen, und es ist wichtig zu erkennen, dass diese Moleküle in ständiger Bewegung sind und dass ein ständiger Austausch zwischen Mizellen und Lösung stattfindet. Die dynamische Natur gilt auch für die Gegenionen, die mit Lebenszeiten im Bereich von $10^{-9} - 10^{-8}$ s schnell ausgetauscht werden. Außerdem scheinen die Gegenionen seitlich mobil zu sein und nicht mit (einzelnen) spezifischen Gruppen auf den Mizellenoberflächen verbunden zu sein.

3.1.2 Gleichgewichtsaspekte: Thermodynamik der Mizellbildung

Für das Problem der Mizellenbildung gibt es verschiedene Ansätze. Der einfachste Ansatz behandelt die Mizellen als eine einzige Phase und wird als Phasentrennungsmodell bezeichnet. In diesem Modell wird die Mizellenbildung als Phasentrennungsphänomen betrachtet, und die CMC ist dann die Sättigungskonzentration des Amphiphils im monomeren Zustand, während die Mizellen die getrennte Pseudophase darstellen. Oberhalb der CMC besteht ein Phasengleichgewicht mit einer konstanten Aktivität des Tensids in der mizellaren Phase. Der Krafft-Punkt wird als die Temperatur angesehen, bei der sich festes hydratisiertes Tensid, Mizellen und eine mit undissoziierten Tensidmolekülen gesättigte Lösung bei einem bestimmten Druck im Gleichgewicht befinden.

Man betrachte ein anionisches Tensid, bei dem sich n Tensidanionen S^- und n Gegenionen M^+ zu einer Mizelle verbinden, d. h.

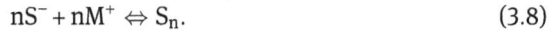

$$nS^- + nM^+ \Leftrightarrow S_n. \tag{3.8}$$

Die Mizelle ist einfach ein geladenes Aggregat aus Tensid-Ionen und einer entsprechenden Anzahl von Gegenionen in der umgebenden Atmosphäre und wird als separate Phase behandelt. Das chemische Potenzial des Tensids im mizellaren Zustand wird bei jeder Temperatur als konstant angenommen und kann in Analogie zu einer reinen Flüssigkeit oder einem reinen Feststoff als chemisches Standardpotenzial μ_m^o angenommen werden. Betrachtet man das Gleichgewicht zwischen Mizellen und Monomer, dann gilt

$$\mu_m^o = \mu_1^o + RT \ln a_1, \tag{3.9}$$

wobei μ_1^o das chemische Standardpotenzial des Tensidmonomers und a_1 seine Aktivität ist, die gleich $f_1 x_1$ ist, wobei f_1 der Aktivitätskoeffizient und x_1 der Molanteil ist. Daher ist die freie Standard-Mizellbildungsenergie pro Mol Monomer, ΔG_m^o, gegeben durch

$$\Delta G_m^o = \mu_m^o - \mu_1^o = RT \ln a_1 \approx RT \ln x, \tag{3.10}$$

wobei f_1 als eins angenommen wird (ein vernünftiger Wert bei sehr verdünnten Lösungen). Der CMC-Wert kann mit x_1 identifiziert werden, so dass

$$\Delta G_m^o = RT \ln CMC. \tag{3.11}$$

In Gleichung (3.10) wird der CMC-Wert als Molenbruch ausgedrückt, der gleich $C/(55,5 + C)$ ist, wobei C die Konzentration des Tensids in $mol \, dm^{-3}$ ist, d. h.

$$\Delta G_m^o = RT \ln C - RT \ln(55,5 + C). \tag{3.12}$$

Es sei darauf hingewiesen, dass ΔG^o unter Verwendung von CMC, ausgedrückt als Molenbruch, wie in Gleichung (3.12) angegeben, berechnet werden sollte. Die meisten in der Literatur zitierten CMC-Werte werden jedoch in $mol \, dm^{-3}$ angegeben, und in vielen Fällen von ΔG^o werden Werte zitiert, bei denen der CMC-Wert einfach in $mol \, dm^{-3}$ ausgedrückt wurde. Streng genommen ist dies nicht korrekt, da ΔG^o auf x_1 und nicht auf C basieren sollte. Der Wert von ΔG^o, wenn CMC in $mol \, dm^{-3}$ ausgedrückt wird, unterscheidet sich wesentlich von dem Wert von ΔG^o, wenn CMC als Molenbruch ausgedrückt wird. Zum Beispiel beträgt der CMC-Wert von Dodecylhexaoxyethylenglykol $8,7 \times 10^{-5} \, mol \, dm^{-3}$ bei 25 °C. Daher ist

$$\Delta G^\circ = RT \ln \frac{8,7 \times 10^{-5}}{55,5 + 8,7 \times 10^{-5}} = -33,1 \, \text{KJ mol}^{-1}, \tag{3.13}$$

wenn die Molenbruchskala verwendet wird. Andererseits ist

$$\Delta G^\circ = RT \ln 8,7 \times 10^{-5} = -23,2 \, \text{KJ mol}^{-1}, \tag{3.14}$$

wenn die Molaritätsskala verwendet wird.

Das Modell der Phasentrennung wird vor allem aus zwei Gründen in Frage gestellt. Erstens sollte nach diesem Modell ab der CMC eine klare Diskontinuität in den physikalischen Eigenschaften (Oberflächenspannung, Trübung usw.) einer Tensidlösung zu beobachten sein. Dies wird experimentell nicht immer festgestellt, und die CMC ist kein scharfer Bruchpunkt. Zweitens: Wenn am CMC-Punkt tatsächlich zwei Phasen existieren, würde die Gleichsetzung des chemischen Potenzials des Tensidmoleküls in den beiden Phasen bedeuten, dass die Aktivität des Tensids in der wässrigen Phase oberhalb der CMC konstant ist. Ist dies der Fall, müsste die Oberflächenspannung einer Tensidlösung oberhalb der CMC konstant bleiben.

Eine bequeme Lösung für den Zusammenhang zwischen ΔG_m und CMC wurde von Phillips [7] für ionische Tenside gegeben, der zu folgendem Ausdruck gelangte:

$$\Delta G_m^\circ = \{2 - (p/n)\} \, RT \ln CMC. \tag{3.15}$$

Dabei ist p die Anzahl der freien (nicht assoziierten) Tensid-Ionen und n die Gesamtzahl der Tensid-Moleküle in der Mizelle. Für viele ionische Tenside beträgt der Dissoziationsgrad $(p/n) \approx 0,2$, so dass

$$\Delta G_m^\circ = 1,8 RT \ln CMC. \tag{3.16}$$

Der Vergleich mit Gleichung (3.11) zeigt deutlich, dass bei ähnlichem ΔG_m der CMC-Wert bei ionischen Tensiden etwa zwei Größenordnungen höher ist als bei nichtionischen Tensiden derselben Alkylkettenlänge (siehe Tab. 3.1).

In Anwesenheit eines im Überschuss zugegebenen Elektrolyten mit dem Molenbruch x wird die freie Energie der Mizellbildung durch den folgenden Ausdruck gegeben:

$$\Delta G_m^\circ = RT \ln CMC + \{1 - (p/n)\} \ln x. \tag{3.17}$$

Gleichung (3.17) zeigt, dass mit zunehmendem x der CMC-Wert abnimmt.

Aus Gleichung (3.15) geht hervor, wenn $p \to 0$ geht, d. h. wenn die meisten Ladungen mit Gegenionen verbunden sind:

$$\Delta G_m^\circ = 2 RT \ln CMC. \tag{3.18}$$

Während, wenn $p \approx n$, d. h. die Gegenionen an Mizellen gebunden sind:

$$\Delta G_m^o = RT \ln CMC, \tag{3.19}$$

was auch für nichtionische Tenside gilt.

3.2 Enthalpie und Entropie der Mizellbildung

Die Enthalpie der Mizellbildung kann aus der Veränderung des CMC-Werts mit der Temperatur berechnet werden:

$$- \Delta H^o = RT^2 \frac{d \ln CMC}{dT}. \tag{3.20}$$

Die Entropie der Mizellbildung kann dann aus der Beziehung zwischen ΔG^o und ΔH^o berechnet werden:

$$\Delta G^o = \Delta H^o - T\Delta S^o. \tag{3.21}$$

Daher kann ΔH^o aus den Kurven der Oberflächenspannung und $\log C$ bei verschiedenen Temperaturen berechnet werden. Leider führen die Fehler bei der Lokalisierung des CMC-Punkts (der in vielen Fällen kein scharfer Punkt ist) zu einem großen Fehler beim Wert von ΔH^o. Eine genauere und direktere Methode zur Ermittlung von ΔH^o ist die Mikrokalorimetrie. Zur Veranschaulichung sind die thermodynamischen Parameter ΔG^o, ΔH^o und $T\Delta S^o$ für Octylhexaoxyethylenglykolmonoether (C_8E_6) in Tab. 3.2 gegeben.

Tab. 3.2: Thermodynamische Größen für die Mizellenbildung bei Octylhexaoxyethylenglykolmonoether.

Temp/°C	ΔG^o/kJ mol^{-1}	ΔH^o/kJ mol^{-1} (aus CMC)	ΔH^o/kJ mol^{-1} (aus Kalorimetrie)	$T\Delta S^o$/kJ mol^{-1}
25	$-21{,}3 \pm 2{,}1$	$8{,}0 \pm 4{,}2$	$20{,}1 \pm 0{,}8$	$41{,}8 \pm 1{,}0$
40	$-23{,}4 \pm 2{,}1$		$14{,}6 \pm 0{,}8$	$38{,}0 \pm 1{,}0$

Aus Tab. 3.2 ist ersichtlich, dass ΔG^o groß und negativ ist. ΔH^o ist jedoch positiv, was darauf hinweist, dass der Prozess endotherm ist. Außerdem ist $T\Delta S^o$ groß und positiv, was darauf hindeutet, dass der Mizellbildungsprozess zu einem Nettoanstieg der Entropie führt. Diese positive Enthalpie und Entropie deuten auf eine andere Antriebskraft für die Mizellbildung hin als die, welche bei vielen Aggregationsprozessen auftritt.

Der Einfluss der Alkylkettenlänge des Tensids auf die freie Energie, die Enthalpie und die Entropie der Mizellbildung wurde von Rosen [19] nachgewiesen, der diese Parameter als Funktion der Alkylkettenlänge für Sulfoxid-Tenside auflistete. Die Ergebnisse sind in Tab. 3.3 aufgeführt. Es ist zu erkennen, dass die freie Standard-Mizellbildungsenergie mit zunehmender Kettenlänge zunehmend negativ wird. Dies ist zu erwarten, da der CMC-Wert mit zunehmender Länge der Alkylkette abnimmt. Allerdings wird ΔH^o mit zunehmender Kettenlänge des Tensids weniger positiv und $T\Delta S^o$ wird positiver. Die große negative freie Energie der Mizellbildung setzt sich also aus einer kleinen positiven Enthalpie zusammen (die mit zunehmender Kettenlänge des Tensids leicht abnimmt) und einen großen positiven Entropieterm $T\Delta S^o$, der mit zunehmender Kettenlänge immer positiver wird. Wie wir im nächsten Abschnitt sehen werden, können diese Ergebnisse mit dem hydrophoben Effekt erklärt werden, der im Detail beschrieben wird.

Tab. 3.3: Änderung der thermodynamischen Parameter der Mizellenbildung von Alkylsulfoxiden mit zunehmender Kettenlänge der Alkylgruppe.

Tensid	ΔG^o/kJ mol^{-1}	ΔH^o/kJ mol^{-1}	$T\Delta S^o$/kJ mol^{-1}
$C_6H_{13}S(CH_3)O$	−12,0	10,6	22,6
$C_7H_{15}S(CH_3)O$	−15,9	9,2	25,1
$C_8H_{17}S(CH_3)O$	−18,8	7,8	26,4
$C_9H_{19}S(CH_3)O$	−22,0	7,1	29,1
$C_{10}H_{21}S(CH_3)O$	−25,5	5,4	30,9
$C_{11}H_{23}S(CH_3)O$	−28,7	3,0	31,7

3.3 Treibende Kraft für die Mizellenbildung

Bis vor Kurzem wurde die Bildung von Mizellen in erster Linie als ein Prozess mit Grenzflächenenergie betrachtet, analog zum Prozess der Koaleszenz von Öltröpfchen in einem wässrigen Medium. Wenn dies der Fall wäre, wäre die Mizellenbildung ein stark exothermer Prozess, da die freie Grenzflächenenergie eine große Enthalpiekomponente hat. Wie bereits erwähnt, haben experimentelle Ergebnisse eindeutig gezeigt, dass die Mizellenbildung nur eine kleine Enthalpieänderung beinhaltet und oft endotherm ist. Die negative freie Energie der Mizellenbildung ist das Ergebnis einer großen positiven Entropie. Dies führte zu der Schlussfolgerung, dass die Mizellenbildung ein vorwiegend entropiegetriebener Prozess sein muss. Es wurden zwei Hauptentropiequellen vorgeschlagen. Die erste steht im Zusammenhang mit dem so genannten „hydrophoben Effekt". Dieser Effekt wurde erstmals durch die Betrachtung der freien Energie, der Enthalpie und der Entropie des Transfers von Kohlenwasserstoffen aus Wasser in einen flüssigen Kohlenwasserstoff ermittelt. Einige Ergebnisse sind in Tab. 3.4 aufgeführt. In dieser Tabelle sind auch die Änderung der Wärmekapazität ΔC_p beim Übergang von Wasser zu einem Kohlenwasserstoff sowie $C_p^{o,\,gas}$, d. h. die Wärmekapazität in der Gasphase, aufgeführt. Aus Tab. 3.4 ist ersichtlich, dass der Hauptbeitrag zum Wert von ΔG^o der große positive Wert von ΔS^o ist, der mit zunehmender Länge der Kohlenwasserstoffkette steigt, während ΔH^o positiv oder klein und negativ ist.

Tab. 3.4: Thermodynamische Parameter für den Übergang von Kohlenwasserstoffen aus Wasser in flüssige Kohlenwasserstoffe bei 25 °C.

Kohlenwasserstoff	ΔG^o kJ mol^{-1}	ΔH^o kJ mol^{-1}	ΔS^o kJ mol^{-1}K^{-1}	ΔC_p^o kJ mol^{-1}K^{-1}	$C_p^{o,\,gas}$ kJ mol^{-1}K^{-1}
C_2H_6	−16,4	10,5	88,2	–	–
C_3H_8	−20,4	7,1	92,4	–	–
C_4H_{10}	−24,8	3,4	96,6	−273	−143
C_5H_{12}	−28,8	2,1	105,0	−403	−172
C_6H_{14}	−32,5	0	109,2	−441	−197
C_6H_6	−19,3	−2,1	58,8	−227	−134
$C_6H_5CH_3$	−22,7	−1,7	71,4	−265	−155
$C_6H_5C_2H_5$	−26,0	−2,0	79,8	−319	−185
$C_6H_5C_3H_8$	−29,0	−2,3	88,2	−395	

Mehrere Autoren [20–22] vermuten, dass die Wassermoleküle um eine Kohlenwasserstoffkette herum geordnet sind und „Cluster" oder „Eisberge" bilden, um diese große positive Entropie der Übertragung zu erklären. Bei der Übertragung eines Alkans von Wasser auf einen flüssigen Kohlenwasserstoff werden diese Cluster aufgebrochen, wodurch Wassermoleküle freigesetzt werden, die dann eine höhere Entropie aufweisen. Dies erklärt die große Entropie beim Übergang eines Alkans von Wasser in ein Kohlenwasserstoffmedium. Dieser Effekt spiegelt sich auch in der viel höheren Wärmekapazitätsänderung ΔC_p^o bei der Übertragung im Vergleich zur Wärmekapazität in der Gasphase C_p^o wider. Dieser Effekt ist auch bei der Übertragung von Tensidmonomeren in eine Mizelle während des Mizellbildungsprozesses wirksam. Die Tensidmonomere enthalten auch „strukturiertes" Wasser um ihre Kohlenwasserstoffkette. Bei der Übertragung solcher Monomere auf eine Mizelle werden diese Wassermoleküle freigesetzt und weisen eine höhere Entropie auf. Die zweite Quelle für den Entropieanstieg bei der Mizellbildung kann sich aus der zunehmenden Flexibilität der Kohlenwasserstoffketten beim Übergang von einem wässrigen zu einem Kohlenwasserstoffmedium ergeben [20]. Die Ausrichtungen und Biegungen einer organischen Kette sind in einer wässrigen Phase wahrscheinlich stärker eingeschränkt als in einer organischen Phase. Es sollte erwähnt werden, dass bei ionischen und zwitterionischen Tensiden ein zusätzlicher Entropiebeitrag, der mit den ionischen Kopfgruppen verbunden ist, berücksichtigt werden muss. Bei der teilweisen Neutralisierung der ionischen Ladung durch die Gegenionen bei der Aggregation werden Wassermoleküle freigesetzt. Dies ist mit einem Entropieanstieg verbunden, der zu dem Entropieanstieg aufgrund des oben erwähnten hydrophoben Effekts addiert werden sollte. Es ist jedoch schwierig, den relativen Beitrag der beiden Effekte quantitativ abzuschätzen.

3.4 Mizellbildung in Tensidmischungen (Mischmizellen)

In den meisten industriellen Anwendungen wird mehr als ein Tensidmolekül in der Formulierung verwendet. Daher ist es notwendig, die Art der möglichen Wechselwirkungen vorherzusagen und festzustellen, ob dies zu synergistischen Effekten führt. Es können zwei allgemeine Fälle betrachtet werden: Tensidmoleküle ohne Nettowechselwirkung (mit ähnlichen Kopfgruppen) und Systeme mit Nettowechselwirkung [1]. Der erste Fall liegt vor, wenn zwei Tenside mit der gleichen Kopfgruppe aber mit unterschiedlichen Kettenlängen gemischt werden. In Analogie zum hydrophil-lipophilen Gleichgewicht (HLB) für Tensidmischungen kann man auch annehmen, dass die CMC einer Tensidmischung (ohne Netto-Wechselwirkung) ein Mittelwert der beiden CMC der Einzelkomponenten ist [1]:

$$CMC = x_1\, CMC_1 + x_2\, CMC_2, \tag{3.22}$$

wobei x_1 und x_2 die Molenbrüche der jeweiligen Tenside in dem System sind. Die Molenbrüche sollten jedoch nicht die des gesamten Systems sein, sondern die innerhalb der Mizelle. Dies bedeutet, dass Gleichung (3.22) geändert werden muss:

$$CMC = x_1^m\, CMC_1 + x_2^m\, CMC_2. \tag{3.23}$$

Das hochgestellte m bedeutet, dass die Werte innerhalb der Mizelle liegen. Wenn x_1 und x_2 die Zusammensetzung der Lösung angeben, dann ergibt sich:

$$\frac{1}{CMC} = \frac{x_1}{CMC_1} + \frac{x_2}{CMC_2}. \tag{3.24}$$

Die molare Zusammensetzung der gemischten Mizelle ist gegeben durch:

$$x_1^m = \frac{x_1\, CMC_2}{x_1\, CMC_2 + x_2\, CMC_1}. \tag{3.25}$$

Abbildung 3.8 zeigt den berechneten CMC-Wert und die Mizellenzusammensetzung in Abhängigkeit von der Zusammensetzung der Lösung unter Verwendung der Gleichungen (3.24) und (3.25) für drei Fälle mit $CMC_2/CMC_1 = 1$; $CMC_2/CMC_1 = 0,1$ und $CMC_2/CMC_1 = 0,01$. Wie man sieht, ändern sich die CMC und die Mizellenzusammensetzung drastisch mit der Zusammensetzung der Lösung, wenn die CMC der beiden Tenside stark variieren, d. h. wenn das Verhältnis der CMC weit von 1 entfernt ist. Diese Tatsache wird bei der Herstellung von Mikroemulsionen genutzt, bei denen die Zugabe von mittelkettigem Alkohol (wie Pentanol oder Hexanol) die Eigenschaften erheblich verändert. Wenn die Komponente 2 viel oberflächenaktiver ist, d. h.

$CMC_2/CMC_1 \ll 1$, und in geringen Konzentrationen vorliegt (x_2 liegt in der Größenordnung von 0,01), dann ergibt sich aus Gleichung (3.25) $x_1^m \approx x_2^m \approx 0,5$, d. h. bei den CMC der Systeme bestehen die Mizellen bis zu 50 % aus Komponente 2. Dies verdeutlicht die Rolle von Verunreinigungen bei der Oberflächenaktivität, z. B. Dodecylalkohol in Natriumdodecylsulfat (SDS).

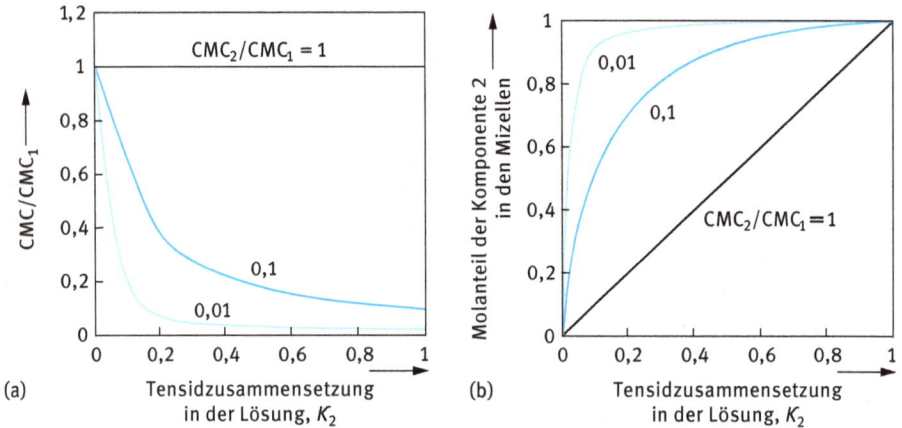

Abb. 3.8: Berechnete CMC (a) und mizellare Zusammensetzung (b) als Funktion der Lösungszusammensetzung für drei Verhältnisse von CMCs.

Abbildung 3.9 zeigt den CMC-Wert in Abhängigkeit von der molaren Zusammensetzung der Lösung und der Mizellen für eine Mischung aus SDS und Nonylphenol mit 10 Mol Ethylenoxid (NP-E_{10}). Wird die molare Zusammensetzung der Mizellen als x-Achse verwendet, entspricht der CMC-Wert mehr oder weniger dem arithmetischen Mittel der CMC-Werte der beiden Tenside. Wird dagegen die molare Zusammensetzung in der Lösung als x-Achse verwendet (die bei der CMC gleich der gesamten molaren Konzentration ist), so zeigt der CMC-Wert des Gemischs einen dramatischen Abfall bei niedrigen NP-E_{10}-Anteilen. Diese Abnahme ist auf die bevorzugte Absorption von NP-E_{10} in der Mizelle zurückzuführen. Die höhere Absorption ist auf die höhere Hydrophobie des Tensids NP-E_{10} im Vergleich zu SDS zurückzuführen.

Bei vielen industriellen Formulierungen werden Tenside unterschiedlicher Art gemischt, zum Beispiel anionische und nichtionische Tenside. Die nichtionischen Tensidmoleküle schirmen die Abstoßung zwischen den negativen Kopfgruppen in der Mizelle ab, so dass es zu einer Nettowechselwirkung zwischen den beiden Molekülarten kommt. Ein weiteres Beispiel ist der Fall, dass anionische und kationische Tenside gemischt werden, wobei zwischen den entgegengesetzt geladenen Tensidmolekülen eine sehr starke Wechselwirkung stattfindet. Um dieser Wechselwirkung Rechnung zu tragen, muss Gleichung (3.25) modifiziert werden, indem die Aktivitätskoeffizienten der Tenside, f_1^m und f_2^m, eingeführt werden:

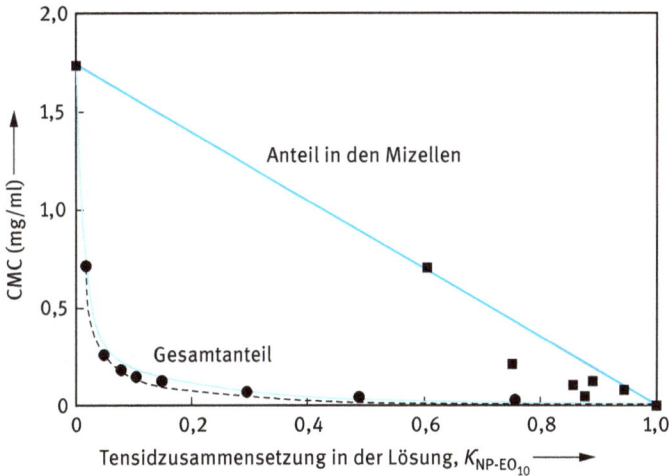

Abb. 3.9: CMC in Abhängigkeit von der Tensidzusammensetzung, x_1, bzw. der mizellaren Tensidzusammensetzung, x_1^m, für das System SDS + NP-E$_{10}$.

$$CMC = x_1^m f_1^m CMC_1 + x_2^m f_2^m CMC_2. \tag{3.26}$$

Ein Ausdruck für die Aktivitätskoeffizienten kann mithilfe der Theorie der regulären Lösungen [1] ermittelt werden,

$$\ln f_1^m = (x_1^m)^2 \beta, \tag{3.27}$$

$$\ln f_2^m = (x_2^m)^2 \beta, \tag{3.28}$$

wobei β ein Wechselwirkungsparameter zwischen den Tensidmolekülen in der Mizelle ist. Ein positiver β-Wert bedeutet, dass eine Nettoabstoßung zwischen den Tensidmolekülen in der Mizelle besteht, während ein negativer β-Wert eine Nettoanziehung bedeutet.

Der CMC-Wert des Tensidgemischs und die Zusammensetzung x_1 ergeben sich aus den folgenden Gleichungen:

$$\frac{1}{CMC} = \frac{x_1}{f_1^m CMC_1} + \frac{x_2}{f_2^m CMC_2}, \tag{3.29}$$

$$x_1^m = \frac{x_1 f_2^m CMC_2}{x_1 f_2^m CMC_2 + x_2 f_2^m CMC_1}. \tag{3.30}$$

Abbildung 3.10 zeigt die Auswirkung der Erhöhung des β-Parameters auf den CMC-Wert und die mizellare Zusammensetzung für zwei Tenside mit einem CMC-Wert von 0,1.

Diese Abbildung zeigt, dass der CMC-Wert des Gemischs abnimmt, je negativer β wird. β-Werte im Bereich von −2 sind typisch für anionische/nichtionische Mischungen,

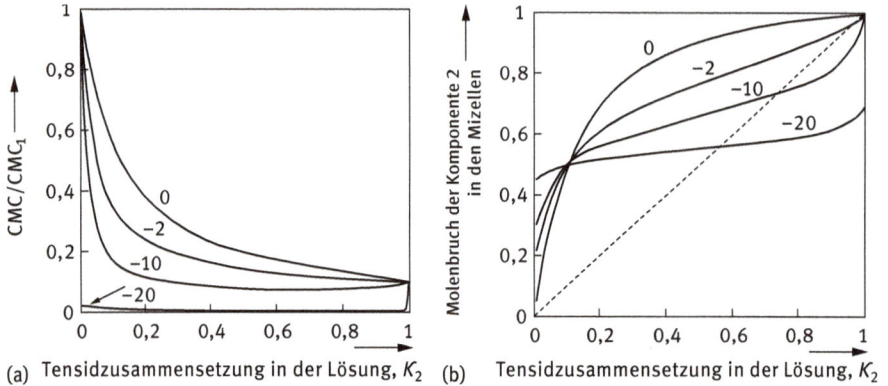

Abb. 3.10: CMC (a) und mizellare Zusammensetzung (b) für verschiedene Werte von β für ein System mit einem CMC-Verhältnis CMC_2/CMC_1 von 0,1.

während Werte im Bereich von −10 bis −20 typisch für anionische/kationische Mischungen sind. Mit zunehmend negativem Wert von β tendieren die Mischmizellen zu einem Mischungsverhältnis von 50:50, was die gegenseitige elektrostatische Anziehung zwischen den Tensidmolekülen widerspiegelt. Der vorhergesagte CMC-Wert und die Mizellenzusammensetzung hängen sowohl vom Verhältnis der CMCs als auch vom Wert von β ab. Wenn die CMCs der einzelnen Tenside ähnlich sind, reagiert der vorhergesagte CMC-Wert sehr empfindlich auf kleine Variationen von β. Wenn das Verhältnis der CMCs hingegen groß ist, sind der vorhergesagte Wert des gemischten CMC-Werts und die Mizellenzusammensetzung unempfindlich gegenüber Variationen des Parameters β. Bei Mischungen aus nichtionischen und ionischen Tensiden nimmt der β-Wert mit steigender Elektrolytkonzentration ab. Dies ist auf die Abschirmung der elektrostatischen Abstoßung bei Zugabe von Elektrolyt zurückzuführen. Bei einigen Tensidmischungen nimmt der β-Wert mit steigender Temperatur ab, d. h. die Nettoanziehung nimmt mit steigender Temperatur ab.

3.5 Selbstorganisation von Tensiden

Tensidmizellen und -doppelschichten sind die Bausteine der meisten Selbstorganisationsstrukturen. Man kann die Phasenstrukturen in zwei Hauptgruppen einteilen [1]:
1. solche, die aus begrenzten oder diskreten Selbstanordnungen bestehen, die grob als kugelförmig, länglich oder zylindrisch charakterisiert werden können;
2. unendliche oder unbegrenzte Selbstanordnungen, bei denen die Aggregate über makroskopische Entfernungen in einer, zwei oder drei Dimensionen verbunden sind.

Die hexagonale Phase (siehe unten) ist ein Beispiel für eindimensionale Kontinuität, die lamellare Phase für zweidimensionale Kontinuität, während die bikontinuierliche kubische Phase und die Schwammphase (siehe unten) Beispiele für dreidimensionale Kontinuität sind. Diese Typen sind in Abb. 3.11 schematisch dargestellt.

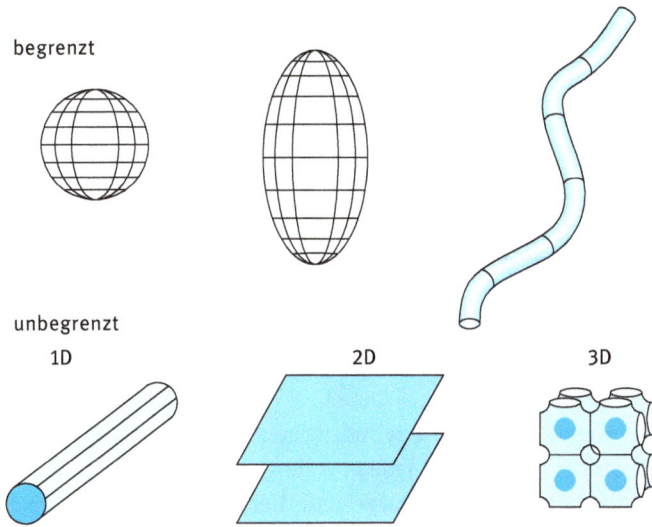

Abb. 3.11: Schematische Darstellung der Strukturen der Selbstorganisation.

3.5.1 Struktur flüssigkristalliner Phasen

Die oben genannten unbegrenzten Selbstorganisationsstrukturen in 1D, 2D oder 3D werden als flüssigkristalline Strukturen bezeichnet. Letztere verhalten sich wie Flüssigkeiten und sind in der Regel hoch viskos. Gleichzeitig ergeben Röntgenuntersuchungen dieser Phasen eine kleine Anzahl relativ scharfer Linien, die denen von Kristallen ähneln [1]. Da es sich um Flüssigkeiten handelt, sind sie weniger geordnet als Kristalle, aber aufgrund der Röntgenlinien und ihrer hohen Viskosität ist es auch offensichtlich, dass sie geordneter sind als gewöhnliche Flüssigkeiten. Daher ist der Begriff der flüssigkristallinen Phase sehr passend, um diese selbstorganisierten Strukturen zu beschreiben. Nachfolgend werden die verschiedenen flüssigkristallinen Strukturen, die mit Tensiden hergestellt werden können, kurz beschrieben, und Tab. 3.5 zeigt die am häufigsten verwendete Notation zur Beschreibung dieser Systeme.

Tab. 3.5: Notation der häufigsten flüssigkristallinen Strukturen.

Phasenstruktur	Abkürzung	Notation
mizellar	mic	L_1, S
invers mizellar	rev mic	L_2, S
hexagonal	hex	H_1, E, M_1, mittel
umgekehrt hexagonal	rev hex	H_2, F, M_2
kubisch (normal mizellar)	cub_m	I_1, S_{1c}
kubisch (invers mizellar)	cub_m	I_2
kubisch (normal bikontinuierlich)	cub_b	I_1, V_1
kubisch (invers bikontinuierlicher)	cub_b	I_2, V_2
lamellar	lam	L_α, D, G, geordnet
Gel	gel	L_β
Schwammphase (invers)	spo	L_3 (normal), L_4

3.5.2 Hexagonale Phase

Diese Phase besteht aus (unendlich) langen zylindrischen Mizellen, die in einem hexagonalen Muster angeordnet sind, wobei jede Mizelle von sechs anderen Mizellen umgeben ist, wie in Abb. 3.7 schematisch dargestellt. Der Radius des kreisförmigen Querschnitts (der etwas deformiert sein kann) liegt wiederum in der Nähe der Länge der Tensidmoleküle [1].

3.5.3 Kubische Phase

Diese Phase besteht aus einer regelmäßigen Packung kleiner Mizellen, die ähnliche Eigenschaften wie die kleinen Mizellen in der Lösungsphase haben. Die Mizellen sind jedoch kurze Ellipsoide (Achsenverhältnis 1–2) und keine Kugeln, da dies eine bessere Packung ermöglicht. Die kubische Mizellenphase ist hochviskos. Eine schematische Darstellung der mizellaren kubischen Phase [1] ist in Abb. 3.7 zu sehen.

3.5.4 Lamellare Phase

Diese Phase setzt sich aus Schichten von Tensidmolekülen zusammen, die sich mit Wasserschichten abwechseln. Die Dicke der Doppelschichten ist etwas geringer als das Doppelte der Länge der Tensidmoleküle. Die Dicke der Wasserschicht kann in Abhängigkeit von der Art des Tensids in weiten Bereichen variieren. Die Tensid-Doppelschicht kann von steif und planar bis hin zu sehr flexibel und wellenförmig variieren. Eine schematische Darstellung der lamellaren Phase [1] ist in Abb. 3.7 zu sehen.

3.5.5 Zweigliedrige kubische Phasen

Bei diesen Phasen kann es sich um eine Reihe verschiedener Strukturen handeln, bei denen die Tensidmoleküle Aggregate bilden, die in den Raum eindringen und eine poröse, zusammenhängende Struktur in drei Dimensionen bilden. Sie können als Strukturen betrachtet werden, die durch die Verbindung von stäbchenförmigen Mizellen (verzweigte Mizellen) oder von Doppelschichtstrukturen gebildet werden [1], wie in Abb. 3.12 dargestellt.

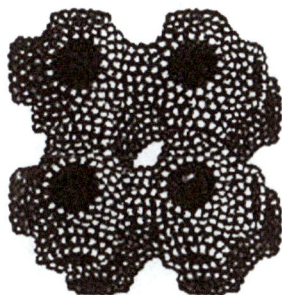

Abb. 3.12: Bikontinuierliche Struktur mit den zu zusammenhängenden Schichten aggregierten Tensidmolekülen, die durch zwei entgegengesetzte Krümmungen gekennzeichnet sind [9].

3.5.6 Inverse Strukturen

Mit Ausnahme der lamellaren Phase, die symmetrisch um die Mitte der Doppelschicht angeordnet ist, gibt es von den verschiedenen Strukturen jeweils ein inverses Gegenstück, bei dem die polaren und unpolaren Teile anders herum angeordnet sind. Eine hexagonale Phase besteht beispielsweise aus hexagonal gepackten Wasserzylindern, die von den polaren Kopfgruppen der Tensidmoleküle und einem Kontinuum aus hydrophoben Teilen umgeben sind. Inverse (mizellare) kubische Phasen und inverse Mizellen bestehen ebenfalls aus kugelförmigen Wasserkernen, die von Tensidmolekülen umgeben sind. Die Radien der Wasserkerne liegen typischerweise im Bereich von 2 bis 10 nm.

3.6 Experimentelle Untersuchungen des Phasenverhaltens von Tensiden

Eine der frühesten (qualitativen) Techniken zur Identifizierung der verschiedenen Phasen ist die Polarisationsmikroskopie. Sie beruht auf der Streuung von normalem und polarisiertem Licht, die sich bei isotropen (wie der kubischen Phase) und anisotropen (wie der hexagonalen und der lamellaren Phase) Strukturen unterscheidet. Isotrope Phasen sind klar und transparent, während anisotrope flüssigkristalline Phasen das Licht streuen und mehr oder weniger trüb erscheinen. Bei Verwendung von polarisiertem Licht und Betrachtung der Proben durch Kreuzpolarisatoren ergibt sich für isotrope Phasen ein schwarzes Bild, während anisotrope Phasen helle Bilder ergeben. Die Muster in einem Polarisationsmikroskop sind für verschiedene anisotrope Phasen deutlich unterschiedlich und können daher zur Identifizierung der Phasen verwendet werden, z. B. zur Unterscheidung zwischen hexagonalen und lamellaren Phasen [23]. Ein typisches optisches Schliffbild für die hexagonale und die lamellare Phase (erhalten mit Hilfe der Polarisationsmikroskopie) ist in Abb. 3.13 dargestellt. Die hexagonale Phase zeigt ein „fächerartiges" Aussehen, während die lamellare Phase „ölige Schlieren" und „Malteserkreuze" aufweist.

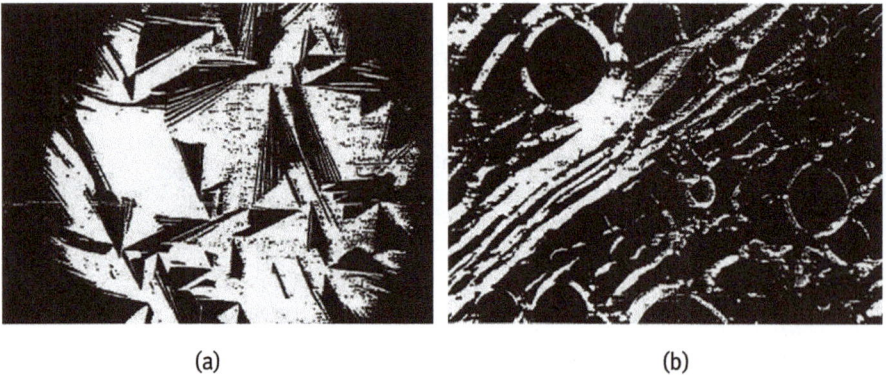

(a)   (b)

Abb. 3.13: Textur der hexagonalen (a) und der lamellaren Phase (b), erhalten durch Polarisationsmikroskopie.

Eine andere qualitative Methode ist die Messung der Viskosität in Abhängigkeit von der Tensidkonzentration. Die kubische Phase ist sehr viskos, oft recht starr und erscheint als klares „Gel". Die hexagonale Phase ist weniger viskos als die kubische Phase, und die lamellare Phase ist viel weniger viskos als die kubische Phase. Die Messung der Viskosität ermöglicht jedoch keine eindeutige Bestimmung der Phasen in der Probe.

Die meisten qualitativen Techniken zur Identifizierung der verschiedenen flüssigkristallinen Phasen beruhen auf Beugungsstudien, entweder mit Licht, Röntgenstrahlen oder Neutronen. Die flüssigkristallinen Strukturen weisen eine sich wiederholende Anordnung von Aggregaten auf, und die Beobachtung eines Beugungsmusters kann Hinweise auf eine weitreichende Ordnung liefern und eine Unterscheidung zwischen alternativen Strukturen erlauben.

Eine weitere sehr nützliche Technik zur Identifizierung der verschiedenen Phasen ist die NMR-Spektroskopie. Bei der Deuterium-NMR-Spektroskopie beobachtet man die Quadrupolspaltungen [24]. Dies ist in Abb. 3.14 dargestellt. Bei isotropen Phasen wie mizellaren, kubischen und Schwammphasen beobachtet man ein schmales Singulett (Abb. 3.14a). Für eine einzelne isotrope Phase, wie hexagonale oder lamellare Strukturen, erhält man ein Dublett (Abb. 3.14b).

Das Ausmaß der „Aufspaltung" hängt von der Art der flüssigkristallinen Phase ab und ist bei der lamellaren Phase doppelt so groß wie bei der hexagonalen Phase. Für eine isotrope und eine anisotrope Phase erhält man ein Singulett und ein Dublett (Abb. 3.14c). Bei zwei anisotropen Phasen (lamellar und hexagonal) beobachtet man zwei Dubletten (Abb. 3.14d). In einem dreiphasigen Gebiet mit zwei anisotropen Phasen und einer isotropen Phase beobachtet man zwei Dubletten und ein Singulett (Abb. 3.14e).

Die Unterscheidung zwischen normalen und inversen Phasen lässt sich leicht durch Leitfähigkeitsmessungen vornehmen. Bei normalen Phasen, die „wasserreich" sind, ist die Leitfähigkeit hoch. Im Gegensatz dazu ist die Leitfähigkeit bei inversen Phasen, die „wasserarm" sind, viel niedriger (um mehrere Größenordnungen).

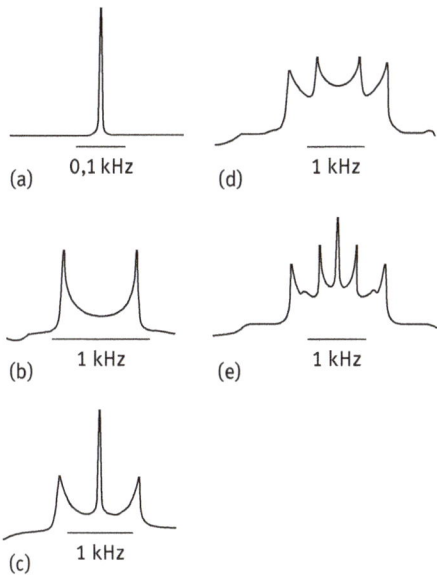

(a) 0,1 kHz
(b) 1 kHz
(c) 1 kHz
(d) 1 kHz
(e) 1 kHz

Abb. 3.14: ^{2}H-NMR-Spektren von Tensiden in schwerem Wasser (D_2O).

Literatur

[1] B. Lindman, in „Surfactants", Tadros, Th. F. (ed.), Academic Press, London, N. Y. (1984). K. Holmberg, B. Jonsson, B. Kronberg and B. Lindman, „Tensids and Polymers in Aqueous Solution", second edition, John Wiley & Sons Ltd., USA (2003).
[2] J. Istraelachvili, „Intermolecular and Surface Forces, with Special applications to Colloidal and Biological Systems", Academic Press, London (1985), S. 251.

[3]   P. Mukerjee and K. J. Mysels, „Critical Micelle Concentrations of Aqueous Surfactant Systems", National Bureau of Standards Publication, Washington D. C., USA (1971).

[4]   P. H. Elworthy, A. T. Florence and C. B. Macfarlane, „Solubilization by Surface Active Agents", Chapman and Hall, London (1968).

[5]   K. Shinoda, T. Nagakawa, B. I. Tamamushi and T. Isemura, „Colloidal Surfactants, Some Physicochemical Properties", Academic Press, London (1963).

[6]   J. W. McBain, Trans. Faraday Soc., **9**, 99 (1913).

[7]   N. K. Adam, J. Phys. Chem., **29**, 87 (1925).

[8]   G. S. Hartley, „Aqueous Solutions of Paraffin Chain Salts", Hermann and Cie, Paris (1936).

[9]   J. W. McBain, „Colloid Science", Heath, Boston (1950).

[10] W. D. Harkins, W. D. Mattoon and M. L. Corrin, J. Amer. Chem. Soc., **68**, 220 (1946); J. Colloid Sci., **1**, 105 (1946)

[11] P. Debye and E. W. Anaker, J. Phys. and Colloid Chem., **55**, 644 (1951).

[12] E. A. G. Anainsson and S. N. Wall, J. Phys. Chem., **78**, 1024 (1974); **79**, 857 (1975).

[13] E. A. G. Aniansson, S. N. Wall, M. Almagren, H. Hoffmann, W. Ulbricht, R. Zana, J. Lang and C. Tondre, J. Phys. Chem., **80**, 905 (1976).

[14] J. Rassing, P. J. Sams and E. Wyn-Jones, J. Chem. Soc., Faraday II, **70**, 1247 (1974).

[15] M. J. Jaycock and R. H. Ottewill, Fourth Int. Congress Surface Activity, **2**, 545 (1964).

[16] T. Okub, H. Kitano, T. Ishiwatari, and N. Isem, Proc. Royal Soc., **A36**, 81 (1979).

[17] J. N. Phillips, Trans. Faraday Soc., **51**, 561 (1955).

[18] M. Kahlweit and M. Teubner, Adv. Colloid Interface Sci., **13**, 1 (1980).

[19] M. L. Rosen, „Surfactants and Interfacial Phenomena", Wiley-Interscience, New York (1978).

[20] C. Tanford, „The Hydrophobic Effect", second edition, Wiley, New York (1980).

[21] G. Stainsby and A. E. Alexander, Trans. Faraday Soc., **46**, 587 (1950).

[22] R. H. Arnow and L. Witten, J. Phys. Chem., **64**, 1643 (1960).

[23] F. B. Rosevaar, J. Soc. Cosmet. Chem., **19**, 581 (1968).

[24] A. Khan, K. Fontell, G. Lindblom and B. Lindman, J. Phys. Chem., **86**, 4266 (1982).

4 Adsorption von Tensiden an Grenzflächen

4.1 Einführung

Tenside spielen eine wichtige Rolle bei der Formulierung der meisten chemischen Produkte. Sie werden zur Stabilisierung von Emulsionen, Nanoemulsionen, Mikroemulsionen und Suspensionen verwendet. Zweitens werden Tenside emulgierbaren Konzentraten zugesetzt, damit sie sich bei Verdünnung spontan verteilen. Das Tensid muss sich an der Grenzfläche anreichern, ein Vorgang, der allgemein als Adsorption bezeichnet wird. Die einfachste Grenzfläche ist die zwischen Luft und Flüssigkeit. In diesem Fall adsorbiert das Tensid mit der hydrophilen Gruppe an der polaren Flüssigkeit (Wasser), während die Kohlenwasserstoffkette in Richtung Luft zeigt. Dieser Vorgang führt zu einer Verringerung der Oberflächenspannung γ. In der Regel zeigen Tenside eine allmähliche Verringerung von γ, bis die kritische Mizellbildungskonzentration (CMC) erreicht ist, oberhalb der die Oberflächenspannung praktisch konstant bleibt. Kohlenwasserstoff-Tenside vom ionischen, nichtionischen oder zwitterionischen Typ senken die Oberflächenspannung auf Grenzwerte, die je nach Art des Tensids bis zu 30–40 mNm^{-1} reichen. Niedrigere Werte können mit Fluorkohlenwasserstoff-Tensiden erreicht werden, typischerweise in der Größenordnung von 20 mNm^{-1}. Daher ist es wichtig, die Adsorption und Konformation von Tensiden an der Grenzfläche zwischen Luft und Flüssigkeit zu verstehen.

Bei Emulsionen, Nanoemulsionen und Mikroemulsionen adsorbiert das Tensid an der Öl/Wasser-Grenzfläche, wobei die hydrophile Kopfgruppe in die wässrige Phase eintaucht und die Kohlenwasserstoffkette in der Ölphase verbleibt. Auch hier hängt der Mechanismus der Stabilisierung von Emulsionen, Nano- und Mikroemulsionen von der Adsorption und Ausrichtung der Tensidmoleküle an der Flüssigkeitsgrenzfläche ab. Tenside bestehen aus einer geringen Anzahl von Einheiten und werden meist reversibel adsorbiert, so dass man einige thermodynamische Behandlungen anwenden kann. In diesem Fall ist es möglich, die Adsorption durch verschiedene Wechselwirkungsparameter wie Kette/Oberfläche, Kettenlösungsmittel und Oberflächenlösungsmittel zu beschreiben. Außerdem kann die Konfiguration des Tensidmoleküls einfach durch diese möglichen Wechselwirkungen beschrieben werden.

Die Verwendung von (ionischen, nichtionischen und zwitterionischen) Tensiden zur Steuerung des Stabilitätsverhaltens von Suspensionen ist von großer technologischer Bedeutung. Tenside werden bei der Formulierung von Farbstoffen, Farben, Papierbeschichtungen, Agrochemikalien, Arzneimitteln, Keramiken, Druckfarben usw. verwendet. Sie sind eine besonders robuste Form der Stabilisierung, die bei hohen dispersen Volumenanteilen und hohen Elektrolytkonzentrationen sowie unter extremen Temperatur-, Druck- und Strömungsbedingungen nützlich ist. Tenside sind vor allem für die Stabilisierung von Suspensionen in nichtwässrigen Medien wichtig,

https://doi.org/10.1515/9783110798579-004

wo die elektrostatische Stabilisierung weniger erfolgreich ist. Der Schlüssel zum Verständnis der Funktion von Tensiden als Stabilisatoren liegt in der Kenntnis ihrer Adsorption und Konformation an der Fest/flüssig-Grenzfläche.

4.2 Adsorption von Tensiden an den Grenzflächen Luft/ Flüssigkeit (A/L) und Flüssigkeit/Flüssigkeit (L/L)

Vor der Beschreibung der Adsorption von Tensiden an den Grenzflächen Luft/Flüssigkeit (A/L) und Flüssigkeit/Flüssigkeit (L/L) ist es wichtig, die Grenzflächen zu definieren. Die Oberfläche einer Flüssigkeit ist die Grenze zwischen zwei Phasen, nämlich Flüssigkeit und Luft (oder Flüssigkeitsdampf). In ähnlicher Weise kann eine Grenzfläche zwischen zwei nicht mischbaren Flüssigkeiten (Öl und Wasser) definiert werden, sofern eine Trennlinie eingeführt wird, da der Grenzflächenbereich keine Schicht ist, die nur ein Molekül dick ist, sondern in der Regel eine Dicke δ mit Eigenschaften aufweist, die sich von den beiden Hauptphasen α und β unterscheiden [1]. Gibbs [2] führte jedoch das Konzept einer mathematischen Trennebene Z_σ im Grenzflächenbereich ein (Abb. 4.1)

In diesem Modell wird davon ausgegangen, dass die beiden Phasen α und β bis zu Z_σ einheitliche thermodynamische Eigenschaften haben. Dieses Bild gilt sowohl für die Grenzfläche Luft/Flüssigkeit als auch für die Grenzfläche Flüssigkeit/Flüssigkeit (bei Grenzflächen A/L ist eine der Phasen Luft, die mit dem Dampf der Flüssigkeit gesättigt ist).

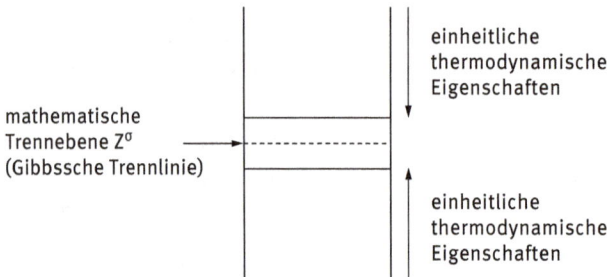

einheitliche thermodynamische Eigenschaften

mathematische Trennebene Z^σ (Gibbssche Trennlinie)

einheitliche thermodynamische Eigenschaften

Abb. 4.1: Modell nach Gibbs für eine Grenzfläche.

Mit Hilfe des Gibbs-Modells ist es möglich, ausgehend von der Gibbs-Deuhem-Gleichung [2], eine Definition der Oberflächen- oder Grenzflächenspannung γ zu erhalten, d. h.

$$dG^\sigma = -S^\sigma\, dT + A\, d\gamma + \Sigma n_i d\mu_i, \tag{4.1}$$

wobei G^σ die freie Oberflächenenergie, S^σ die Entropie, A die Fläche der Grenzfläche, n_i die Anzahl der Mole der Komponente i mit dem chemischen Potenzial μ_i an der Grenzfläche ist. Bei konstanter Temperatur und Zusammensetzung der Grenzfläche (d. h. ohne jegliche Adsorption) ergibt sich:

$$\gamma = \left(\frac{\partial G^\sigma}{\partial A}\right)_{T,\,n_i}. \qquad (4.2)$$

Aus Gleichung (4.2) ist ersichtlich, dass für eine stabile Grenzfläche γ positiv sein sollte. Mit anderen Worten, die freie Energie sollte zunehmen, wenn sich die Fläche der Grenzfläche vergrößert. Andernfalls wird die Grenzfläche gewunden, wodurch sich die Grenzfläche vergrößert, bis die Flüssigkeit verdampft (für den A/L-Fall) oder sich die beiden „nicht mischbaren" Phasen ineinander auflösen (für den L/L-Fall).

Aus Gleichung (4.2) geht auch hervor, dass die Ober- oder Grenzflächenspannung, d. h. die in mNm^{-1} gemessene Kraft pro Längeneinheit tangential zur Oberfläche, dimensionsmäßig einer in mJm^{-2} gemessenen Energie pro Flächeneinheit entspricht. Aus diesem Grund wird behauptet, dass die überschüssige freie Oberflächenenergie mit der Oberflächenspannung identisch ist, doch gilt dies nur für ein Einkomponentensystem, d. h. eine reine Flüssigkeit (bei der die Gesamtadsorption gleich null ist).

Es gibt im Allgemeinen zwei Ansätze zur Behandlung der Adsorption von Tensiden an der A/L- und der L/L-Grenzfläche. Der erste Ansatz, der von Gibbs übernommen wurde, behandelt die Adsorption als ein Gleichgewichtsphänomen, wobei der zweite Hauptsatz der Thermodynamik unter Verwendung von Oberflächengrößen angewendet werden kann. Der zweite Ansatz, der als Zustandsgleichungsansatz bezeichnet wird, behandelt den Tensidfilm als zweidimensionale Schicht mit einem Oberflächendruck π, der mit dem Oberflächenüberschuss Γ (Menge des pro Flächeneinheit adsorbierten Tensids) in Beziehung gesetzt werden kann. Im Folgenden werden diese beiden Ansätze zusammengefasst.

4.2.1 Die Gibbssche Adsorptionsisotherme

Gibbs [2] leitete eine thermodynamische Beziehung zwischen der Oberflächen- oder Grenzflächenspannung γ und dem Oberflächenüberschuss Γ (Adsorption pro Flächeneinheit) ab. Der Ausgangspunkt dieser Gleichung ist die oben genannte Gibbs-Deuhem-Gleichung (Gleichung (4.1)). Im Gleichgewicht (wo die Adsorptionsrate gleich der Desorptionsrate ist) gilt $dG^\sigma = 0$. Bei konstanter Temperatur, aber in Anwesenheit von Adsorption,

$$dG^\sigma = -S^\sigma\,dT + A\,d\gamma + \sum n_i\,d\mu_i = 0$$

oder

$$dy = - \sum \frac{n_i^\sigma}{A} d\mu_i = - \sum \Gamma_i d\mu_i, \qquad (4.3)$$

wobei $\Gamma_i = n_i^\sigma / A$ die Anzahl der Mole der Komponente i und die adsorbierte Menge pro Flächeneinheit ist.

Gleichung (4.3) ist die allgemeine Form für die Gibbs-Adsorptionsisotherme. Der einfachste Fall dieser Isotherme ist ein Zweikomponentensystem, in dem der gelöste Stoff (2) die oberflächenaktive Komponente ist, d. h. er wird an der Oberfläche des Lösungsmittels (1) adsorbiert. Für einen solchen Fall kann Gleichung (4.3) wie folgt geschrieben werden:

$$-dy = \Gamma_1^\sigma d\mu_1 + \Gamma_2^\sigma d\mu_2, \qquad (4.4)$$

und wenn die Gibbssche Trennfläche verwendet wird, $\Gamma_1 = 0$ und

$$- dy = - \Gamma_{2,1}^\sigma d\mu_2, \qquad (4.5)$$

wobei $\Gamma_{2,1}^\sigma$ die relative Adsorption von (2) im Vergleich zu (1) ist.

Da

$$\mu_2 = \mu_2^o + RT \ln a_2^L, \qquad (4.6)$$

oder

$$d\mu_2 = RT \, d\ln a_2^L, \qquad (4.7)$$

ergibt sich:

$$- dy = \Gamma_{2,1}^\sigma RT \, d\ln a_2^L \qquad (4.8)$$

oder

$$\Gamma_{2,1}^\sigma = - \frac{1}{RT} \left(\frac{dy}{d\ln a_2^L} \right), \qquad (4.9)$$

wobei a_2^L die Aktivität des Tensids in der Gesamtlösung ist, die gleich $C_2 f_2$ oder $x_2 f_2$ ist, wobei C_2 die Konzentration des Tensids in mol dm^{-3} und x_2 sein Molenbruch ist.

Mit Gleichung (4.9) lässt sich der Oberflächenüberschuss (abgekürzt Γ_2) aus der Veränderung der Oberflächen- oder Grenzflächenspannung mit der Tensidkonzentration ableiten. Man beachte, dass $a_2 \approx C_2$ ist, da in verdünnten Lösungen $f_2 \approx 1$ ist. Diese Näherung ist gültig, da die meisten Tenside niedrige CMC haben (normalerweise weniger als 10^{-3} mol dm^{-3}) und die Adsorption bei oder knapp unter der CMC vollständig ist.

Der Oberflächenüberschuss Γ_2 kann aus dem linearen Teil der y-logC$_2$-Kurven vor der CMC berechnet werden. Solche y-logC-Kurven sind in Abb. 4.2 für die Grenzflächen Luft/Wasser und Öl/Wasser (O/W) dargestellt; $[C_{SAA}]$ bezeichnet die Konzentration des Tensids in der Hauptlösung. Es ist zu erkennen, dass für die A/W-Grenzfläche γ vom Wert für Wasser (72 mNm^{-1} bei 20 °C) abnimmt und in der Nähe der CMC etwa 25–30 mNm^{-1} erreicht. Dies ist nur schematisch, da die tatsächlichen Werte von der Art des Tensids abhängen. Für den O/W-Fall nimmt γ von einem Wert von etwa 50 mNm^{-1} (für eine reine Kohlenwasserstoff/Wasser-Grenzfläche) auf ca. −15 mNm^{-1} in der Nähe der CMC ab (wiederum abhängig von der Art des Tensids).

Wie bereits erwähnt, kann Γ_2 aus der Steigung der linearen Position der in Abb. 4.2 gezeigten Kurven kurz vor Erreichen des CMC-Werts berechnet werden. Aus Γ_2 lässt sich die Fläche pro Tensid-Ion oder -Molekül berechnen, da

$$\text{Fläche/Molekül} = \frac{1}{\Gamma_2 N_{av}}, \tag{4.10}$$

wobei N_{av} die Avogadro-Konstante ist. Die Bestimmung der Fläche pro Tensidmolekül ist sehr nützlich, da sie Aufschluss über die Orientierung des Tensids an der Grenzfläche gibt. So wird beispielsweise bei ionischen Tensiden wie Alkylsulfaten die Fläche pro Tensid durch die von der Alkylkette und der Kopfgruppe eingenommene Fläche bestimmt, wenn diese Moleküle flach an der Grenzfläche liegen. In diesem Fall nimmt die Fläche pro Molekül mit zunehmender Länge der Alkylkette zu. Bei vertikaler Orientierung wird die Fläche pro Tensidion durch die Fläche der geladenen Kopfgruppe bestimmt, die bei niedriger Elektrolytkonzentration im Bereich von 0,40 nm^2 liegt. Diese Fläche ist größer als die geometrische Fläche, die von einer Sulfatgruppe eingenommen wird, was auf die seitliche Abstoßung zwischen den Kopfgruppen zurückzuführen ist. Bei Zugabe von Elektrolyten verringert sich diese seitliche Abstoßung und die Fläche pro Tensidion für die vertikale Ausrichtung liegt unter 0,4 nm^2 (in einigen Fällen bis zu 0,2 nm^2).

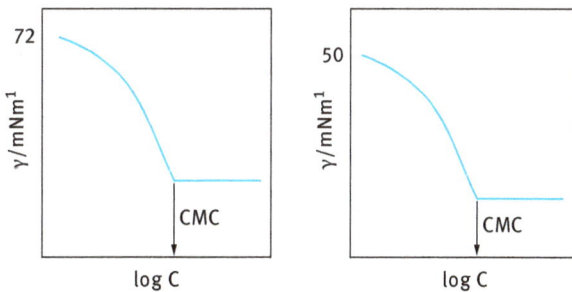

Abb. 4.2: Veränderung der Oberflächen- und Grenzflächenspannung abhängig von log $[C_{SAA}]$ an der Grenzfläche Luft/Wasser (links) bzw. Öl/Wasser (rechts).

Ein weiterer wichtiger Punkt lässt sich aus den γ-logC-Kurven ablesen. Bei einer Konzentration kurz vor dem Bruchpunkt liegt eine konstante Steigung vor, was bedeutet, dass die Sättigungsadsorption erreicht ist:

$$\left(\frac{\partial \gamma}{\partial \ln a_2}\right)_{p,T} = \text{Konstante}. \tag{4.11}$$

Knapp über dem Bruchpunkt gilt:

$$\left(\frac{\partial \gamma}{\partial \ln a_2}\right)_{p,T} = 0, \tag{4.12}$$

was die Konstanz von γ mit logC oberhalb der CMC anzeigt. Die Integration von Gleichung (4.12) ergibt:

$$\gamma = \text{Konstante} \times \ln a_2 . \tag{4.13}$$

Da γ in diesem Bereich konstant ist, muss auch a_2 konstant bleiben. Dies bedeutet, dass die Zugabe von Tensidmolekülen oberhalb der CMC zu einer Assoziation (mizellar) zu Einheiten mit geringer Aktivität führen muss.

Wie bereits erwähnt, kann die hydrophile Kopfgruppe nichtionisch sein (z. B. Alkohole oder Poly(ethylenoxid)-Alkan- oder Alkylphenolverbindungen), schwach ionisch (wie Carbonsäuren) oder stark ionisch (wie Sulfate, Sulfonate und quaternäre Ammoniumsalze). Die Adsorption dieser verschiedenen Tenside an der Grenzfläche Luft/Wasser oder Öl/Wasser hängt von der Art der Kopfgruppe ab. Bei nichtionischen Tensiden ist die Abstoßung zwischen den Kopfgruppen gering, und diese Tenside werden in der Regel aus sehr verdünnten Lösungen stark an der Wasseroberfläche adsorbiert. Nichtionische Tenside haben im Vergleich zu ionischen Tensiden mit der gleichen Alkylkettenlänge viel niedrigere CMC-Werte. Typischerweise liegt der CMC-Wert im Bereich von 10^{-5} bis 10^{-4} mol dm^{-3}. Solche nichtionischen Tenside bilden dicht gepackte adsorbierte Schichten bei Konzentrationen, die unter ihrer CMC liegen. Der Aktivitätskoeffizient solcher Tenside liegt nahe bei 1 und wird durch die Zugabe mäßiger Mengen von Elektrolyten (oder die Änderung des pH-Werts der Lösung) nur geringfügig beeinflusst. Die Adsorption nichtionischer Tenside ist somit der einfachste Fall, da die Lösungen durch ein Zweikomponentensystem dargestellt werden können und die Adsorption mit Hilfe von Gleichung (4.9) genau berechnet werden kann.

Bei ionischen Tensiden hingegen ist der Adsorptionsprozess relativ komplizierter, da die Abstoßung zwischen den Kopfgruppen und die Auswirkungen des Vorhandenseins eines indifferenten Elektrolyten berücksichtigt werden müssen. Außerdem muss die Gibbssche Adsorptionsgleichung unter Berücksichtigung der Tensidionen, des Gegenions und der eventuell vorhandenen indifferenten Elektrolyt-Ionen gelöst werden. Für einen starken Tensid-Elektrolyten, wie z. B. ein Na$^+$R$^-$, gilt:

$$\Gamma_2 = \frac{1}{2RT} \frac{\partial \gamma}{\partial \ln a \pm}. \tag{4.14}$$

Der Faktor 2 in Gleichung (4.13) ergibt sich daraus, dass sowohl das Tensidion als auch das Gegenion adsorbiert werden müssen, um die Neutralität aufrechtzuerhalten, und dass dγ/dlna ± doppelt so groß ist wie bei einem nichtionischen Tensid.

Wenn ein nicht adsorbierter Elektrolyt, wie z. B. NaCl, in großem Überschuss vorhanden ist, dann führt jede Erhöhung der Konzentration von Na⁺R⁻ zu einer vernachlässigbaren Erhöhung der Ionenkonzentration von Na⁺, so dass dμ_{Na} vernachlässigbar wird. Außerdem ist dμ_{Cl} ebenfalls vernachlässigbar, so dass sich die Gibbs-Adsorptionsgleichung auf folgende Gleichung reduziert:

$$\Gamma_2 = -\frac{1}{RT} \left(\frac{\partial \gamma}{\partial \ln C_{NaR}} \right), \tag{4.15}$$

d. h. sie ist identisch mit der für ein nichtionisches Tensid.

Die obige Erörterung zeigt deutlich, dass bei der Berechnung von Γ_2 aus der γ-logC-Kurve die Art des Tensids und die Zusammensetzung des Mediums berücksichtigt werden müssen. Für nichtionische Tenside kann die Gibbs-Adsorptionsgleichung (4.9) direkt verwendet werden. Bei ionischen Tensiden sollte in Abwesenheit von Elektrolyten die rechte Seite der Gleichung (4.9) durch 2 geteilt werden, um die Dissoziation des Tensids zu berücksichtigen. Dieser Faktor verschwindet in Gegenwart einer hohen Konzentration eines indifferenten Elektrolyten.

Die überschüssige Oberflächenkonzentration bei Sättigung des Tensids Γ_m ist ein nützliches Maß für die Wirksamkeit der Adsorption an den Grenzflächen A/L und L/L, da sie den maximalen Wert darstellt, den die Adsorption erreichen kann. Die Wirksamkeit der Adsorption ist ein wichtiger Faktor bei der Bestimmung von Eigenschaften wie Schaumbildung, Emulgierung und Benetzung. Dicht gepackte, kohärente Tensidfilme haben ganz andere Grenzflächeneigenschaften als lose gepackte, nicht kohärente Filme. Wie bereits erwähnt, scheint bei Tensiden mit nur einer hydrophilen Gruppe, sei es eine ionische oder eine nichtionische, die von einem Tensidmolekül an der Grenzfläche eingenommene Fläche eher von der Fläche bestimmt zu werden, die von der hydratisierten hydrophilen Gruppe als von der hydrophoben Gruppe eingenommen wird. Wird eine zweite hydratisierbare, hydrophile Gruppe in das Molekül eingeführt, neigt der Teil des Moleküls zwischen den beiden hydrophilen Gruppen dazu, an der Grenzfläche aufzuliegen, und die von dem Molekül an der Grenzfläche eingenommene Fläche wird vergrößert.

4.2.2 Ansatz der Zustandsgleichung

Bei diesem Ansatz setzt man die Flächenpressung π mit dem Oberflächenüberschuss Γ_2 in Beziehung. Der Oberflächendruck wird durch die folgende Gleichung definiert:

$$\pi = \gamma_0 - \gamma, \tag{4.16}$$

wobei γ_0 die Oberflächen- oder Grenzflächenspannung vor der Adsorption und γ die nach der Adsorption ist.

Für einen idealen Oberflächenfilm, der sich wie ein zweidimensionales Gas verhält, ist der Oberflächendruck π mit dem Oberflächenüberschuss Γ_2 durch die folgende Gleichung verbunden:

$$\pi A = n_2 RT, \tag{4.17}$$

oder

$$\pi = (n_2/A)RT = \Gamma_2 RT. \tag{4.18}$$

Differenzieren von Gleichung (4.18) bei konstanter Temperatur ergibt:

$$d\pi = RT \, d\Gamma_2. \tag{4.19}$$

Die Anwendung der Gibbs-Gleichung ergibt:

$$d\pi = -d\gamma = \Gamma_2 RT \, d\ln a_2 \approx \Gamma_2 RT \, d\ln C_2. \tag{4.20}$$

Kombination der Gleichungen (4.19) und (4.20) führt zu:

$$d\ln\Gamma_2 = d\ln C_2 \tag{4.21}$$

oder

$$\Gamma_2 = K C_2^{\alpha}. \tag{4.22}$$

Gleichung (4.22) wird als Isotherme nach dem Henry-Gesetz bezeichnet, die eine lineare Beziehung zwischen Γ_2 und C_2 vorhersagt.

Es ist klar, dass die Gleichungen (4.16) und (4.18) auf einem idealisierten Modell beruhen, bei dem die seitliche Wechselwirkung zwischen den Molekülen nicht berücksichtigt wird. Außerdem werden in diesem Modell die Moleküle als dimensionslos betrachtet. Dieses Modell kann nur bei sehr geringer Oberflächenbedeckung angewandt werden, wenn die Tensidmoleküle so weit voneinander entfernt sind, dass die seitliche Wechselwirkung vernachlässigt werden kann. Außerdem ist unter diesen Bedingungen die Gesamtfläche, die von den Tensidmolekülen eingenommen wird, im Vergleich zur gesamten Grenzfläche relativ klein.

Bei erheblicher Oberflächenbedeckung müssen die obigen Gleichungen modifiziert werden, um sowohl die seitliche Wechselwirkung zwischen den Molekülen als auch die von ihnen belegte Fläche zu berücksichtigen. Die seitliche Wechselwirkung kann π verringern, wenn zwischen den Ketten eine Anziehung besteht (z. B. bei den meisten nichtionischen Tensiden), oder sie kann π infolge der Abstoßung zwischen den Kopfgruppen im Falle ionischer Tenside erhöhen.

Es wurden verschiedene Zustandsgleichungen vorgeschlagen, die die beiden oben genannten Effekte berücksichtigen, um die Daten für π A anzupassen. Die zweidimensionale Van-der-Waals-Zustandsgleichung ist wahrscheinlich die geeignetste für die Anpassung dieser Adsorptionsisothermen, d. h.

$$\left(\pi + \frac{(n_2)^2}{A_2}\right)(A - n_2 A_2^o) = n_2 RT, \tag{4.23}$$

wobei A_2^o die ausgeschlossene Fläche oder Co-Fläche des Moleküls vom Typ 2 an der Grenzfläche ist, und α ein Parameter ist, der die seitliche Wechselwirkung berücksichtigt.

Gleichung (4.23) führt zu folgender theoretischer Adsorptionsisotherme unter Verwendung der Gibbsschen Gleichung:

$$C_2^\alpha = K_1 \left(\frac{\theta}{1-\theta}\right) \exp\left(\frac{\theta}{1-\theta} - \frac{2\alpha\theta}{a_2^o RT}\right), \tag{4.24}$$

wobei θ die Oberflächenbedeckung ist ($\theta = \Gamma_2/\Gamma_{2,\max}$), K_1 ist eine Konstante, die mit der freien Adsorptionsenergie der Tensidmoleküle an der Grenzfläche zusammenhängt ($K_1 \propto \exp(\Delta G_{ads}/kT)$), und a_2^o ist die Fläche/Molekül.

Für eine geladene Tensidschicht muss Gleichung (4.21) modifiziert werden, um den elektrischen Beitrag der ionischen Kopfgruppen zu berücksichtigen, d. h.

$$C_2^\alpha = K_1 \left(\frac{\theta}{1-\theta}\right) \exp\left(\frac{\theta}{1-\theta}\right) \exp\left(\frac{e\psi_o}{kT}\right), \tag{4.25}$$

wobei Ψ_o das Oberflächenpotenzial ist. Gleichung (4.25) zeigt, wie die elektrische potenzielle Energie (Ψ_o/kT) der adsorbierten Tensid-Ionen den Oberflächenüberschuss beeinflusst. Unter der Annahme, dass die Massenkonzentration konstant bleibt, nimmt Ψ_o mit zunehmendem θ zu. Das bedeutet, dass $[\theta/(1-\theta)] \exp [\theta/(1-\theta)]$ mit C_2 weniger schnell ansteigt, d. h. die Adsorption wird durch die Ionisierung gehemmt.

4.2.3 Die Gleichungen von Langmuir, Szyszkowski und Frumkin

Neben der Gibbs-Gleichung wurden drei weitere Gleichungen vorgeschlagen, die den Oberflächenüberschuss Γ_1, die Oberflächen- oder Grenzflächenspannung und die Gleichgewichtskonzentration in der flüssigen Phase C_1 in Beziehung setzen. Die Langmuir-Gleichung [3] setzt Γ_1 mit C_1 in Beziehung:

$$\Gamma_1 = \frac{\Gamma_m C_1}{C_1 + a}.$$ (4.26)

Dabei ist Γ_m die Sättigungsadsorption bei einschichtiger Bedeckung durch Tensidmoleküle. a ist eine Konstante, die sich auf die freie Adsorptionsenergie ΔG_{ads}^o bezieht,

$$a = 55,3 \exp\left(\frac{\Delta G_{ads}^o}{RT}\right),$$ (4.27)

dabei ist R die Gaskonstante und T die absolute Temperatur.

Eine lineare Form der Gibbs-Gleichung lautet:

$$\frac{1}{\Gamma_1} = \frac{1}{\Gamma_m} + \frac{a}{\Gamma_m C_1}.$$ (4.28)

Gleichung (4.28) zeigt, dass ein Diagramm von $1/\Gamma_1$ gegen $1/C_1$ eine gerade Linie ergibt, aus der Γ_m und a aus dem Schnittpunkt und der Steigung der Linie berechnet werden können.

Die Gleichung von Szyszkowski [4] stellt eine Beziehung zwischen dem Oberflächendruck π und der Tensidkonzentration C_1 her; sie ist eine Form der Zustandsgleichung:

$$\gamma_o - \gamma = \pi = 2,303 RT \Gamma_m \log\left(\frac{C_1}{a} + 1\right).$$ (4.29)

Die Frumkin-Gleichung [5] ist eine weitere Zustandsgleichung:

$$\gamma_o - \gamma = \pi = -2,303 RT \Gamma_m \log\left(1 - \frac{\Gamma_1}{\Gamma_m}\right).$$ (4.30)

4.3 Messungen der Grenzflächenspannung

Diese Methoden können in zwei Kategorien eingeteilt werden: Methoden, bei denen die Eigenschaften des Meniskus im Gleichgewicht gemessen werden, z. B. Methode des hängenden Tropfens (Pendent-drop-Methode) oder des liegenden Tropfens (Sessile-drop-Methode) und die Wilhelmy-Platten-Methode. Und Methoden, bei denen die Messung unter Nicht-Gleichgewichts- oder Quasi-Gleichgewichtsbedingungen erfolgt, wie z. B. die Tropfenvolumen-Methode (Gewichtsmethode) oder die Du-Noüy-Ring-Methode. Die letztgenannten Methoden sind schneller, haben jedoch den Nachteil, dass sie zu einem vorzeitigen Bruch und einer Ausdehnung der Grenzfläche führen, was eine Verarmung der Adsorption bewirkt. Für die Messung niedriger Grenzflächenspannungen (< 0,1 mNm^{-1}) wird die Spinning-Drop-Methode angewendet. Im Folgenden wird jede dieser Techniken kurz beschrieben.

4.3.1 Die Wilhelmy-Platten-Methode

Bei dieser Methode [6] wird eine dünne Platte aus Glas (z. B. ein Objektträger für ein Mikroskop) oder Platinfolie entweder von der Grenzfläche abgelöst (Nicht-Gleichgewichtszustand) oder ihr Gewicht mit einer genauen Mikrowaage statisch gemessen. Bei der Ablösemethode ist die Gesamtkraft F durch das Gewicht der Platte W und die Grenzflächenspannung gegeben:

$$F = W + \gamma p, \tag{4.31}$$

wobei p die „Kontaktlänge" der Platte mit der Flüssigkeit ist, d. h. der Umfang der Platte. Solange der Kontaktwinkel der Flüssigkeit gleich null ist, ist keine Korrektur der Gleichung (4.31) erforderlich. Die Wilhelmy-Platten-Methode kann also auf die gleiche Weise angewendet werden wie die weiter unten beschriebene Du-Noüy-Ring-Methode.

Die statische Technik kann angewendet werden, um die Grenzflächenspannung als Funktion der Zeit zu verfolgen (um die Kinetik der Adsorption zu verfolgen), bis ein Gleichgewicht erreicht ist. In diesem Fall wird die Platte an einem Arm einer Mikrowaage aufgehängt und man lässt die obere Flüssigkeitsschicht (in der Regel das Öl) in die wässrige Phase eindringen, um die Benetzung der Platte sicherzustellen. Das gesamte Gefäß wird dann abgesenkt, um die Platte in die Ölphase zu bringen. An diesem Punkt wird die Mikrowaage so eingestellt, dass sie dem Gewicht der Platte entgegenwirkt (d. h. ihr Gewicht wird jetzt null). Das Gefäß wird dann angehoben, bis die Platte die Grenzfläche berührt. Die Gewichtszunahme ΔW ergibt sich aus der folgenden Gleichung:

$$\Delta W = \gamma p \cos \theta \,, \tag{4.32}$$

wobei θ der Kontaktwinkel ist. Wenn die Platte beim Eindringen der unteren Flüssigkeit vollständig benetzt wird, ist θ = 0 und γ kann direkt aus ΔW berechnet werden. Es sollte stets darauf geachtet werden, dass die Platte vollständig von der wässrigen Lösung benetzt wird. Zu diesem Zweck wird eine aufgeraute Platin- oder Glasplatte verwendet, um einen Kontaktwinkel von null zu gewährleisten. Ist das Öl jedoch dichter als Wasser, wird eine hydrophobe Platte verwendet, so dass die Platte, wenn sie durch die obere wässrige Schicht hindurchdringt und die Grenzfläche berührt, vollständig von der Ölphase benetzt wird.

4.3.2 Die Methode des hängenden Tropfens (Pendent-drop-Methode)

Lässt man einen Öltropfen am Ende einer Kapillare hängen, die in die wässrige Phase eingetaucht ist, so nimmt er das in Abb. 4.3 dargestellte Gleichgewichtsprofil an, das eine eindeutige Funktion des Rohrradius, der Grenzflächenspannung, der Dichte und des Gravitationsfeldes ist.

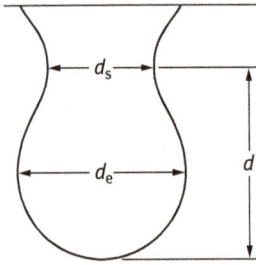

Abb. 4.3: Schematische Darstellung des Profils eines hängenden Tropfens.

Die Grenzflächenspannung ist durch die folgende Gleichung gegeben [7]:

$$\gamma = \frac{\Delta\rho g d_e^2}{H},\qquad(4.33)$$

wobei $\Delta\rho$ der Dichteunterschied zwischen den beiden Phasen, d_e der Äquatorial-durchmesser des Tropfens (siehe Abb. 4.3) und H eine Funktion von d_s/d_e ist, wobei d_s der Durchmesser ist, der in einem Abstand d vom Ende des Tropfens gemessen wird (siehe Abb. 4.3). Die Beziehung zwischen H und den experimentellen Werten von d_s/d_e wurde empirisch mit hängenden Wassertropfen ermittelt. Genaue Werte für H wurden von Niederhauser und Bartell [8] ermittelt.

4.3.3 Die Du-Noüy-Ring-Methode

Grundsätzlich misst man die Kraft, die erforderlich ist, um einen Ring oder eine Drahtschleife von der Flüssigkeitsgrenzfläche zu lösen [9]. In erster Näherung wird die Ablösekraft als gleich der Grenzflächenspannung γ multipliziert mit dem Umfang des Rings angenommen, d. h.:

$$F = W + 4\pi R\gamma,\qquad(4.34)$$

wobei W das Gewicht des Rings ist. Harkins und Jordan [10] führten einen Korrekturfaktor f (der eine Funktion des Meniskusvolumens V und des Radius r des Drahtes ist) für eine genauere Berechnung von γ aus F ein, d. h.:

$$f = \frac{\gamma}{\gamma_{ideal}} = f\left(\frac{R^3}{V}, \frac{R}{r}\right).\qquad(4.35)$$

Die Werte des Korrekturfaktors f wurden von Harkins und Jordan [10] aufgelistet. Eine theoretische Darstellung von f wurde von Freud und Freud [11] gegeben.

Bei der Anwendung der Du-Noüy-Ring-Methode zur Messung von γ muss sichergestellt werden, dass der Ring während der Messung horizontal gehalten wird. Außerdem sollte der Ring frei von jeglichen Verunreinigungen sein. Dies wird in der Regel durch die Verwendung eines Platinrings erreicht, der vor der Verwendung abgeflammt wird.

4.3.4 Die Methode des Tropfenvolumens (Gewichtsmethode)

Hier bestimmt man das Volumen V (oder das Gewicht W) eines Flüssigkeitstropfens (eingetaucht in die zweite, weniger dichte Flüssigkeit), der sich von einer senkrecht montierten Kapillarspitze mit einem kreisförmigen Querschnitt des Radius r ablöst. Das ideale Tropfengewicht W_{ideal} ist durch den folgenden Ausdruck gegeben:

$$W_{ideal} = 2\pi r \gamma .\qquad(4.36)$$

In der Praxis ergibt sich ein Gewicht W, das kleiner ist als W_{ideal}, weil ein Teil des Tropfens an der Rohrspitze hängen bleibt. Daher sollte Gleichung (4.36) einen Korrekturfaktor ϕ enthalten, der eine Funktion des Rohrradius r und einer linearen Abmessung des Tropfens ist, d. h. $V^{1/3}$. Somit ergibt sich:

$$W = 2\pi r \gamma \phi \left(\frac{r}{V^{1/3}} \right).\qquad(4.37)$$

Werte von $(r/V^{1/3})$ wurden von Harkins und Brown [12] aufgelistet. Lando und Oakley [13] verwendeten eine quadratische Gleichung zur Anpassung der Korrekturfunktion an $(r/V^{1/3})$. Eine bessere Anpassung wurde von Wilkinson und Kidwell [14] vorgenommen.

4.3.5 Die Spinning-Drop-Methode

Diese Methode ist besonders nützlich für die Messung sehr niedriger Grenzflächenspannungen ($< 10^{-1}$ mNm^{-1}), die bei Anwendungen wie der spontanen Emulgierung und der Bildung von Mikroemulsionen besonders wichtig sind. Solche niedrigen Grenzflächenspannungen können auch bei Emulsionen erreicht werden, insbesondere wenn gemischte Tensidfilme verwendet werden. Ein Tropfen der weniger dichten Flüssigkeit A schwebt in einem Rohr, das die zweite Flüssigkeit B enthält. Bei Drehung der gesamten Masse (Abb. 4.4) bewegt sich der Tropfen der Flüssigkeit zur Mitte. Mit zunehmender Umdrehungsgeschwindigkeit dehnt sich der Tropfen aus, da die Zentrifugalkraft der Grenzflächenspannung entgegenwirkt, die darauf abzielt, die kugelförmige Form, d. h. diejenige mit minimaler Oberfläche, beizubehalten.

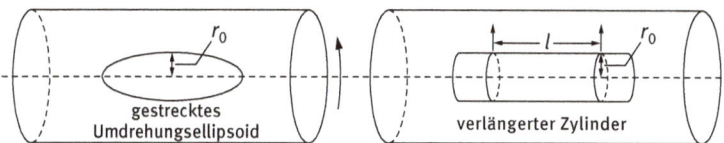

Abb. 4.4: Schematische Darstellung eines Spinning Drops: (a) gestrecktes Umdrehungsellipsoid; (b) verlängerter Zylinder.

Eine Gleichgewichtsform wird bei jeder beliebigen Rotationsgeschwindigkeit erreicht. Bei mäßigen Rotationsgeschwindigkeiten nähert sich der Tropfen einem gestreckten Umdrehungsellipsoid an, während er sich bei sehr hohen Rotationsgeschwindigkeiten einem verlängerten Zylinder annähert. Dies ist in Abb. 4.4 schematisch dargestellt.

Wenn sich die Form des Tropfens einem Zylinder annähert (Abb. 4.4b), ist die Grenzflächenspannung durch den folgenden Ausdruck gegeben [15]:

$$\gamma = \frac{\omega^2 \Delta\rho \; r_o^4}{4} \tag{4.38}$$

wobei ω die Rotationsgeschwindigkeit, $\Delta\rho$ der Dichteunterschied zwischen den beiden Flüssigkeiten A und B und r_o der Radius des verlängerten Zylinders ist. Gleichung (4.38) ist gültig, wenn die Länge des verlängerten Zylinders viel größer ist als r_o.

4.4 Adsorption von Tensiden an der Fest/flüssig-Grenzfläche

Wie bereits erwähnt, bestehen Tenside aus einer geringen Anzahl von Einheiten und werden meist reversibel adsorbiert, was die Anwendung thermodynamischer Betrachtungen ermöglicht. In diesem Fall ist es möglich, die Adsorption anhand der verschiedenen Wechselwirkungsparameter zu beschreiben, nämlich Kette/Oberfläche, Kette/Lösungsmittel und Oberfläche/Lösungsmittel. Außerdem kann die Konformation der Tensidmoleküle an der Grenzfläche aus diesen einfachen Wechselwirkungsparametern abgeleitet werden. In einigen Fällen können diese Wechselwirkungsparameter jedoch unbestimmte Kräfte beinhalten, wie z. B. hydrophobe Bindungen, Solvatationskräfte und Chemisorption. Darüber hinaus sind bei der Adsorption ionischer Tenside elektrostatische Kräfte beteiligt, insbesondere bei polaren Oberflächen mit ionogenen Gruppen. Aus diesem Grund wird die Adsorption von ionischen und nichtionischen Tensiden getrennt behandelt. Die Oberflächen (Substrate) können auch hydrophob oder hydrophil sein, und diese können separat behandelt werden. Somit können vier Fälle betrachtet werden:

1. Adsorption ionischer Tenside auf hydrophoben (unpolaren) Oberflächen;
2. Adsorption ionischer Tenside auf polaren (geladenen) Oberflächen;
3. Adsorption nichtionischer Tenside auf hydrophoben Oberflächen;
4. Adsorption nichtionischer Tenside auf polaren Oberflächen.

1. und 3. werden durch die hydrophobe Wechselwirkung zwischen der Alkylkette und der hydrophoben Oberfläche bestimmt; die Ladung spielt eine untergeordnete Rolle. 2. und 4. werden durch die Ladung und/oder polare Wechselwirkung bestimmt.

An der Fest/flüssig-Grenzfläche ist man an der Bestimmung folgender Parameter interessiert:

1. Die Menge des adsorbierten Tensids Γ pro Massen- oder Flächeneinheit des festen Adsorptionsmittels bei einer bestimmten Temperatur.
2. Die Gleichgewichtskonzentration des Tensids C (mol dm^{-3} oder Molenbruch x = C/55,51) in der flüssigen Phase, die erforderlich ist, um einen bestimmten Wert von Γ bei einer bestimmten Temperatur zu erreichen.
3. Die Tensidkonzentration bei vollständiger Sättigung des Adsorptionsmittels Γ_{sat}.
4. Die Orientierung des adsorbierten Tensid-Ions oder -Moleküls, die sich aus der von dem Ion oder Molekül bei voller Sättigung eingenommenen Fläche ableiten lässt.
5. Die Wirkung der Adsorption auf die Eigenschaften des Adsorptionsmittels (unpolar, polar oder geladen).

Die allgemeine Gleichung zur Berechnung der Menge des an einem festen Adsorptionsmittel adsorbierten Tensids aus einer binären Lösung mit zwei Komponenten (Tensidkomponente 1 und Lösungsmittelkomponente 2) lautet [16]:

$$\frac{n_o \Delta x_1}{m} = n_1^s x_2 - n_2^s x_1,\tag{4.39}$$

n_o ist die Molzahl der Lösung vor der Adsorption, $\Delta x_1 = x_{1,0} - x_1$, $x_{1,0}$ ist die Molfraktion der Komponente 1 vor der Adsorption, x_1 und x_2 sind die Molfraktionen der Komponenten 1 und 2 im Adsorptionsgleichgewicht, m ist die Masse des Adsorptionsmittels in Gramm, n_1^S und n_2^S sind die Anzahl der Komponenten 1 und 2, die pro Gramm Adsorptionsmittel im Adsorptionsgleichgewicht adsorbiert werden.

Handelt es sich bei der flüssigen Phase um eine verdünnte Lösung eines Tensids (Komponente 1), das viel stärker an das feste Substrat adsorbiert wird als das Lösungsmittel (Komponente 2), dann ist $n_o\Delta x_1 = \Delta n_1$ mit Δn_1 = Änderung der Molzahl der Komponente 1 in Lösung, $n_2^S \approx 0$ und $x_2 \approx 1$. In diesem Fall reduziert sich Gleichung (4.39) auf:

$$n_1^s = \frac{\Delta n_1}{m} = \frac{\Delta C_1 V}{m}.\tag{4.40}$$

Dabei ist $\Delta C_1 = C_{1,0} - C_1$, $C_{1,0}$ ist die molare Konzentration der Komponente 1 vor der Adsorption, C_1 ist die molare Konzentration der Komponente 1 nach der Adsorption und V ist das Volumen der flüssigen Phase in Liter.

Die Oberflächenkonzentration Γ_1 in mol m^{-2} kann aus der Kenntnis der spezifischen Oberfläche A (m^2 g^{-1}) berechnet werden,

$$\Gamma_1 = \frac{\Delta C_1 V}{mA}.\tag{4.41}$$

Die Adsorptionsisotherme wird durch ein Diagramm dargestellt, in dem Γ_1 gegen C_1 aufgetragen ist. In den meisten Fällen nimmt die Adsorption allmählich mit der Zunahme von C_1 zu, und bei voller Bedeckung wird ein Plateau Γ_1^∞ erreicht, das einer

Tensid-Monolage entspricht. Die Fläche pro Tensidmolekül oder -ion bei vollständiger Sättigung kann berechnet werden als

$$a_1^s = \frac{10^{18}}{\Gamma_1^\infty N_{av}} \, nm^2,$$ (4.42)

wobei N_{av} die Avogadrosche Zahl ist.

4.4.1 Adsorption von ionischen Tensiden an hydrophoben Oberflächen

Die Adsorption von ionischen Tensiden auf hydrophoben Oberflächen wie Ruß, Polymeroberflächen und Keramik (Siliziumkarbid oder Siliziumnitrid) wird durch die hydrophobe Wechselwirkung zwischen der Alkylkette des Tensids und der hydrophoben Oberfläche bestimmt. In diesem Fall spielt die elektrostatische Wechselwirkung eine relativ geringe Rolle. Hat die Kopfgruppe des Tensids jedoch das gleiche Ladungsvorzeichen wie die Substratoberfläche, kann die elektrostatische Abstoßung der Adsorption entgegenwirken. Haben die Kopfgruppen dagegen ein entgegengesetztes Vorzeichen zur Oberfläche, kann die Adsorption verstärkt werden. Da die Adsorption von der Größe der freien Energie der hydrophoben Bindung abhängt, nimmt die Menge des adsorbierten Tensids gemäß der Traube'schen Regel mit zunehmender Länge der Alkylkette direkt zu.

Die Adsorption von ionischen Tensiden an hydrophoben Oberflächen kann durch die Stern-Langmuir-Isotherme dargestellt werden [17]. Betrachten wir ein Substrat mit N_s Stellen (mol m^{-2}), an denen Γ mol m^{-2} Tensidionen adsorbiert werden. Die Oberflächenbedeckung θ ist (Γ/N_s) und der Anteil der unbedeckten Oberfläche ist $(1-\theta)$. Die Adsorptionsrate ist proportional zur Tensidkonzentration, ausgedrückt als Molenbruch (C/55,5), und dem Anteil der freien Oberfläche $(1-\theta)$, d. h.

$$Adsorptionsrate = k_{ads} \left(\frac{C}{55,5} \right) (1-\theta),$$ (4.43)

wobei k_{ads} eine Konstante für die Adsorption ist.

Die Desorptionsrate ist proportional zum Anteil der bedeckten Oberfläche θ:

$$Desorptionsrate = k_{des} \, \theta .$$ (4.44)

Im Gleichgewicht ist die Adsorptionsrate gleich der Desorptionsrate, und das Verhältnis von (k_{ads}/k_{des}) ist die Gleichgewichtskonstante K, d. h.

$$\frac{\theta}{(1-\theta)} = \frac{C}{55,5} \, K.$$ (4.45)

Die Gleichgewichtskonstante K ist mit der freien Standardadsorptionsenergie wie folgt verknüpft,

$$-\Delta G^o_{ads} = RT \ln K, \tag{4.46}$$

wobei R die Gaskonstante ist, und T ist die absolute Temperatur. Gleichung (4.46) kann in der Form geschrieben werden:

$$K = \exp\left(-\frac{\Delta G^o_{ads}}{RT}\right). \tag{4.47}$$

Die Kombination der Gleichungen (4.45) und (4.47) ergibt:

$$\frac{\theta}{1-\theta} = \frac{C}{55,5}\exp\left(-\frac{\Delta G^o_{ads}}{RT}\right). \tag{4.48}$$

Gleichung (4.48) gilt nur bei geringer Oberflächenbedeckung ($\theta < 0,1$), bei der die seitliche Wechselwirkung zwischen den Tensidionen vernachlässigt werden kann.

Bei hoher Oberflächenbedeckung ($\theta > 0,1$) sollte man die seitliche Wechselwirkung zwischen den Ketten berücksichtigen, indem man eine Konstante A einführt, z. B. unter Verwendung der Frumkin-Fowler-Guggenheim-Gleichung (FFG) [17]:

$$\frac{\theta}{(1-\theta)}\exp(A\theta) = \frac{C}{55,5}\exp\left(-\frac{\Delta G^o_{ads}}{RT}\right). \tag{4.49}$$

Der Wert von A kann anhand der maximalen Steigung $(d\theta/\ln C)_{max}$ der Isotherme geschätzt werden, die bei $\theta = 0,5$ auftritt. Außerdem ergibt sich bei $\theta = 0,5$ durch Einsetzen von A in Gleichung (4.49) der Wert von ΔG^o_{ads}.

Die obige Behandlung anhand der FFG-Isotherme hat zwei Einschränkungen. Erstens wird angenommen, dass A konstant und unabhängig von der Oberflächenbedeckung ist. In Wirklichkeit könnte A sein Vorzeichen ändern und auch mit θ zunehmen. Bei geringer Bedeckung würde A eine abstoßende (elektrostatische) Wechselwirkung zwischen adsorbierten Tensid-Ionen widerspiegeln. Bei höherer Bedeckung wird die attraktive Kette/Kette-Wechselwirkung wichtiger. Die scheinbare Adsorptionsenergie wird bei hoher Oberflächenbedeckung günstiger, was zur Bildung von „Hemimizellen" führen könnte. Zweitens werden die elektrostatischen Wechselwirkungen stark von der Menge des Trägerelektrolyten beeinflusst.

Verschiedene Autoren [18, 19] haben die Stern-Langmuir-Gleichung in einer einfachen Form verwendet, um die Adsorption von Tensidionen an mineralischen Oberflächen zu beschreiben:

$$\Gamma = 2\,r\,C\exp\left(-\frac{\Delta G^o_{ads}}{RT}\right). \tag{4.50}$$

Es können verschiedene Beiträge zur freien Adsorptionsenergie ins Auge gefasst werden. In erster Näherung kann man davon ausgehen, dass diese Beiträge additiv sind. ΔG_{ads} könnte aus zwei Hauptbeiträgen bestehen, d. h.

$$\Delta G_{ads} = \Delta G_{elec} + \Delta G_{spec}, \tag{4.51}$$

wobei ΔG_{elec} alle elektrischen Wechselwirkungen (sowohl coulombsche als auch polare) berücksichtigt und ΔG_{spec} ein spezifischer Adsorptionsterm ist, der alle Beiträge zur freien Adsorptionsenergie enthält, die von der „spezifischen" (nichtelektrischen) Natur des Systems abhängen [20]. Mehrere Autoren haben ΔG_{spec} in vermeintlich separate unabhängige Wechselwirkungen unterteilt [20, 21], z. B.

$$\Delta G_{spec} = \Delta G_{cc} + \Delta G_{cs} + \Delta G_{hs} + \dots\dots, \tag{4.52}$$

wobei ΔG_{cc} ein Term ist, der die kohäsive Kettenwechselwirkung zwischen den hydrophoben Teilen der adsorbierten Ionen berücksichtigt, ΔG_{cs} ist der Term für die Wechselwirkung Kette/Substrat, während ΔG_{hs} ein Term für die Wechselwirkung Kopfgruppe/Substrat ist. Mehrere andere Beiträge zu ΔG_{spec} können in Betracht gezogen werden, z. B. Ionen-Dipol-, Ionen-induzierte Dipol- oder Dipol-induzierte Dipol-Wechselwirkungen.

Da es keine strenge Theorie gibt, mit der sich Adsorptionsisothermen vorhersagen lassen, ist die geeignetste Methode zur Untersuchung der Adsorption von Tensiden die Bestimmung der Adsorptionsisotherme. Die Messung der Adsorption von Tensiden ist recht einfach. Eine bekannte Masse m (g) der Teilchen (Substrat) mit bekannter spezifischer Oberfläche A_s ($m^2\ g^{-1}$) wird bei konstanter Temperatur mit einer Tensidlösung mit der Anfangskonzentration C_1 ins Gleichgewicht gebracht. Die Suspension wird so lange gerührt, bis ein Gleichgewicht erreicht ist. Anschließend werden die Partikel durch Zentrifugieren aus der Suspension entfernt und die Gleichgewichtskonzentration C_2 mit einer geeigneten analytischen Methode bestimmt. Die Adsorptionsmenge Γ ($mol\ m^{-2}$) wird wie folgt berechnet:

$$\Gamma = \frac{(C_1 - C_2)}{mA_s}. \tag{4.53}$$

Die Adsorptionsisotherme wird durch Auftragen von Γ gegen C_2 dargestellt. Es sollte ein Bereich von Tensidkonzentrationen verwendet werden, um den gesamten Adsorptionsprozess abzudecken, d. h. von den niedrigen Anfangswerten bis zu den Plateauwerten. Um genaue Ergebnisse zu erhalten, sollte der Feststoff eine große Oberfläche haben (normalerweise > 1 m^2).

Zur Veranschaulichung der Adsorption von Tensidionen an festen Oberflächen können mehrere Beispiele aus der Literatur angeführt werden. Als Modell für eine hydrophobe Oberfläche wurde Carbon black gewählt [22, 23]. Abbildung 4.5 zeigt typische Ergebnisse für die Adsorption von Natriumdodecylsulfat (SDS) an zwei Carbon-black-Oberflächen, nämlich Spheron 6 (unbehandelt) und Graphon (graphitiert), die auch die Wirkung der Oberflächenbehandlung beschreiben.

Die Adsorption von SDS auf unbehandeltem Spheron 6 weist tendenziell ein Maximum auf, das beim Waschen entfernt wird. Dies deutet auf die Entfernung von Verunreinigungen aus dem Carbon black hin, die bei hoher Tensidkonzentration extrahierbar werden. Der Plateau-Adsorptionswert liegt bei $\approx 2 \times 10^{-6}$ mol m^{-2} (≈ 2 µmol m^{-2}). Dieser Plateauwert wird bei ≈ 8 mmol dm^{-3} SDS erreicht, d. h. in der Nähe der CMC des Tensids in der Gesamtlösung. Die Fläche pro Tensidion beträgt in diesem Fall $\approx 0{,}7$ nm^2. Bei der Graphitierung (Graphon) werden die hydrophilen ionisierbaren Gruppen (z. B. $-C = O$ oder $-COOH$) entfernt, wodurch die Oberfläche hydrophober wird. Das Gleiche geschieht durch Erhitzen von Spheron 6 auf 2700 °C. Dies führt zu einer anderen Adsorptionsisotherme (Abb. 4.5), die eine Stufe (Wendepunkt) bei einer Tensidkonzentration im Bereich von ≈ 6 mmol dm^{-3} zeigt. Der erste Plateauwert beträgt $\approx 2{,}3$ µmol m^{-2}, während der zweite Plateauwert (der bei der CMC des Tensids auftritt) ≈ 4 µmol m^{-2} beträgt. In diesem Fall ist es wahrscheinlich, dass die Tensidionen am ersten und am zweiten Plateau unterschiedliche Orientierungen annehmen. Im Bereich des ersten Plateaus ergibt sich eine eher „flache" Ausrichtung (die Alkylketten adsorbieren parallel zur Oberfläche), während im Bereich des zweiten Plateaus eine vertikale Ausrichtung günstiger ist, bei der die polaren Kopfgruppen in Richtung der Lösungsphase gerichtet sind. Die Zugabe von Elektrolyt (10^{-1} mol dm^{-3} NaCl) erhöht die Adsorption des Tensids. Dieser Anstieg ist auf die Verringerung der seitlichen Abstoßung zwischen den Sulfatkopfgruppen zurückzuführen, was die Adsorption erhöht.

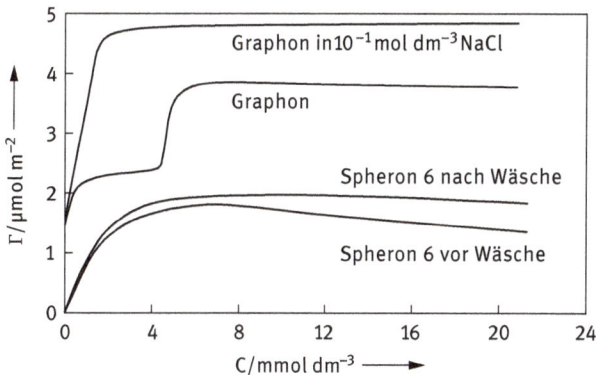

Abb. 4.5: Adsorptionsisothermen für Natriumdodecylsulfat auf Carbon-black-Oberflächen.

Die Adsorption von ionischen Tensiden auf hydrophoben polaren Oberflächen ähnelt der von Carbon black [24, 25]. Saleeb und Kitchener [24] fanden zum Beispiel eine ähnliche Grenzfläche für Cetyltrimethylammoniumbromid auf Graphon und Polystyrol ($\approx 0{,}4$ nm^2). Wie bei Carbon black hängt die Fläche pro Molekül von der Art und Menge des zugesetzten Elektrolyts ab. Dies lässt sich auf die Verringerung der Abstoßung der Kopfgruppen und/oder die Bindung von Gegenionen zurückführen.

   Die Adsorption von Tensiden in der Nähe der CMC kann wie eine Langmuir'sche Adsorption aussehen, obwohl dies nicht automatisch auf eine einfache Ausrichtung schließen lässt. So können z. B. Umlagerungen von der horizontalen zur vertikalen Ausrichtung oder elektrostatische Wechselwirkungen und die Bindung von Gegenionen durch einfache Adsorptionsisothermen verschleiert werden. Es ist daher unerlässlich, die Adsorptionsisothermen mit anderen Techniken wie der Mikrokalorimetrie und verschiedenen spektroskopischen Methoden zu kombinieren, um ein vollständiges Bild der Tensidadsorption zu erhalten.

4.4.2 Adsorption von ionischen Tensiden an polaren Oberflächen

Die Adsorption von ionischen Tensiden an polaren Oberflächen, die ionisierbare Gruppen enthalten, kann charakteristische Merkmale aufweisen, die auf eine zusätzliche Wechselwirkung zwischen der Kopfgruppe und dem Substrat und/oder auf eine mögliche Ketten/Ketten-Wechselwirkung zurückzuführen sind. Dies wird am besten durch die Ergebnisse der Adsorption von Natriumdodecylsulfonat (SDSe) an Aluminiumoxid bei einem pH-Wert von 7,2 veranschaulicht, die von Fuerstenau [26] erzielt wurden und in Abb. 4.6 dargestellt sind. Bei diesem pH-Wert ist das Aluminiumoxid positiv geladen (der isoelektrische Punkt von Aluminiumoxid liegt bei pH ≈ 9) und die Gegenionen sind Cl^- aus dem zugesetzten Trägerelektrolyten. In Abb. 4.6 ist die Sättigungsadsorption Γ_1 gegen die Gleichgewichtskonzentration des Tensids C_1 in logarithmischen Skalen aufgetragen. Die Abbildung zeigt auch die Ergebnisse der Messungen des Zeta-Potenzials (ζ), das ein Maß für die Größenordnung der Ladung auf der Oberfläche ist. Sowohl die Adsorptions- als auch die Zeta-Potenzial-Ergebnisse zeigen drei unterschiedliche Regionen. Der erste Bereich, der einen allmählichen Anstieg der Adsorption mit zunehmender Konzentration zeigt, während sich der Wert des Zeta-Potenzials praktisch nicht ändert, entspricht einem Ionenaustauschprozess [27]. Mit anderen Worten, die Tensidionen werden einfach mit den Gegenionen (Cl^-) des Trägerelektrolyten in der elektrischen Doppelschicht ausgetauscht. Bei einer kritischen Tensidkonzentration nimmt die Desorption mit einer weiteren Erhöhung der Tensidkonzentration drastisch zu (Region II). In diesem Bereich nimmt das positive Zeta-Potenzial allmählich ab und erreicht einen Nullwert (Ladungsneutralisierung), woraufhin sich ein negativer Wert einstellt, der mit zunehmender Tensidkonzentration rasch ansteigt. Der rasche Anstieg im Bereich II wurde mit der „Hemimizellenbildung" erklärt, die ursprünglich von Gaudin und Fuerstenau postuliert wurde [28]. Mit anderen Worten, bei einer kritischen Tensidkonzentration (die als CMC der „Hemimizellenbildung" oder besser als kritische Aggregationskonzentration CAC bezeichnet wird) werden die hydrophoben Anteile der adsorbierten Tensidketten aus der wässrigen Lösung „herausgedrückt", indem sie zweidimensionale Aggregate auf der Adsorbensoberfläche bilden. Dies ist analog zum Prozess der Mizellenbildung in der Gesamtlösung. Der CAC-Wert ist jedoch niedriger als der CMC-Wert, was darauf hindeutet, dass das Substrat die Aggregation des Tensids fördert. Bei einer bestimmten Tensidkonzentration im Prozess der Hemimizellenbildung wird der isoelektrische Punkt überschritten, und danach wird die Adsorption durch die elektrostatische Abstoßung zwischen den Hemimizellen behindert und damit die Steigung der Adsorptionsisotherme verringert (Bereich III).

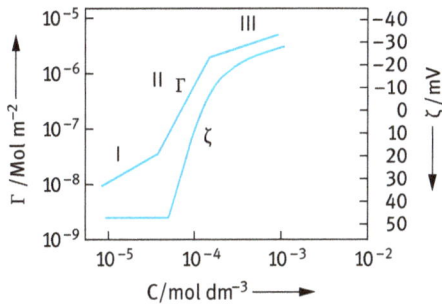

Abb. 4.6: Adsorptionsisotherme für Natriumdodecylsulfonat auf Aluminium und korrespondierendes Zeta-Potenzial (ζ-Potenzial).

4.4.3 Adsorption von nichtionischen Tensiden

Je nach Art der polaren (hydrophilen) Gruppe gibt es verschiedene Arten von nichtionischen Tensiden. Der häufigste Typ basiert auf einer Poly(oxyethylen)glykolgruppe, d. h. $(CH_2CH_2O)_nOH$ (wobei n von 2 bis zu 100 oder mehr Einheiten variieren kann), die entweder an eine Alkyl- (C_xH_{2x+1}) oder Alkylphenylgruppe ($C_xH_{2x+1}-C_6H_4-$) gebunden ist. Diese Tenside können als C_xE_n oder $C_x\varphi E_n$ abgekürzt werden (wobei sich C auf die Anzahl der C-Atome in der Alkylkette bezieht, φ für C_6H_4 und E für Ethylenoxid steht). Diese ethoxylierten Tenside zeichnen sich durch eine relativ große Kopfgruppe im Vergleich zur Alkylkette aus (wenn n > 4). Es gibt jedoch auch nichtionische Tenside mit einer kleinen Kopfgruppe wie Aminoxide ($-N-O$), Phosphoroxide ($-P-O$) oder Sulfinylalkanole ($-SO-(CH_2)_n-OH$). Die meisten Adsorptionsisothermen in der Literatur basieren auf den ethoxylierten Tensiden.

Die Adsorptionsisothermen nichtionischer Tenside sind in vielen Fällen Langmuir-Isothermen, wie die der meisten anderen hoch oberflächenaktiven gelösten Stoffe, die aus verdünnten Lösungen adsorbiert werden, und die Adsorption ist im Allgemeinen reversibel. Es gibt jedoch mehrere andere Adsorptionstypen [29], die in Abb. 4.7 dargestellt sind. Die Stufen der Isothermen lassen sich durch die verschiedenen Wechselwirkungen zwischen Adsorbat und Adsorbat, Adsorbat und Sorptionsmittel sowie Adsorbat und Lösungsmittel erklären. Diese Orientierungen sind in Abb. 4.8 schematisch dargestellt. In der ersten Phase der Adsorption (in Abb. 4.7 und Abb. 4.8 mit I gekennzeichnet) ist die Wechselwirkung zwischen Tensid und oberflächenaktivem Stoff vernachlässigbar (geringer Bedeckungsgrad), und die Adsorption erfolgt hauptsächlich durch Van-der-Waals-Wechselwirkung. Auf einer hydrophoben Oberfläche wird die Wechselwirkung durch den hydrophoben

Teil des Tensidmoleküls dominiert. Dies ist meist bei Agrochemikalien der Fall, die hydrophobe Oberflächen haben. Wenn die Chemikalie jedoch hydrophil ist, wird die Wechselwirkung von der EO-Kette dominiert. Die Annäherung an die Sättigung der Monoschicht, bei der die Moleküle flach liegen, geht mit einer allmählichen Abnahme der Steigung der Adsorptionsisotherme einher (Bereich II in Abb. 4.7). Mit zunehmender Größe des Tensidmoleküls, z. B. mit zunehmender Länge der Alkyl- oder EO-Kette, nimmt die Adsorption ab (ausgedrückt in mol pro Flächeneinheit). Andererseits erhöht eine Temperaturerhöhung die Adsorption infolge der Desolvatisierung der EO-Ketten, wodurch sich deren Größe verringert. Außerdem verringert sich mit steigender Temperatur die Löslichkeit des nichtionischen Tensids, was die Adsorption erhöht.

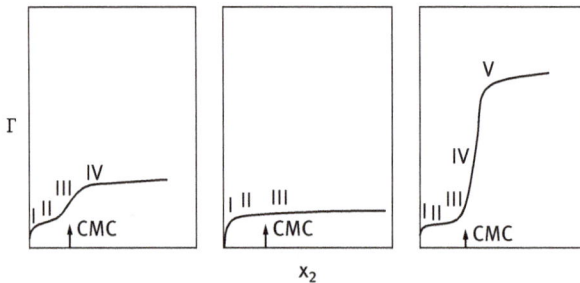

Abb. 4.7: Adsorptionsisothermen korrespondierend zu den drei in Abb. 4.8 gezeigten Adsorptionsverläufen.

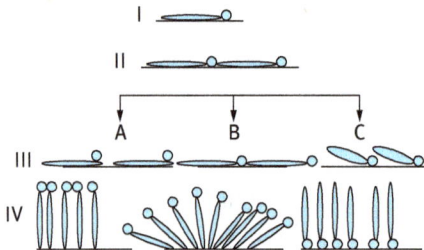

Abb. 4.8: Modelldarstellung für die Adsorption von nichtionischen Tensiden.

Die nachfolgenden Phasen der Adsorption (Bereiche III und IV) werden durch die Tensid/Tensid-Wechselwirkung bestimmt, wobei die Tensid/Oberflächen-Wechselwirkung zunächst die Adsorption über den Bereich II hinaus bestimmt. Diese Wechselwirkung hängt von der Beschaffenheit der Oberfläche und dem Verhältnis zwischen Hydrophilie und Lipophilie des Tensidmoleküls (HLB) ab. Bei einer hydrophoben Oberfläche erfolgt die Adsorption über die Alkylgruppe des Tensids. Bei einer gegebenen EO-Kette steigt die Adsorption mit zunehmender Länge der Alkylkette.

Andererseits nimmt die Adsorption bei einer gegebenen Alkylkettenlänge mit der Abnahme der PEO-Kettenlänge zu.

Wenn sich die Tensidkonzentration der CMC nähert, besteht eine Tendenz zur Aggregation der Alkylgruppen. Dies führt zu einer vertikalen Ausrichtung der Tensidmoleküle (Bereich IV). Dadurch wird die Kopfgruppe komprimiert, was bei einer EO-Kette zu einer weniger gewundenen, mehr gestreckten Konformation führt. Je größer die Alkylkette des Tensids ist, desto größer sind die Kohäsionskräfte und desto kleiner ist die Querschnittsfläche. Dies könnte erklären, warum die Sättigungsadsorption von Molke mit zunehmender Alkylkettenlänge steigt.

Die Wechselwirkungen, die in der Adsorptionsschicht während der vierten und der folgenden Phasen der Adsorption auftreten, ähneln denen, die in der Gesamtlösung auftreten. In diesem Fall können sich Aggregate, wie in Abb. 4.8 gezeigt, bilden (Hemimizellen oder Mizellen). Diese Vorstellung wurde von Klimenko et al. [30] unterstützt, die eine enge Übereinstimmung zwischen der Sättigungsadsorption und der Adsorption, die unter der Annahme berechnet wurde, dass die Oberfläche mit dicht gepackten Hemimizellen bedeckt ist, feststellten. Klimenko [31] entwickelte ein theoretisches Modell für die drei Phasen der Adsorption von nichtionischen Tensiden. Für die erste Stufe (flache Orientierung) wurde eine modifizierte Langmuir-Adsorptionsgleichung verwendet. In der zweiten Stufe der horizontalen Orientierung steigt die Oberflächenkonzentration um einen Betrag, der durch die Verdrängung der Ethoxykette durch die Alkylgruppe bestimmt wird. Im Bereich der Hemimizellenbildung schließlich kann die Adsorption durch eine einfache Langmuir-Gleichung der folgenden Form beschrieben werden:

$$C_2 K_a^* = \frac{\Gamma_2}{(\Gamma_2^{\text{unendlich}} - \Gamma_2)}, \qquad (4.54)$$

wobei Γ_2^∞ der maximale Oberflächenüberschuss ist, d. h. der Oberflächenüberschuss, wenn die Oberfläche mit dicht gepackten Hemimizellen bedeckt ist, K_a^* eine Konstante, die umgekehrt proportional zu CMC ist, und C_2 die Gleichgewichtskonzentration.

Literatur

[1] Guggenheim, E. A., „Thermodynamics", North Holland, Amsterdam, 5th edition (1967), S. 45.
[2] Gibbs, J. W., „Collected Works", Longman, New York, Vol. 1 (1928), S. 219.
[3] Langmuir, I., J. Am. Chem. Soc., **39**, 1848 (1917).
[4] Szyszkowski, B., Z. Phys. Chem., **64**, 385 (1908).
[5] Frumkin, A., Z. Phys. Chem., **116**, 466 (1925).
[6] Wilhelmy, L., Ann. Phys., **119**, 177 (1863).
[7] Bashforth, F. and Adams, J.C., „An Attempt to Test the Theories of Capillary Action", University Press, Cambridge (1883).

[8]   Niederhauser, D. O. and Bartell, F. E., „Report of Progress, Fundamental Research on Occurence of Petroleum", Publication of the American Petroleum Institute, Lord Baltimore Press, Baltimore, Md. (1950) S. 114.

[9]   Du Noüy, P. L., J. Gen. Physiol. **1**, 521 (1919).

[10]   Harkins, W. D. and Jordan, H. F., J. Amer. Chem. Soc., **52**, 1715 (1930).

[11]   Freud, B. B. and Freud, H. Z., J. Amer. Chem. Soc., **52**, 1772 (1930).

[12]   Harkins, W. D. and Brown, F. E., J. Amer. Chem. Soc., **41**, 499 (1919).

[13]   Lando, J. L. and Oakley, H. T., J. Colloid Interface Sci., **25**, 526 (1967).

[14]   Wilkinson, M. C. and Kidwell, R. L., J. Colloid Interface Sci., **35**, 114 (1971).

[15]   Vonnegut, B., New Sci. Intrum., **13**, 6 (1942).

[16]   Aveyard, R. and Haydon, D. A., „An Introduction to the Principles of Surface Chemistry" Cambridge University Press, Cambridge (1973).

[17]   Hough, D. B. and Randall, H. M., in „Adsorption from Solution at the Solid/Liquid Interface", Parfitt, G. D. and Rochester, C. H. (eds.), London, Academic Press, 1983, S. 247.

[18]   Fuerstenau, D. W. and Healy, T. W., in „Adsorptive Bubble Seperation Techniques", Lemlich, R. (ed.) London, Academic Press, 1972, S. 91.

[19]   Somasundaran, P. and Goddard, E. D., „Modern Aspects Electrochem.", 13, 207 (1979).

[20]   Healy, T. W., J. Macromol. Sci. Chem., 118, 603 (1974).

[21]   Somasundaran, P. and Hannah, H. S., in „Improved Oil Recovery by Surfactant and Polymer Flooding", Shah, D. O. and Schechter, R. S. (eds.), London, Academic Press, 1979, S. 205.

[22]   Greenwood, F. G., Parfitt, G. D., Picton, N. H. and Wharton, D.G., Adv. Chem. Ser., Nr. 79: 135 (1968).

[23]   Day, R. E., Greenwood, F. G. and Parfitt, G. D., 4th Int. Congress of Surface Active Substances, 18, 1005 (1967).

[24]   Saleeb, F. Z. and Kitchener, J. A., J. Chem. Soc., 911 (1965).

[25]   Conner, P. and Ottewill, R. H., J. Colloid Interface Sci., 37: 642 (1971).

[26]   Fuerstenau, D. W., in „The Chemistry of Biosurfaces", Hair, M. L. (ed.), N. Y., Marcel Dekker, 1971, S. 91.

[27]   Wakamatsu, T. and Fuerstenau, D. W., Adv. Che. Ser., 71: 161 (1968).

[28]   Gaudin, A. M. and Fuerstenau, D. W., Trans. AIME, 202: 958 (1955).

[29]   Clunie, J. S. and Ingram, B. T., in „Adsorption from Solution at the Solid/Liquid Interface", Parfitt, G. D. and Rochester, C. H. (eds.), London, Academic Press, 1983, S. 105.

[30]   Klimenko, N. A., Tryasorukova and Permilouskayan, Kolloid. Zh., 36: 678 (1974).

[31]   Klimenko, N. A., Kolloid Zh., 40: 1105 (1978); 41: 78 (1979).

5 Tenside als Emulgatoren

5.1 Einführung

Emulsionen sind eine Klasse von dispersen Systemen, die aus zwei nicht mischbaren Flüssigkeiten bestehen [1–3]. Die Flüssigkeitströpfchen (die disperse Phase) sind in einem flüssigen Medium (der kontinuierlichen Phase) dispergiert. Es können mehrere Klassen unterschieden werden: Öl-in-Wasser (O/W); Wasser-in-Öl (W/O); Öl-in-Öl (O/O). Die letztgenannte Klasse kann durch eine Emulsion veranschaulicht werden, die aus einem polaren Öl (z. B. Propylenglykol) besteht, das in einem unpolaren Öl (Paraffinöl) dispergiert ist, und umgekehrt. Um zwei nicht mischbare Flüssigkeiten zu dispergieren, benötigt man eine dritte Komponente, nämlich den Emulgator. Die Wahl des Emulgators ist entscheidend für die Bildung der Emulsion und ihre langfristige Stabilität [1–3].

Emulsionen können nach der Art des Emulgators oder nach der Struktur des Systems klassifiziert werden. Dies wird in Tab. 5.1 veranschaulicht.

Tab. 5.1: Klassifizierung der Emulsionsarten.

Art des Emulgators	Struktur des Systems
einfache Moleküle und Ionen	Art der inneren und äußeren Phase: O/W, W/O
nichtionische Tenside	mizellare Emulsionen (Mikroemulsionen)
Tensidmischungen	Makroemulsionen
ionische Tenside	Doppelschichttröpfchen
nichtionische Polymere	Doppel- und Mehrfachemulsionen
Polyelektrolyte	gemischte Emulsionen
gemischte Polymere und Tenside	flüssigkristalline Phasen
feste Partikel	

5.1.1 Art des Emulgators

Der einfachste Emulgator-Typ sind Ionen wie OH^-, die gezielt an das Emulsionströpfchen adsorbiert werden können und so eine Ladung erzeugen. Es kann eine elektrische Doppelschicht erzeugt werden, die für elektrostatische Abstoßung sorgt. Dies wurde mit sehr verdünnten O/W-Emulsionen demonstriert, indem jegliche Säure entfernt wurde. Dieses Verfahren ist natürlich nicht praktikabel. Die wirksamsten Emulgatoren sind nichtionische Tenside, die zur Emulgierung von Öl in Wasser oder Wasser in Öl verwendet werden können. Darüber hinaus können sie die Emulsion gegen Ausflockung und Koaleszenz stabilisieren. Ionische Tenside wie Natriumdodecylsulfat können ebenfalls als Emulgatoren (für O/W) verwendet werden, aber das System reagiert

https://doi.org/10.1515/9783110798579-005

empfindlich auf die Anwesenheit von Elektrolyten. Tensidmischungen, z. B. ionische und nichtionische Tenside oder Mischungen nichtionischer Tenside, können bei der Emulgierung und Stabilisierung der Emulsion effektiver sein. Nichtionische Polymere, die manchmal als polymere Tenside bezeichnet werden, z. B. Pluronics, die A-B-A-Blockcopolymere sind (wobei A Polyethylenoxid und B Polypropylenoxid ist), sind bei der Stabilisierung der Emulsion effektiver, können aber unter Schwierigkeiten bei der Emulgierung (kleine Tröpfchen zu erzeugen) leiden, es sei denn, es wird eine hohe Energie für den Prozess eingesetzt. Polyelektrolyte wie Polymethacrylsäure können ebenfalls als Emulgatoren eingesetzt werden. Mischungen aus Polymeren und Tensiden sind ideal, um eine leichte Emulgierung und Stabilisierung der Emulsion zu erreichen. Lamellare flüssigkristalline Phasen, die mit Hilfe von Tensidmischungen hergestellt werden können, sind sehr wirksam bei der Emulsionsstabilisierung. Feste Partikel, die sich an der O/W-Grenzfläche anlagern können, können ebenfalls zur Emulsionsstabilisierung verwendet werden. Diese werden als Pickering-Emulsionen bezeichnet, wobei die Partikel teilweise von der Ölphase und teilweise von der wässrigen Phase benetzt werden.

5.1.2 Struktur des Systems

1. O/W und W/O; Makroemulsionen. Diese liegen in der Regel in einem Größenbereich von 0,1–5 µm, mit einem Durchschnitt von 1–2 µm.
2. Nanoemulsionen: Diese liegen in der Regel in einem Größenbereich von 20–100 nm. Wie Makroemulsionen sind sie nur kinetisch stabil.
3. Mizellare Emulsionen oder Mikroemulsionen: Diese liegen in der Regel in einem Größenbereich von 5–50 nm. Sie sind thermodynamisch stabil.
4. Doppel- und Mehrfachemulsionen: Dies sind Emulsionen mit W/O/W- und O/W/O-Systemen.
5. Gemischte Emulsionen: Dies sind Systeme, die aus zwei verschiedenen dispersen Tröpfchen bestehen, die sich in einem kontinuierlichen Medium nicht vermischen. In diesem Kapitel wird nur auf Makroemulsionen eingegangen.

Bei der Lagerung können mehrere Abbauprozesse auftreten, je nach: Partikelgrößenverteilung und Dichteunterschied zwischen den Tröpfchen und dem Medium; Größe der Anziehungs- und Abstoßungskräfte, die die Ausflockung bestimmen; Löslichkeit der dispergierten Tröpfchen und der Partikelgrößenverteilung, die die Ostwald-Reifung bestimmt; Stabilität des Flüssigkeitsfilms zwischen den Tröpfchen, die die Koaleszenz bestimmt; Phaseninversion.

5.1.3 Zerfallsprozesse in Emulsionen

Die verschiedenen Zersetzungsprozesse sind in Abb. 5.1 dargestellt. Die physikalischen Phänomene, die an den einzelnen Zerfallsprozessen beteiligt sind, sind nicht einfach und erfordern eine Analyse der verschiedenen beteiligten Oberflächenkräfte. Darüber hinaus können die oben genannten Prozesse gleichzeitig und nicht nacheinander ablaufen, was die Analyse erschwert. Modellemulsionen mit monodispersen Tröpfchen lassen sich nicht ohne weiteres herstellen, so dass bei jeder theoretischen Behandlung die Auswirkungen der Tröpfchengrößenverteilung berücksichtigt werden müssen. Theorien, die die Polydispersität des Systems berücksichtigen, sind komplex und in vielen Fällen sind nur numerische Lösungen möglich. Außerdem ist die Messung der Adsorption von Tensiden und Polymeren in einer Emulsion nicht einfach und man muss solche Informationen aus Messungen an einer ebenen Grenzfläche gewinnen.

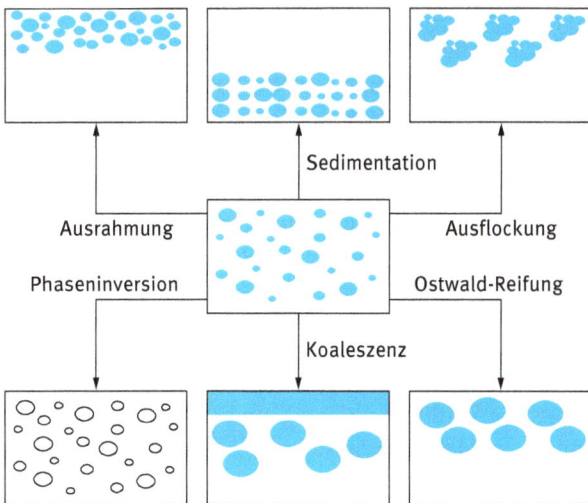

Abb. 5.1: Schematische Darstellung der verschiedenen Zersetzungsprozesse in Emulsionen.

Nachfolgend wird eine Zusammenfassung jedes der oben genannten Zusammenbruchsprozesse gegeben, und die Einzelheiten jedes Prozesses und die Methoden zu seiner Vermeidung werden in separaten Abschnitten beschrieben.

5.1.3.1 Aufrahmung und Sedimentation

Dieser Prozess wird durch äußere Kräfte ausgelöst, in der Regel durch die Schwerkraft oder die Zentrifugalkraft. Wenn diese Kräfte die thermische Bewegung der Tröpfchen (Brownsche Bewegung) übersteigen, baut sich in dem System ein Konzentrationsgefälle auf, wobei sich die größeren Tröpfchen schneller nach oben (wenn ihre Dichte geringer ist als die des Mediums) oder nach unten (wenn ihre Dichte größer ist als die des Mediums) des Behälters bewegen. In den Grenzfällen können die Tröpfchen eine dicht gepackte (zufällige oder geordnete) Anordnung an der Ober- oder Unterseite des Systems bilden, während der Rest des Volumens von der kontinu- ierlichen flüssigen Phase eingenommen wird.

5.1.3.2 Ausflockung

Dieser Prozess bezieht sich auf die Aggregation der Tröpfchen (ohne Veränderung der primären Tröpfchengröße) zu größeren Einheiten. Er ist das Ergebnis der Van- der-Waals-Anziehungskraft, die bei allen dispersen Systemen universell ist. Ausflo- ckung tritt auf, wenn die Abstoßung nicht ausreicht, um die Tröpfchen auf Abstände zu bringen, bei denen die Van-der-Waals-Anziehung schwach ist. Die Ausflockung kann „stark" oder „schwach" sein, je nach Größe der beteiligten Anziehungsenergie.

5.1.3.3 Ostwald-Reifung (Disproportionierung)

Dieser Prozess ist auf die begrenzte Löslichkeit der flüssigen Phasen zurückzufüh- ren. Flüssigkeiten, die als nicht mischbar bezeichnet werden, haben oft gegenseitige Löslichkeiten, die nicht vernachlässigbar sind. Bei Emulsionen, die in der Regel po- lydispers sind, haben die kleineren Tröpfchen im Vergleich zu den größeren eine größere Löslichkeit (aufgrund von Krümmungseffekten). Mit der Zeit verschwinden die kleineren Tröpfchen und ihre Moleküle diffundieren in die Masse und lagern sich an den größeren Tröpfchen ab. Mit der Zeit verschiebt sich die Größenverteilung der Tröpfchen zu größeren Werten.

5.1.3.4 Koaleszenz

Darunter versteht man den Prozess der Verdünnung und Unterbrechung des Flüssig- keitsfilms zwischen den Tröpfchen mit dem Ergebnis der Verschmelzung von zwei oder mehr Tröpfchen zu größeren. Der Grenzfall für die Koaleszenz ist die vollständige Trennung der Emulsion in zwei unterschiedliche flüssige Phasen. Die treibende Kraft für die Koaleszenz sind die Oberflächen- oder Filmfluktuationen, die zu einer engen Annäherung der Tröpfchen führen, wobei die Van-der-Waals-Kräfte stark sind und somit ihre Trennung verhindern.

5.1.3.5 Phaseninversion

Dies bezieht sich auf den Prozess, bei dem es zu einem Austausch zwischen der di- spersen Phase und dem Medium kommt. Zum Beispiel kann sich eine O/W-Emulsion mit der Zeit oder unter veränderten Bedingungen in eine W/O-Emulsion umwandeln. In vielen Fällen durchläuft die Phaseninversion einen Übergangszustand, bei dem mehrere Emulsionen entstehen.

5.1.4 Industrielle Anwendungen von Emulsionen

Viele industrielle Systeme bestehen aus Emulsionen, von denen die folgenden erwähnenswert sind:

- Lebensmittelemulsionen, z. B. Mayonnaise, Salatcremes, Desserts, Getränke usw.
- Körperpflege und Kosmetika, z. B. Handcremes, Lotionen, Haarsprays, Sonnenschutzmittel usw.
- Agrochemikalien, z. B. selbstemulgierende Öle, die bei Verdünnung mit Wasser Emulsionen bilden, Emulsionskonzentrate (EWs) und Pflanzenölsprays.
- Pharmazeutika, z. B. Anästhetika aus O/W-Emulsionen, Lipidemulsionen, Doppel- und Mehrfachemulsionen usw.
- Farben, z. B. Emulsionen von Alkydharzen, Latexemulsionen usw.
- Trockenreinigungsformulierungen; diese können im Trockenreinigungsöl emulgierte Wassertröpfchen enthalten, die zur Entfernung von Verschmutzungen und Tonen erforderlich sind.
- Bitumenemulsionen; dies sind Emulsionen, die in den Behältern stabil sind, aber beim Auftragen auf den Straßensplitt zusammenfließen müssen, um einen einheitlichen Bitumenfilm zu bilden.
- Emulsionen in der Ölindustrie; viele Rohöle enthalten Wassertröpfchen (z. B. das Nordseeöl), die durch Koaleszenz und anschließende Abtrennung entfernt werden müssen.
- Dispersionen von Ölteppichen; das von Tankern ausgelaufene Öl muss emulgiert und anschließend abgetrennt werden.
- Emulgierung von unerwünschtem Öl; dies ist ein wichtiges Verfahren zur Bekämpfung von Verschmutzungen.

Die oben beschriebene Bedeutung von Emulsionen in der Industrie rechtfertigt ein hohes Maß an Grundlagenforschung, um den Ursprung der Instabilität und Methoden zur Verhinderung ihres Zusammenbruchs zu verstehen. Leider ist die Grundlagenforschung zu Emulsionen nicht einfach, da Modellsysteme (z. B. mit monodispersen Tröpfchen) nur schwer herzustellen sind. In vielen Fällen sind die Theorien zur Emulsionsstabilität nicht exakt und es werden halbempirische Ansätze verwendet.

5.2 Physikalische Chemie von Emulsionssystemen

5.2.1 Die Grenzfläche (Gibbssche Trennlinie)

Eine Grenzfläche zwischen zwei Phasen, z. B. Flüssigkeit und Luft (oder Flüssigkeit/Dampf) oder zwei nicht mischbaren Flüssigkeiten (Öl/Wasser) kann definiert werden, sofern eine Trennlinie eingeführt wird (Abb. 5.2). Bei der Grenzfläche handelt es sich nicht um eine Schicht, die nur ein Molekül dick ist, sondern um einen

Bereich mit der Dicke δ, dessen Eigenschaften sich von denen der beiden Hauptphasen α und β unterscheiden.

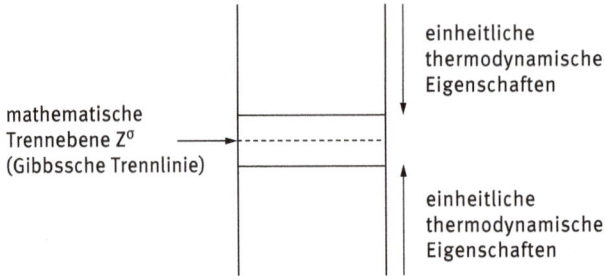

Abb. 5.2: Die Gibbssche Trennlinie.

Mit Hilfe des Gibbsschen Modells ist es möglich, eine Definition der Oberflächen- oder
Grenzflächenspannung γ zu erhalten.

Die freie Oberflächenenergie dG^σ setzt sich aus drei Komponenten zusammen:
Einem Entropieterm $S^\sigma dT$; einem Grenzflächenenergieterm $Ad\gamma$; einem Zusammen-
setzungsterm $\sum n_i d\mu_i$ (n_i ist die Anzahl der Mole der Komponente i mit dem chemischen Potenzial μ_i). Die Gibbs-Deuhem-Gleichung lautet:

$$dG^\sigma = -S^\sigma\, dT + Ad\gamma + \sum n_i d\mu_i. \tag{5.1}$$

Bei konstanter Temperatur und Zusammensetzung gilt:

$$dG^\sigma = Ad\gamma$$

$$\gamma = \left(\frac{\partial G^\sigma}{\partial A}\right)_{T,ni}. \tag{5.2}$$

Bei einer stabilen Grenzfläche ist γ positiv, d. h. wenn die Grenzfläche zunimmt,
nimmt G^σ zu. Man beachte, dass γ die Energie pro Flächeneinheit (mJm^{-2}) ist, die
dimensionsmäßig der Kraft pro Längeneinheit (mNm^{-1}) entspricht, der Einheit,
die normalerweise zur Definition der Oberflächen- oder Grenzflächenspannung
verwendet wird.

Bei einer gekrümmten Grenzfläche sollte man die Auswirkungen des Krümmungsradius berücksichtigen. Glücklicherweise liegt γ für eine gekrümmte Grenzfläche schätzungsweise sehr nahe an dem Wert einer ebenen Oberfläche, es sei
denn, die Tröpfchen sind sehr klein (< 10 nm). Gekrümmte Grenzflächen führen zu
einigen anderen wichtigen physikalischen Phänomenen, die sich auf die Emulsions-
eigenschaften auswirken, z. B. der Laplace-Druck Δp, der durch die Krümmungsradien der Tröpfchen bestimmt wird,

$$\Delta p = \gamma \left(\frac{1}{r_1} + \frac{1}{r_2} \right), \tag{5.3}$$

wobei r_1 und r_2 die beiden Hauptkrümmungsradien sind.

Für ein perfekt kugelförmiges Tröpfchen gilt: $r_1 = r_2 = r$ und

$$\Delta p = \frac{2\gamma}{r}. \tag{5.4}$$

Für ein Kohlenwasserstofftröpfchen mit einem Radius von 100 nm und $\gamma = 50$ mNm^{-1} ergibt sich $\Delta p \approx 10^6$ Pa (10 atm).

5.2.2 Thermodynamik der Emulsionsbildung und -zersetzung

Betrachten wir ein System, in dem ein Öl durch einen großen Tropfen 2 mit der Fläche A_1 dargestellt wird, der in eine Flüssigkeit 2 eingetaucht ist, die nun in eine große Anzahl kleinerer Tropfen mit der Gesamtfläche A_2 ($A_2 \gg A_1$) unterteilt ist, wie in Abb. 5.3 gezeigt. Die Grenzflächenspannung γ_{12} ist für die großen und die kleinen Tröpfchen gleich, da letztere im Allgemeinen in der Größenordnung von 0,1 bis wenigen µm liegen.

Abb. 5.3: Schematische Darstellung der Emulsionsbildung und -zersetzung.

Die Änderung der freien Energie beim Übergang vom Zustand I zum Zustand II setzt sich aus zwei Beiträgen zusammen: Einem (positiven) Term der Oberflächenenergie, der gleich $\Delta A \gamma_{12}$ ist (wobei $\Delta A = A_2 - A_1$). Und einem ebenfalls positiven Term der Dispersionsentropie (da die Erzeugung einer großen Anzahl von Tröpfchen mit einem Anstieg der Konfigurationsentropie einhergeht), der gleich $T\Delta S^{conf}$ ist.

Aus dem zweiten Hauptsatz der Thermodynamik ergibt sich:

$$\Delta G^{form} = \Delta A \gamma_{12} - T\Delta S^{conf}. \tag{5.5}$$

In den meisten Fällen gilt $\Delta A \gamma_{12} \gg -T\Delta S^{conf}$, was bedeutet, dass ΔG^{form} positiv ist, d. h. die Bildung von Emulsionen erfolgt nicht spontan und das System ist thermodynamisch instabil. In Ermangelung eines Stabilisierungsmechanismus wird die Emulsion durch Ausflockung, Koaleszenz, Ostwald-Reifung oder eine Kombination all dieser Prozesse zerbrechen. Dies wird in Abb. 5.4 veranschaulicht, die mehrere Wege für Emulsionszerfallsprozesse zeigt.

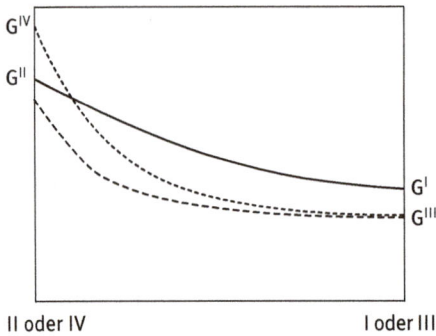

Abb. 5.4: Pfad der freien Energie beim Emulsionsabbau._____
Ausflockung + Koaleszenz; - - - - - - - Ausflockung + Koaleszenz + Sedimentation; ....
Ausflockung + Koaleszenz + Sedimentation + Ostwald-Reifung.

Bei Vorhandensein eines Stabilisators (Tensid und/oder Polymer) entsteht eine Energiebarriere zwischen den Tröpfchen, so dass die Umkehrung von Zustand II zu Zustand I aufgrund dieser Energiebarrieren nicht kontinuierlich erfolgt. Dies ist in Abb. 5.5 dargestellt. Bei Vorhandensein der oben genannten Energiebarrieren wird das System kinetisch stabil.

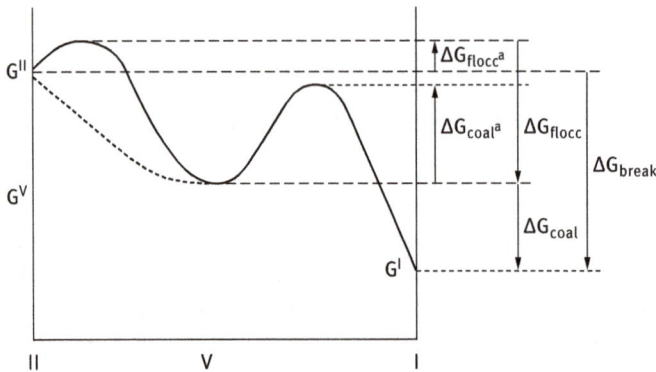

Abb. 5.5: Schematische Darstellung des Weges der freien Energie für die Zersetzung (Flockung und Koaleszenz) für Systeme mit einer Energiebarriere.

5.2.3 Wechselwirkungsenergien (Kräfte) zwischen Emulsionströpfchen und ihren Kombinationen

Im Allgemeinen gibt es drei wesentliche Wechselwirkungsenergien (Kräfte) zwischen Emulsionströpfchen, die im Folgenden erläutert werden.

5.2.3.1 Van-der-Waals-Anziehungskraft

Die Van-der-Waals-Anziehung zwischen Atomen oder Molekülen kann auf drei verschiedene Arten erfolgen: Dipol-Dipol-Wechselwirkung (Keesom-Kräfte), Dipol-induzierte Dipol-Wechselwirkung (Debye-Kräfte) und Dispersions-Wechselwirkung (London-Kräfte). Die Keesom- und Debye-Anziehungskräfte sind Vektoren, und obwohl diese Dipol-Dipol- oder Dipol-induzierte Dipol-Anziehungskräfte groß sind, heben sie sich aufgrund der unterschiedlichen Ausrichtung der Dipole tendenziell auf. Am wichtigsten sind daher die London-Dispersionswechselwirkungen, die durch Ladungsfluktuationen entstehen. Bei Atomen oder Molekülen, die aus einem Kern und Elektronen bestehen, die ständig um den Kern rotieren, entsteht infolge von Ladungsfluktuationen ein temporärer Dipol. Dieser temporäre Dipol induziert einen weiteren Dipol im benachbarten Atom oder Molekül. Die Wechselwirkungsenergie zwischen zwei Atomen oder Molekülen G_a ist kurzreichweitig und umgekehrt proportional zur sechsten Potenz des Abstandes r zwischen den Atomen oder Molekülen:

$$G_a = -\frac{\beta}{r^6},\tag{5.6}$$

wobei β die Londoner Dispersionskonstante ist, die durch die Polarisierbarkeit des Atoms oder Moleküls bestimmt wird.

Hamaker [4] schlug vor, dass sich die London-Dispersionswechselwirkungen zwischen Atomen oder Molekülen in makroskopischen Körpern (wie Emulsionstropfen) addieren können, was zu einer starken Van-der-Waals-Anziehung führt, insbesondere bei geringen Abständen zwischen den Tropfen. Für zwei Tröpfchen mit gleichem Radius R und einem Abstand h wird die Van-der-Waals-Anziehung G_A durch die folgende Gleichung (nach Hamaker) angegeben:

$$G_A = -\frac{AR}{12h}.\tag{5.7}$$

Dabei ist A die effektive Hamaker-Konstante:

$$A = \left(A_{11}^{1/2} - A_{22}^{1/2}\right)^2,\tag{5.8}$$

wobei A_{11} und A_{22} die Hamaker-Konstanten der Tröpfchen bzw. des Dispersionsmediums sind.

Die Hamaker-Konstante eines jeden Materials hängt von der Anzahl der Atome oder Moleküle pro Volumeneinheit q und der Londoner Dispersionskonstante β ab:

$$A = \pi^2 q^2 \beta . \tag{5.9}$$

G_A steigt sehr schnell mit der Abnahme von h (bei enger Annäherung). Dies wird in Abb. 5.6 veranschaulicht, die die Van-der-Waals-Energie-Abstandskurve für zwei Emulsionstropfen mit dem Abstand h zeigt.

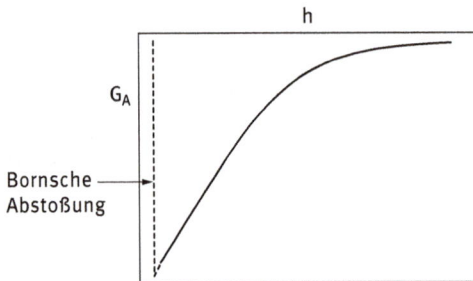

Abb. 5.6: Veränderung der Van-der-Waals-Anziehungsenergie mit dem Trennungsabstand.

In Abwesenheit jeglicher Abstoßung erfolgt die Ausflockung sehr schnell und es entstehen große Cluster. Um der Van-der-Waals-Anziehung entgegenzuwirken, muss eine abstoßende Kraft erzeugt werden. Je nach Art des verwendeten Emulgators lassen sich zwei Hauptarten der Abstoßung unterscheiden: elektrostatische (durch die Bildung von Doppelschichten) und sterische (durch das Vorhandensein adsorbierter Tensid- oder Polymerschichten).

5.2.3.2 Elektrostatische Abstoßung

Diese kann durch die Adsorption eines ionischen Tensids erzeugt werden, wie in Abb. 5.7 zu sehen ist, die eine schematische Darstellung der Struktur der Doppelschicht nach Gouy-Chapman und Stern zeigt [3]. Das Oberflächenpotenzial ψ_o sinkt linear auf ψ_d (Stern- oder Zeta-Potenzial) und dann exponentiell mit zunehmender Entfernung x. Die Ausdehnung der Doppelschicht hängt von der Elektrolytkonzentration und der Wertigkeit ab (je niedriger die Elektrolytkonzentration und je geringer die Wertigkeit, desto ausgedehnter ist die Doppelschicht).

Wenn sich geladene kolloidale Teilchen in einer Dispersion so weit annähern, dass sich die Doppelschicht zu überlappen beginnt (der Teilchenabstand wird kleiner als die doppelte Doppelschichtausdehnung), kommt es zur Abstoßung: Die einzelnen Doppelschichten können sich nicht mehr ungehindert entwickeln, da der begrenzte Raum keinen vollständigen Potenzialabbau zulässt [3, 4]. Dies wird in Abb. 5.8 für zwei flache Platten veranschaulicht, die deutlich zeigt, dass das Potenzial in der Mittelebene zwischen den Oberflächen nicht gleich null ist, wenn der Abstand h zwischen den Emulsionströpfchen kleiner als die doppelte Doppelschichtausdehnung wird (was der Fall wäre, wenn h größer als die doppelte Doppelschichtausdehnung ist).

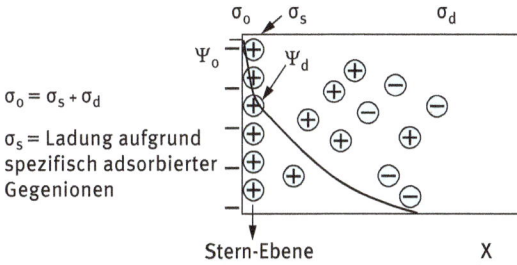

Abb. 5.7: Schematische Darstellung von Doppelschichten, die durch Adsorption eines ionischen Tensids entstehen.

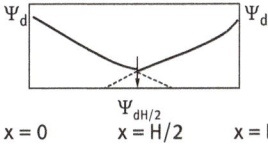

Abb. 5.8: Schematische Darstellung einer Doppelschichtüberlappung.

Die abstoßende Wechselwirkung G_{el} ist durch den folgenden Ausdruck gegeben:

$$G_{el} = 2\pi\, R\epsilon_r\epsilon_o\psi_o^2 \ln[1 + \exp(-\kappa h)], \tag{5.10}$$

wobei ϵ_r die relative Permittivität und ϵ_o die Permittivität des freien Raums ist.

κ ist der Debye-Huckel-Parameter; $1/\kappa$ ist die Ausdehnung der Doppelschicht (Doppelschichtdicke), die durch den folgenden Ausdruck gegeben ist:

$$\left(\frac{1}{\kappa}\right) = \left(\frac{\epsilon_r\epsilon_o kT}{2n_o Z_i^2 e^2}\right), \tag{5.11}$$

wobei k die Boltzmann-Konstante, T die absolute Temperatur, n_o die Anzahl der Ionen pro Volumeneinheit jeder Art in der Gesamtlösung, Z_i die Wertigkeit der Ionen und e die elektrische Ladung ist.

Die Werte von $(1/\kappa)$ bei verschiedenen 1:1-Elektrolytkonzentrationen sollen hier angegeben werden:

$C/moldm^{-3}$	10^{-5}	10^{-4}	10^{-3}	10^{-2}	10^{-1}
$(1/\kappa)/nm$	100	33	10	3,3	1

Die Ausdehnung der Doppelschicht nimmt mit zunehmender Elektrolytkonzentration ab. Das bedeutet, dass die Abstoßung mit zunehmender Elektrolytkonzentration abnimmt, was in Abb. 5.9 zu sehen ist.

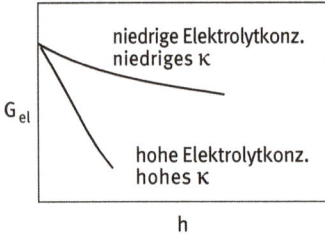

Abb. 5.9: Veränderung von G_{el} abhängig von h bei niedrigen und hohen Elektrolytkonzentrationen.

Die Kombination von Van-der-Waals-Anziehung und Doppelschichtabstoßung führt zu der bekannten Theorie der Kolloidstabilität nach Deryaguin, Landau, Verwey und Overbeek (DLVO-Theorie) [5, 6]:

$$G_T = G_{el} + G_A. \tag{5.12}$$

Eine schematische Darstellung der Kraft-Energie-Abstands-Kurve nach der DLVO-Theorie ist in Abb. 5.10 zu sehen.

Diese Darstellung bezieht sich auf ein System mit niedriger Elektrolytkonzentration. Bei großem h überwiegt die Anziehung, was zu einem flachen Minimum (G_{sec}) in der Größenordnung von einigen kT-Einheiten führt. Bei sehr kurzem h, $V_A \gg G_{el}$, ergibt sich ein tiefes primäres Minimum (mehrere hundert kT-Einheiten). Bei mittlerem h, $G_{el} > G_A$, ergibt sich ein Maximum (Energiebarriere), dessen Höhe von ψ_o (oder ζ) und der Elektrolytkonzentration und -wertigkeit abhängt. Das Energiemaximum wird in der Regel > 25 kT-Einheiten gehalten. Das Energiemaximum verhindert eine Annäherung der Tröpfchen, und beim primären Minimum wird ein Ausflocken verhindert. Je höher der Wert von ψ_o und je niedriger die Elektrolytkonzentration und die Wertigkeit, desto höher ist das Energiemaximum. Bei mittleren Elektrolytkonzentrationen kann es zu einer schwachen Ausflockung beim sekundären Minimum kommen.

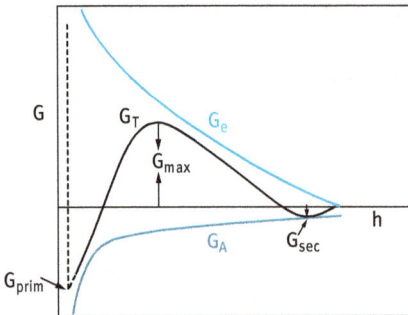

Abb. 5.10: Gesamtenergie-Entfernungs-Kurve nach der DLVO-Theorie.

5.2.3.3 Sterische Abstoßung

Dazu werden nichtionische Tenside oder Polymere verwendet, z. B. Alkoholeth-oxylate oder A-B-A-Blockcopolymere PEO-PPO-PEO (wobei PEO für Polyethylenoxid und PPO für Polypropylenoxid steht), wie in Abb. 5.11 dargestellt.

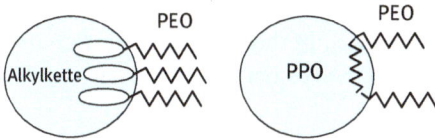

Abb. 5.11: Schematische Darstellung adsorbierter Schichten.

Die „dicken" hydrophilen Ketten (PEO in Wasser) bewirken eine Abstoßung auf-grund von zwei Haupteffekten [7]:

(a) Ungünstige Vermischung der PEO-Ketten, wenn diese sich in einem guten Lö-sungsmittel befinden (mäßiger Elektrolyt und niedrige Temperaturen). Dies wird als osmotische oder mischende freie Wechselwirkungsenergie bezeichnet, die durch den folgenden Ausdruck beschrieben wird:

$$\frac{G_{mix}}{kT} = \left(\frac{4\pi}{V_1}\right)\phi_2^2 N_{av}\left(\frac{1}{2} - \chi\right)\left(\delta - \frac{h}{2}\right)^2\left(3R + 2\delta + \frac{h}{2}\right) \tag{5.13}$$

Dabei ist V_1 das molare Volumen des Lösungsmittels, ϕ_2 ist der Volumenanteil der Po-lymerkette mit einer Dicke δ und χ ist der Flory-Huggins-Wechselwirkungsparameter. Wenn $\chi < 0{,}5$ ist, ist G_{mix} positiv und die Wechselwirkung ist abstoßend. Wenn $\chi > 0{,}5$ ist, ist G_{mix} negativ und die Wechselwirkung ist anziehend. Wenn $\chi = 0{,}5$ ist, ist $G_{mix} = 0$, und dies wird als θ-Bedingung bezeichnet.

(b) Entropische, volumenbeschränkende oder elastische Wechselwirkung, G_{el}. Dies ergibt sich aus dem Verlust an Konfigurationsentropie der Ketten bei erheblicher Überlappung. Der Entropieverlust ist ungünstig und daher ist G_{el} immer positiv. Die Kombination von G_{mix}, G_{el} und G_A ergibt die Gesamtenergie der Wechselwir-kung G_T (Theorie der sterischen Stabilisierung):

$$G_T = G_{mix} + G_{el} + G_A. \tag{5.14}$$

Eine schematische Darstellung der Veränderung von G_{mix}, G_{el} und G_A mit h ist in Abb. 5.12 zu sehen. G_{mix} nimmt mit abnehmendem h sehr stark zu, wenn letzteres kleiner als 2δ wird. G_{el} nimmt mit der Abnahme von h sehr stark zu, wenn let-zteres kleiner als δ wird. G_T nimmt mit der Abnahme von h sehr stark zu, wenn letzteres kleiner als 2δ wird.

Abbildung 5.12 zeigt, dass es nur ein Minimum gibt (G_{min}), dessen Tiefe von R, δ und A abhängt. Bei gegebener Tropfengröße und Hamaker-Konstante ist die Tiefe des Minimums umso geringer, je größer die Dicke der adsorbierten Schicht ist. Wenn G_{min} ausreichend klein gemacht wird (großes δ und kleines R), kann man sich der thermodynamischen Stabilität nähern. Dies wird in Abb. 5.13 veranschaulicht, die die Energie-Abstands-Kurven als Funktion von δ/R zeigt. Je größer der Wert von δ/R ist, desto kleiner ist der Wert von G_{min}. In diesem Fall kann sich das System der thermodynamischen Stabilität nähern, wie es bei Nanodispersionen der Fall ist.

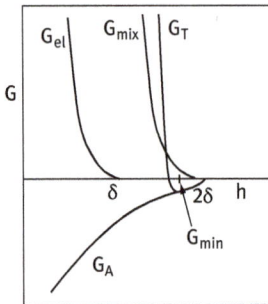

Abb. 5.12: Schematische Darstellung der Energie-Abstands-Kurve für eine sterisch stabilisierte Emulsion.

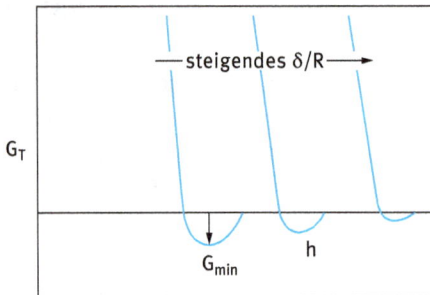

Abb. 5.13: Veränderung von G_T mit h bei verschiedenen δ/R-Werten.

5.3 Mechanismus der Emulgierung

Wie bereits erwähnt, werden zur Herstellung einer Emulsion Öl, Wasser, Tensid und Energie benötigt. Dies lässt sich aus der Betrachtung der zur Ausdehnung der Grenzfläche erforderlichen Energie, ΔAγ, ableiten (wobei ΔA die Vergrößerung der Grenzfläche ist, wenn die Ölmasse mit der Fläche A_1 eine große Anzahl von Tröpfchen mit der Fläche A_2 erzeugt; $A_2 \gg A_1$, γ ist die Grenzflächenspannung). Da γ positiv ist, ist die Energie zur Ausdehnung der Grenzfläche groß und positiv; dieser Energieterm kann nicht durch die kleine Dispersionsentropie TΔS (die ebenfalls positiv ist) kompensiert werden, und die gesamte freie Energie der Emulsionsbildung, ΔG, gegeben durch Gleichung (5.5), ist positiv. Die Emulsionsbildung erfolgt also nicht spontan, und es wird Energie benötigt, um die Tröpfchen zu erzeugen.

Die Bildung großer Tröpfchen (einige μm), wie sie bei Makroemulsionen vorliegen, ist relativ einfach und daher reichen Hochgeschwindigkeitsrührer wie ein Ultra-Turrax® oder ein Silverson-Mixer aus, um die Emulsion herzustellen. Im Gegensatz dazu ist die Bildung kleiner Tropfen (im Submikronbereich bei Nanoemulsionen) schwierig und erfordert eine große Menge an Tensid und/oder Energie. Der hohe Energieaufwand, der für die Bildung von Nanoemulsionen erforderlich ist, lässt sich aus der Betrachtung des Laplace-Drucks Δp (der Druckunterschied zwischen dem Inneren und dem Äußeren des Tropfens) gemäß den Gleichungen (5.3) und (5.4) ableiten

Um einen Tropfen in kleinere Tropfen zu zerlegen, muss er stark verformt werden, und diese Verformung erhöht Δp. Da die Spannung im Allgemeinen durch die umgebende Flüssigkeit über die Bewegung übertragen wird, erfordern höhere Spannungen eine stärkere Bewegung und somit mehr Energie, um kleinere Tropfen zu erzeugen.

Tenside spielen eine wichtige Rolle bei der Bildung von Emulsionen: Durch die Senkung der Grenzflächenspannung wird p reduziert und damit die zum Aufbrechen eines Tropfens erforderliche Spannung verringert. Tenside verhindern auch die Koaleszenz der neu gebildeten Tropfen. Um die Emulsionsbildung zu beschreiben, müssen zwei Hauptfaktoren berücksichtigt werden: die Hydrodynamik und das Wissen zu den Grenzflächen. Bei der Hydrodynamik muss man die Art der Strömung berücksichtigen: laminare Strömung und turbulente Strömung. Dies hängt von der Reynolds-Zahl ab, auf die wir später noch eingehen werden.

Um die Emulsionsbildung zu beurteilen, wird in der Regel die Tröpfchengrößenverteilung gemessen, z. B. mit Hilfe von Laserbeugungstechniken. Ein nützlicher durchschnittlicher Durchmesser d ist

$$d_{nm} = \left(\frac{S_m}{S_n}\right)^{1/(n-m)}.$$ (5.15)

In den meisten Fällen wird d_{32} (der Volumen-/Oberflächenmittelwert oder Sauter-Mittelwert) verwendet. Die Breite der Größenverteilung kann als Variationskoeffizient c_m angegeben werden, der die mit d^m gewichtete Standardabweichung der Verteilung geteilt durch den entsprechenden Mittelwert d ist. Im Allgemeinen wird C_2 verwendet, was d_{32} entspricht.

Eine alternative Möglichkeit zur Beschreibung der Emulsionsqualität ist die Verwendung der spezifischen Oberfläche A (Oberfläche aller Emulsionströpfchen pro Volumeneinheit der Emulsion):

$$A = \pi s^2 = \frac{6\phi}{d_{32}}.$$ (5.16)

5.3.1 Methoden der Emulgierung

Für die Herstellung von Emulsionen können verschiedene Verfahren angewandt werden: einfache Rohrströmung (niedrige Rührenergie L), statische Mischer und allgemeine Rührwerke (niedrige bis mittlere Energie, L-M), Hochgeschwindigkeitsmischer wie der Ultra-Turrax® (M), Kolloidmühlen und Hochdruckhomogenisatoren (hohe Energie, H), Ultraschallgeneratoren (M-H). Die Aufbereitungsmethode kann kontinuierlich (C) oder chargenweise (B) erfolgen: Rohrströmung und statische Mischer – C; Rührer und Ultra-Turrax® – B, C; Kolloidmühle und Hochdruckhomogenisatoren – C; Ultraschall – B, C.

Bei allen Methoden gibt es eine Flüssigkeitsströmung, eine nicht begrenzte und eine stark begrenzte Strömung. Bei der uneingeschränkten Strömung ist jeder Tropfen von einer großen Menge strömender Flüssigkeit umgeben (die begrenzenden Wände der Apparatur sind weit von den meisten Tropfen entfernt). Die Kräfte können Reibungskräfte (meist viskos) oder Trägheitskräfte sein. Viskose Kräfte verursachen Scherspannungen an der Grenzfläche zwischen den Tropfen und der kontinuierlichen Phase (hauptsächlich in Richtung der Grenzfläche). Die Scherspannungen können durch laminare Strömung (LV) oder turbulente Strömung (TV) erzeugt werden; dies hängt von der Reynolds-Zahl R_e ab:

$$R_e = \frac{vl\rho}{\eta},\qquad(5.17)$$

wobei v die lineare Flüssigkeitsgeschwindigkeit, ρ die Dichte der Flüssigkeit und η die Viskosität ist. l ist eine charakteristische Länge, die durch den Durchmesser der Strömung durch ein zylindrisches Rohr und durch das Doppelte der Spaltbreite in einem engen Spalt gegeben ist.

Bei laminarer Strömung ist $R_e < \approx 1000$, während bei turbulenter Strömung $R_e > \approx 2000$ ist. Ob es sich um eine lineare oder eine turbulente Strömung handelt, hängt also von der Größe des Geräts, der Strömungsgeschwindigkeit und der Viskosität der Flüssigkeit ab [8–11]. Wenn die turbulenten Wirbel viel größer als die Tropfen sind, üben sie Scherspannungen auf die Tropfen aus. Sind die turbulenten Wirbel viel kleiner als die Tropfen, verursachen Trägheitskräfte eine Störung (TI).

Bei begrenzter Strömung gelten andere Beziehungen. Wenn die kleinste Abmessung des Teils der Apparatur, in dem die Tropfen zerlegt werden (z. B. ein Schlitz), mit der Tropfengröße vergleichbar ist, gelten andere Beziehungen (die Strömung ist immer laminar). Ein anderes Regime herrscht vor, wenn die Tropfen direkt durch eine enge Kapillare in die kontinuierliche Phase injiziert werden (Injektionsregime), man spricht dann von einer Membranemulgierung.

Innerhalb jedes Regimes ist eine wesentliche Variable die Intensität der wirkenden Kräfte; die viskose Spannung bei laminarer Strömung σ_{viskos} ist gegeben durch

$$\sigma_{viskos} = \eta G, \tag{5.18}$$

wobei G der Geschwindigkeitsgradient ist.

Die Intensität in einer turbulenten Strömung wird durch die Leistungsdichte ε ausgedrückt (die Menge an Energie, die pro Volumeneinheit pro Zeiteinheit abgeführt wird); bei einer laminaren Strömung ergibt sich:

$$\varepsilon = \eta G^2. \tag{5.19}$$

Die wichtigsten Regime sind: laminar/viskos (LV) – turbulent/viskos (TV) – turbulent/inertial (TI). Für Wasser als kontinuierliche Phase ist das Regime immer TI. Bei höherer Viskosität der kontinuierlichen Phase ($\eta_C = 0{,}1$ Pas) ist das Regime TV. Für eine noch höhere Viskosität oder einen kleinen Apparat (kleines l) ist das Regime LV. Bei sehr kleinen Apparaten (wie es bei den meisten Laborhomogenisatoren der Fall ist), ist das Regime fast immer LV.

Für die oben genannten Bereiche gibt es eine halbquantitative Theorie, die die Zeitskala und die Größe der lokalen Spannung σ_{ext}, den Tropfendurchmesser d, die Zeitskala der Tropfendeformation τ_{def}, die Zeitskala der Tensidadsorption τ_{ads} und die gegenseitige Kollision der Tropfen angeben kann.

Ein wichtiger Parameter zur Beschreibung der Tröpfchenverformung ist die Weber-Zahl W_e, die das Verhältnis der äußeren Spannung zum Laplace-Druck angibt:

$$W_e = \frac{G\eta_C R}{2\gamma}. \tag{5.20}$$

Die Viskosität des Öls spielt eine wichtige Rolle beim Aufbrechen der Tropfen; je höher die Viskosität, desto länger dauert die Verformung eines Tropfens. Die Verformungszeit τ_{def} wird durch das Verhältnis zwischen der Ölviskosität und der auf den Tropfen wirkenden äußeren Spannung bestimmt:

$$\tau_{def} = \frac{\eta_D}{\sigma_{ext}}. \tag{5.21}$$

Die Viskosität der kontinuierlichen Phase η_C spielt in einigen Regimen eine wichtige Rolle: Im turbulenten Trägheitsregime hat η_C keine Auswirkung auf die Tröpfchengröße. Im turbulenten viskosen Bereich führt ein größeres η_C zu kleineren Tröpfchen. Bei laminarer Viskosität ist der Effekt noch stärker.

5.3.2 Die Rolle von Tensiden bei der Emulsionsbildung

Tenside senken die Grenzflächenspannung γ, was zu einer Verringerung der Tröpfchengröße führt. Letztere nimmt mit der Abnahme von γ ab. Bei laminarer Strömung ist der Tröpfchendurchmesser proportional zu γ; bei turbulentem Trägheitsregime ist der Tröpfchendurchmesser proportional zu $\gamma^{3/5}$.

Die Auswirkung der Verringerung von γ auf die Tropfengröße wird in Abb. 5.14 veranschaulicht, die ein Diagramm der Tropfenoberfläche A und der mittleren Tropfengröße d_{32} als Funktion der Tensidkonzentration m für verschiedene Systeme zeigt.

Die Menge des Tensids, die erforderlich ist, um die kleinste Tropfengröße zu erzeugen, hängt von seiner Aktivität a (Konzentration) in der Masse ab, die die Verringerung von γ bestimmt, wie aus der Gibbsschen Adsorptionsgleichung hervorgeht:

$$- \, d\gamma = RT\Gamma \, d \ln a, \tag{5.22}$$

wobei R die Gaskonstante, T die absolute Temperatur und Γ der Oberflächenüberschuss (Anzahl der adsorbierten Mole pro Flächeneinheit der Grenzfläche) ist.

Γ steigt mit zunehmender Tensidkonzentration und erreicht schließlich einen Plateauwert (Sättigungsadsorption). Dies ist in Abb. 5.15 für verschiedene Emulgatoren dargestellt.

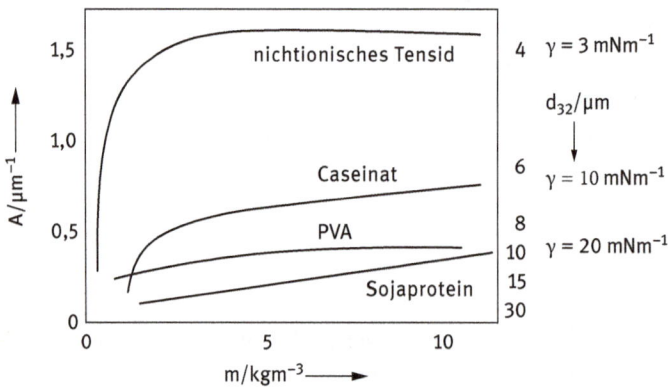

Abb. 5.14: Variation von A und d_{32} mit m für verschiedene Tensidsysteme.

Der Wert von γ hängt von der Art des Öls und des verwendeten Tensids ab; kleine Moleküle wie nichtionische Tenside senken γ stärker als polymere Tenside wie PVAL.

Eine weitere wichtige Rolle des Tensids ist seine Wirkung auf das Grenzflächendilatationsmodul ε:

$$\epsilon = \frac{d\gamma}{d \ln A}. \tag{5.23}$$

Während der Emulgierung kommt es zu einer Vergrößerung der Grenzfläche A und damit zu einer Verringerung von Γ. Das Gleichgewicht wird durch Adsorption von Tensid aus der Masse wiederhergestellt, was jedoch Zeit erfordert (bei höherer Tensidaktivität treten kürzere Zeiten auf). Daher ist ε sowohl bei kleinem a als auch bei gro-

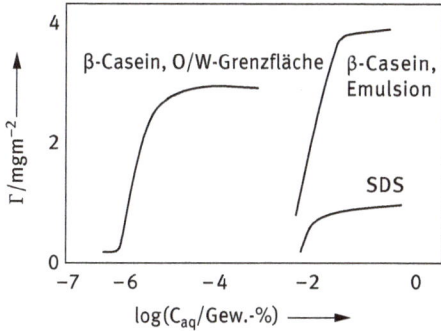

Abb. 5.15: Veränderung von Γ (mg m^{-2}) mit $\log C_{aq}$/Gew.-%. Die Öle sind: β-Casein (O/W-Grenzfläche) – Toluol, β-Casein (Emulsion) – Sojaöl, SDS – Benzol.

ßem a klein. Da sich das Gleichgewicht bei polymeren Tensiden nicht oder nur langsam einstellt, ist ε bei Expansion und Kompression der Grenzfläche nicht gleich groß.

In der Praxis werden Tensidmischungen verwendet, die deutliche Auswirkungen auf γ und ε haben. Einige spezifische Tensidmischungen ergeben niedrigere γ-Werte als die beiden Einzelkomponenten. Das Vorhandensein von mehr als einem Tensidmolekül an der Grenzfläche führt bei hohen Tensidkonzentrationen tendenziell zu einer Erhöhung von ε. Die verschiedenen Komponenten weisen eine unterschiedliche Oberflächenaktivität auf. Diejenigen mit dem niedrigsten γ neigen dazu, an der Grenzfläche zu überwiegen. Aber wenn sie in niedrigen Konzentrationen vorhanden sind, kann es lange dauern, bis der niedrigste Wert erreicht wird. Polymer-Tensid-Gemische können eine gewisse synergetische Oberflächenaktivität aufweisen.

5.3.3 Die Rolle von Tensiden bei der Deformation von Tröpfchen

Abgesehen von ihrer reduzierenden Wirkung auf γ spielen Tenside eine wichtige Rolle bei der Verformung und dem Zerfall von Tröpfchen. Tenside ermöglichen die Existenz von Grenzflächenspannungsgradienten, die für die Bildung stabiler Tröpfchen entscheidend sind. Grenzflächenspannungsgradienten sind sehr wichtig für die Stabilisierung des dünnen Flüssigkeitsfilms zwischen den Tröpfchen, was zu Beginn der Emulgierung sehr wichtig ist (Filme der kontinuierlichen Phase können durch die disperse Phase gezogen werden und die Kollision ist sehr groß). Das Ausmaß der γ-Gradienten und des Marangoni-Effekts hängt vom Grenzflächendilatationsmodul ε ab.

Unter den Bedingungen, die während der Emulgierung vorherrschen, steigt ε mit der Zunahme der Adsorption des Tensids Γ und wird durch die folgende Beziehung beschrieben:

$$\epsilon = \frac{d\pi}{d \ln \Gamma}, \qquad\qquad (5.24)$$

wobei π der Oberflächendruck ist ($\pi = \gamma_o - \gamma$). Abbildung 5.16 zeigt die Variation von π mit $\ln\Gamma$; ϵ ist durch die Steigung der Linie gegeben. Das SDS weist im Vergleich zu β-Casein und Lysozym einen viel höheren ϵ-Wert auf. Dies liegt daran, dass der Wert von Γ für SDS höher ist. Die beiden Proteine weisen unterschiedliche ϵ-Werte auf, was auf die Konformationsänderung bei der Adsorption zurückzuführen sein könnte.

Das Vorhandensein eines Tensids bedeutet, dass die Grenzflächenspannung während der Emulgierung nicht überall gleich sein muss. Dies hat zwei Konsequenzen: (1) die Gleichgewichtsform des Tropfens wird beeinflusst; (2) jeder γ-Gradient, der sich bildet, verlangsamt die Bewegung der Flüssigkeit im Inneren des Tropfens (dies verringert die Energiemenge, die zur Verformung und zum Aufbrechen des Tropfens benötigt wird).

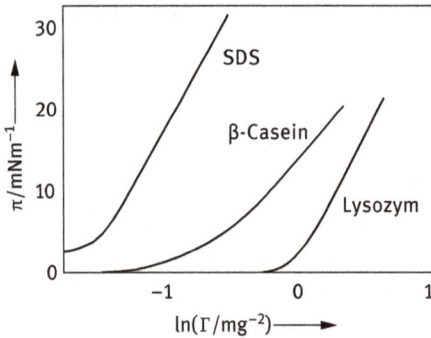

Abb. 5.16: Oberflächendruck π aufgetragen gegen $\ln\Gamma$ für verschiedene Emulgatoren.

Eine weitere wichtige Aufgabe des Emulgators besteht darin, die Koaleszenz während der Emulgierung zu verhindern. Dies ist sicherlich nicht auf die starke Abstoßung zwischen den Tropfen zurückzuführen, da der Druck, mit dem zwei Tropfen zusammengepresst werden, viel größer ist als die Abstoßungsspannungen. Die gegenläufigen Spannungen müssen auf die Bildung von γ-Gradienten zurückzuführen sein. Wenn zwei Tropfen zusammengedrückt werden, fließt die Flüssigkeit aus der dünnen Schicht zwischen ihnen heraus, und der Fluss erzeugt ein γ-Gefälle. Dadurch entsteht eine Gegenspannung, die gegeben ist durch:

$$\tau_{\Delta\gamma} \approx \frac{2|\Delta\gamma|}{(1/2)d}. \qquad\qquad (5.25)$$

Der Faktor 2 ergibt sich aus der Tatsache, dass es sich um zwei Grenzflächen handelt. Bei einem Wert von $\Delta\gamma = 10 \text{ mNm}^{-1}$ beträgt die Spannung 40 kPa (was in der gleichen Größenordnung liegt wie die äußere Spannung).

Eng verwandt mit dem oben beschriebenen Mechanismus ist der Gibbs-Marangoni -Effekt [12–16], der in Abb. 5.17 schematisch dargestellt ist. Die Verarmung des Tensids in dem dünnen Film zwischen den sich nähernden Tropfen führt zu einem γ-Gefälle, ohne dass ein Flüssigkeitsstrom beteiligt ist. Dies führt zu einer Flüssigkeitsströmung nach innen, die die Tropfen auseinandertreibt.

Der Gibbs-Marangoni-Effekt erklärt auch die Bancroft-Regel, die besagt, dass die Phase, in der das Tensid am löslichsten ist, die kontinuierliche Phase bildet. Befindet sich das Tensid in den Tröpfchen, kann sich kein γ-Gefälle entwickeln und die Tropfen würden zur Koaleszenz neigen. Daher neigen Tenside mit einem HLB > 7 zur Bildung von O/W-Emulsionen und bei HLB < 7 zur Bildung von W/O-Emulsionen.

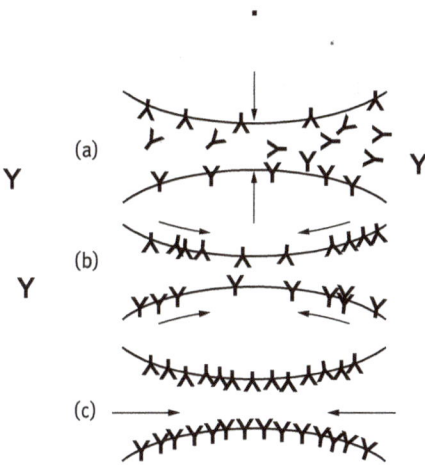

Abb. 5.17: Schematische Darstellung des Gibbs-Marangoni-Effekts für zwei sich nähernde Tropfen.

Der Gibbs-Marangoni-Effekt erklärt auch den Unterschied zwischen Tensiden und Polymeren bei der Emulgierung. Polymere ergeben im Vergleich zu Tensiden größere Tropfen. Polymere ergeben im Vergleich zu Tensiden bei kleinen Konzentrationen einen kleineren Wert von ε.

Bei der Emulgierung sollten auch verschiedene andere Faktoren berücksichtigt werden: Der Volumenanteil der dispersen Phase φ. Ein Anstieg von φ führt zu einer Zunahme der Tröpfchenkollisionen und damit zur Koaleszenz während der Emulgierung. Mit der Erhöhung von φ nimmt die Viskosität der Emulsion zu und könnte die Strömung von einer turbulenten zu einer laminaren (LV-Regime) verändern.

Die Anwesenheit vieler Partikel führt zu einer lokalen Zunahme der Geschwindigkeitsgradienten. Dies bedeutet, dass G zunimmt. In einer turbulenten Strömung führt die Erhöhung von φ zu einem Turbulenzabfall. Dies führt zu größeren Tröpfchen. Die Turbulenzunterdrückung durch hinzugefügte Polymere führt dazu, dass die kleinen Wirbel entfernt werden, was zur Bildung größerer Tröpfchen führt.

Wird das Massenverhältnis von Tensid zu kontinuierlicher Phase konstant gehalten, führt eine Erhöhung von ϕ zu einer Verringerung der Tensidkonzentration und damit zu einer Erhöhung von γ_{eq}, was zu größeren Tröpfchen führt. Wird das Massenverhältnis von Tensid zu disperser Phase konstant gehalten, kehren sich die oben genannten Veränderungen um.

Allgemeine Schlussfolgerungen können nicht gezogen werden, da mehrere der oben genannten Mechanismen zum Tragen kommen können. Experimente mit einem Hochdruckhomogenisator bei verschiedenen ϕ-Werten und konstantem Ausgangswert m_C (das Regime TI wechselt bei höherem ϕ zu TV) zeigten, dass mit zunehmendem ϕ (> 0,1) der resultierende Tröpfchendurchmesser zunahm und die Abhängigkeit vom Energieverbrauch schwächer wurde. Abbildung 5.18 zeigt einen Vergleich des durchschnittlichen Tröpfchendurchmessers mit dem Energieverbrauch bei verschiedenen Emulgiermaschinen. Es ist zu erkennen, dass die kleinsten Tröpfchendurchmesser bei Verwendung der Hochdruckhomogenisatoren erzielt wurden.

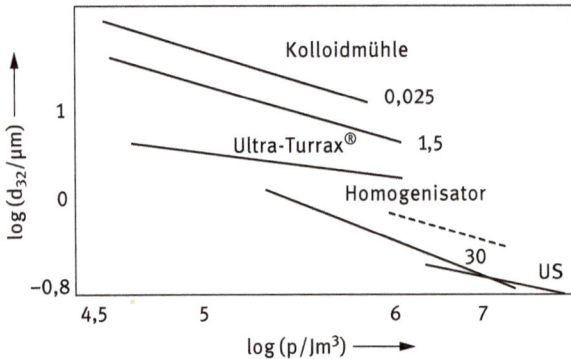

Abb. 5.18: Durchschnittliche Tröpfchendurchmesser in verschiedenen Emulgiermaschinen als Funktion des Energieverbrauchs p. Die Zahlen neben den Kurven bezeichnen das Viskositätsverhältnis λ; die Ergebnisse für den Homogenisator sind für ϕ = 0,04 (durchgezogene Linie) und ϕ = 0,3 (gestrichelte Linie) gezeigt; US bedeutet Ultraschallgenerator.

5.4 Auswahl der Emulgatoren

5.4.1 Das Konzept des hydrophil-lipophilen Gleichgewichts (HLB)

Die Auswahl der verschiedenen Tenside für die Herstellung von O/W- oder W/O-Emulsionen erfolgt häufig noch auf empirischer Basis. Eine halbempirische Skala für die Auswahl von Tensiden ist das von Griffin [17] entwickelte hydrophil-lipophile Gleichgewicht (HLB-Wert; engl. hydrophilic-lipophilic balance). Diese Skala basiert auf dem relativen Anteil hydrophiler zu lipophiler (hydrophober) Gruppen in dem/den Tensidmolekül(en). Bei einem O/W-Emulsionströpfchen befindet sich die hydrophobe Kette in der Ölphase, während sich die hydrophile Kopfgruppe in der wässrigen Phase befindet. Bei einem W/O-Emulsionströpfchen befinden sich die hydrophile(n) Gruppe(n) im Wassertröpfchen, während sich die lipophilen Gruppen in der Kohlenwasserstoffphase befinden.

Tabelle 5.2 gibt einen Leitfaden für die Auswahl von Tensiden für eine bestimmte Anwendung. Der HLB-Wert hängt von der Art des Öls ab. Zur Veranschaulichung sind in Tab. 5.3 die erforderlichen HLB-Werte für die Emulgierung verschiedener Öle angegeben.

Die relative Bedeutung der hydrophilen und lipophilen Gruppen wurde erstmals bei der Verwendung von Tensidmischungen mit unterschiedlichen Anteilen von niedrigen und hohen HLB-Werten erkannt.

Es wurde festgestellt, dass die Effizienz jeder Kombination (gemessen an der Phasentrennung) ein Maximum erreicht, wenn die Mischung einen bestimmten Anteil des Tensids mit dem höheren HLB-Wert enthält. Dies wird in Abb. 5.19 veranschaulicht, die die Veränderung der Emulsionsstabilität, der Tröpfchengröße und der Grenzflächenspannung in Abhängigkeit vom Anteil des Tensids mit hohem HLB-Wert zeigt.

Tab. 5.2: Zusammenfassung der HLB-Bereiche und ihrer Anwendungen.

HLB-Bereich	Anwendung
3–6	W/O-Emulgator
7–9	Benetzungsmittel
8–18	O/W-Emulgator
13–15	Waschmittel
15–18	Lösungsvermittler

Tab. 5.3: Erforderliche HLB-Werte zur Emulgierung verschiedener Öle.

Öl	W/O-Emulsion	O/W-Emulsion
Paraffinöl	4	10
Bienenwachs	5	9
Linolin, wasserfrei	8	12
Cyclohexan	–	15
Toluol	–	15

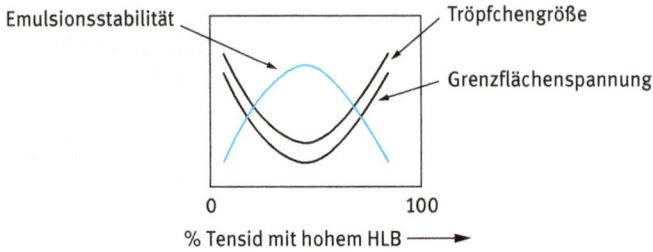

Abb. 5.19: Veränderung der Emulsionsstabilität, der Tröpfchengröße und der Grenzflächenspannung in Abhängigkeit vom Tensidanteil mit hohem HLB-Wert.

Der durchschnittliche HLB-Wert kann aus der Additivität berechnet werden:

$$HLB = x_1 HLB_1 + x_2 HLB_2, \tag{5.26}$$

x_1 und x_2 sind die Gewichtsanteile der beiden Tenside mit HLB_1 und HLB_2.

Griffin entwickelte einfache Gleichungen zur Berechnung des HLB-Werts von relativ einfachen nichtionischen Tensiden. Für einen Polyhydroxyfettsäureester ergibt sich:

$$HLB = 20\left(1 - \frac{S}{A}\right). \tag{5.27}$$

S ist die Verseifungszahl des Esters und A ist die Säurezahl. Für ein Glycerinmonostearat ist S = 161 und A = 198; der HLB-Wert beträgt 3,8 (geeignet für W/O-Emulsion).

Für ein einfaches Alkoholethoxylat kann der HLB-Wert aus den Gewichtsprozenten von Ethylenoxid (E) und mehrwertigem Alkohol (P) berechnet werden:

$$HLB = \frac{E + P}{5}. \tag{5.28}$$

Enthält das Tensid PEO als einzige hydrophile Gruppe, kann der Beitrag der einen OH-Gruppe vernachlässigt werden:

$$HLB = \frac{E}{5}. \tag{5.29}$$

Für ein nichtionisches Tensid $C_{12}H_{25}-O-(CH_2-CH_2-O)_6$ beträgt der HLB-Wert 12 (geeignet für O/W-Emulsion).

Die obigen einfachen Gleichungen können nicht für Tenside verwendet werden, die Propylenoxid oder Butylenoxid enthalten. Sie können auch nicht für ionische Tenside angewendet werden. Davies [18, 19] entwickelte eine Methode zur Berechnung des HLB-Werts für Tenside aus deren chemischen Formeln unter Verwendung empirisch ermittelter Gruppennummern. Eine Gruppennummer wird verschiedenen Komponentengruppen zugewiesen. Eine Zusammenfassung der Gruppennummern für einige Tenside findet sich in Tab. 5.4.

Tab. 5.4: HLB-Gruppennummern.

hydrophil	Gruppennummer
$-SO_4Na^+$	38,7
$-COO^-$	21,2
$-COONa$	19,1
N (tertiäres Amin)	9,4
Ester (Sorbitan-Ring)	6,8
$-O-$	1,3
CH–(Sorbitan-Ring)	0,5
lipophil	
$(-CH-)$, $(-CH_2-)$, CH_3	0,475
abgeleitet	
$-CH_2-CH_2-O$	0,33
$-CH_2-CH_2-CH_2-O-$	-0,15

Der HLB-Wert wird durch die folgende empirische Gleichung bestimmt:

$$HLB = 7 + \sum (\text{hydrophile Gruppennummern}) - \sum (\text{lipophile Gruppennummern}).$$

$$(5.30)$$

Davies hat gezeigt, dass die Übereinstimmung zwischen den nach der obigen Gleichung berechneten HLB-Werten und den experimentell ermittelten Werten recht zufriedenstellend ist.

Es wurden verschiedene andere Verfahren entwickelt, um eine grobe Schätzung des HLB-Werts zu erhalten. Griffin fand eine gute Korrelation zwischen dem Trübungspunkt einer 5%igen Lösung verschiedener ethoxylierter Tenside und ihrem HLB-Wert.

Davies [16, 17] hat versucht, die HLB-Werte mit den selektiven Koaleszenzraten von Emulsionen in Beziehung zu setzen. Solche Korrelationen wurden nicht festgestellt, da sich herausstellte, dass die Stabilität und sogar die Art der Emulsion in hohem Maße von der Methode der Dispergierung des Öls im Wasser abhängt und umgekehrt. Der HLB-Wert kann bestenfalls als Anhaltspunkt für die Auswahl der optimalen Emulgatorzusammensetzung dienen.

Man kann ein beliebiges Paar von Emulgatoren nehmen, die an entgegengesetzten Enden der HLB-Skala liegen, z. B. Tween 80 (Sorbitanmonooleat mit 20 mol EO, HLB = 15) und Span 80 (Sorbitanmonooleat, HLB = 5), und sie in verschiedenen Anteilen verwenden, um einen breiten Bereich von HLB-Werten abzudecken. Die Emulsionen sollten auf die gleiche Weise mit einigen Prozent der emulgierenden Mischung hergestellt werden. Die Stabilität der Emulsionen wird dann bei jedem HLB-Wert anhand der Koaleszenzrate oder qualitativ durch Messung der Ölabscheidungsrate bewertet. Auf diese Weise kann man den optimalen HLB-Wert für ein bestimmtes Öl ermitteln. Nachdem der effektivste HLB-Wert gefunden wurde, werden verschiedene andere Tensidpaare bei diesem HLB-Wert verglichen, um das effektivste Paar zu finden.

5.4.2 Das Konzept der Phaseninversionstemperatur (PIT)

Shinoda und Mitarbeiter [20, 21] fanden heraus, dass viele mit nichtionischen Tensiden stabilisierte O/W-Emulsionen bei einer kritischen Temperatur (PIT) einen Inversionsprozess durchlaufen. Der PIT kann durch Verfolgung der Leitfähigkeit der Emulsion (zur Erhöhung der Empfindlichkeit wird eine kleine Menge Elektrolyt zugegeben) als Funktion der Temperatur bestimmt werden. Die Leitfähigkeit der O/W-Emulsion nimmt mit steigender Temperatur zu, bis der PIT erreicht ist, oberhalb dessen ein rascher Rückgang der Leitfähigkeit eintritt (es bildet sich eine W/O-Emulsion). Shinoda und seine Mitarbeiter fanden heraus, dass der PIT vom HLB-Wert des Tensids beeinflusst wird. Es wurde festgestellt, dass die Größe der Emulsionströpfchen von der Temperatur und den HLB-Werten der Emulgatoren abhängt. Die Tröpfchen sind in der Nähe des PIT weniger koaleszenzstabil. Durch schnelles Abkühlen der Emulsion kann jedoch ein stabiles System erzeugt werden. Relativ stabile O/W-Emulsionen wurden erhalten, wenn der PIT des Systems 20 bis 65 °C höher war als die Lagertemperatur. Emulsionen, die bei einer Temperatur knapp unterhalb des PIT hergestellt und anschließend schnell abgekühlt werden, weisen im Allgemeinen kleinere Tröpfchengrößen auf. Dies wird verständlich, wenn man die Änderung der Grenzflächenspannung mit der Temperatur betrachtet, wie in Abb. 5.20 dargestellt. Die Grenzflächenspannung nimmt mit steigender Temperatur ab und erreicht ein Minimum in der Nähe des PIT, danach steigt sie an.

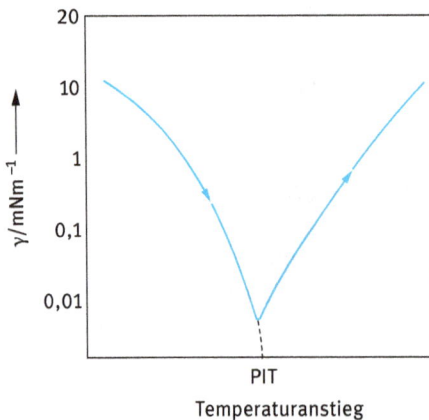

Abb. 5.20: Veränderung der Grenzflächenspannung bei Temperaturerhöhung für eine O/W-Emulsion.

Daher sind die in der Nähe des PIT hergestellten Tröpfchen kleiner als die bei niedrigeren Temperaturen hergestellten. Diese Tröpfchen sind in der Nähe des PIT relativ instabil in Bezug auf Koaleszenz, aber durch schnelles Abkühlen der Emulsion kann man die kleinere Größe beibehalten. Dieses Verfahren kann zur Herstellung von Mikroemulsionen (im Nanobereich) eingesetzt werden.

Es wurde festgestellt, dass die optimale Stabilität der Emulsion relativ unempfindlich auf Änderungen des HLB-Werts oder des PIT des Emulgators reagiert, jedoch sehr empfindlich auf den PIT des Systems.

Es ist daher wichtig, den PIT der Emulsion als Ganzes (mit allen anderen Zutaten) zu messen.

Bei einem gegebenen HLB-Wert nimmt die Stabilität der Emulsionen gegen Koaleszenz deutlich zu, wenn die Molmasse sowohl der hydrophilen als auch der lipophilen Komponenten zunimmt. Die verbesserte Stabilität bei Verwendung von Tensiden mit hohem Molekulargewicht (polymere Tenside) lässt sich durch die sterische Abstoßung erklären, die stabilere Filme erzeugt, die mit makromolekularen Tensiden hergestellt werden und sich nicht verdünnen und aufbrechen, wodurch die Möglichkeit der Koaleszenz verringert wird. Die Emulsionen zeigten maximale Stabilität, wenn die PEO-Ketten eine breite Verteilung aufwiesen. Der Trübungspunkt ist niedriger, aber der PIT ist höher als im entsprechenden Fall mit enger Größenverteilung. Der PIT und der HLB-Wert sind direkt miteinander verbundene Parameter.

Die Zugabe von Elektrolyten verringert den PIT-Wert, so dass ein Emulgator mit einem höheren PIT-Wert erforderlich ist, wenn Emulsionen in Gegenwart von Elektrolyten hergestellt werden. Elektrolyte bewirken eine Dehydratisierung der PEO-Ketten, wodurch sich der Trübungspunkt des nichtionischen Tensids verringert. Dieser Effekt muss durch die Verwendung eines Tensids mit höherem HLB-Wert kompensiert werden. Der optimale PIT-Wert des Emulgators ist festgelegt, wenn die Lagertemperatur fixiert ist.

In Anbetracht der oben genannten Korrelation zwischen PIT und HLB und der möglichen Abhängigkeit der Kinetik der Tropfenkoaleszenz vom HLB-Wert schlugen Sherman und Mitarbeiter die Verwendung von PIT-Messungen als schnelle Methode zur Bewertung der Emulsionsstabilität vor. Bei der Verwendung solcher Methoden zur Bewertung der Langzeitstabilität ist jedoch Vorsicht geboten, da die Korrelationen auf einer sehr begrenzten Anzahl von Tensiden und Ölen beruhten. Die Messung des PIT kann bestenfalls als Leitfaden für die Herstellung stabiler Emulsionen verwendet werden. Die Bewertung der Stabilität sollte durch die Beobachtung der Tröpfchengrößenverteilung als Funktion der Zeit unter Verwendung eines Coulter-Zählers oder von Lichtbeugungstechniken erfolgen. Die Beobachtung der rheologischen Eigenschaften der Emulsion in Abhängigkeit von Zeit und Temperatur kann ebenfalls zur Beurteilung der Koaleszenzstabilität herangezogen werden. Bei der Analyse der rheologischen Ergebnisse ist Vorsicht geboten. Die Koaleszenz führt zu einer Vergrößerung der Tröpfchengröße, worauf in der Regel eine Verringerung der Viskosität der Emulsion folgt. Dieser Trend wird nur beobachtet, wenn die Koaleszenz nicht mit einer Ausflockung der Emulsionstropfen einhergeht.

5.5 Stabilisierung von Emulsionen

5.5.1 Aufrahmung oder Sedimentation und deren Vermeidung

Diese Prozesse sind das Ergebnis der Schwerkraft, wenn die Dichte der Tröpfchen und des Mediums nicht gleich sind. Abbildung 5.1 zeigt ein schematisches Bild für Aufrahmung oder Sedimentation. Bei kleinen Tröpfchen (< 0,1 µm, d. h. Nanoemulsionen), wo die Brownsche Diffusion kT (wobei k die Boltzmann-Konstante und T die absolute Temperatur ist) die Schwerkraft (Masse x Erdbeschleunigung g) übersteigt, kommt es zu keiner Aufrahmung oder Sedimentation. Bei den meisten Emulsionen mit einer Größenverteilung im Bereich von 0,1 bis 5 µm (mit einem Durchschnitt von ≈ 1–2 µm) ist die Schwerkraft jedoch viel größer als die Brownsche Diffusion,

$$kT \ll \frac{4}{3}\pi R^3 \Delta \rho g L, \tag{5.31}$$

wobei R der Tröpfchenradius, $\Delta \rho$ der Dichteunterschied zwischen den Tröpfchen und dem Medium und L die Höhe des Behälters ist. Und in diesem Fall werden die Tröpfchen in unterschiedlichem Maße aufrahmen oder sedimentieren. Im letzteren Fall baut sich ein Konzentrationsgefälle auf, wobei die größeren Tröpfchen oben oder unten in der Rahmschicht verbleiben,

$$C(h) = C_o \exp\left(-\frac{mgh}{kT}\right) \tag{5.32}$$

$$m = \frac{4}{3}\pi R^3 \Delta \rho \, g, \tag{5.33}$$

C(h) ist die Konzentration (oder der Volumenanteil ϕ) der Tröpfchen in der Höhe h, während C_o die Konzentration am oberen oder unteren Rand des Behälters ist.

Für sehr verdünnte Emulsionen ($\phi \leq 0,01$) kann die Geschwindigkeit mit Hilfe des Stokes'schen Gesetzes berechnet werden, das die hydrodynamische Kraft mit der Schwerkraft ausgleicht,

$$v_o = \frac{2}{9}\frac{\Delta \rho g R^2}{\eta_o}, \tag{5.34}$$

dabei ist v_o die Stokes'sche Geschwindigkeit und η_o ist die Viskosität des Mediums.

Für eine O/W-Emulsion mit $\Delta \rho = 0,2$ in Wasser ($\eta_o \approx 10^{-3}$ Pas) beträgt die Aufrahmungs- oder Sedimentationsgeschwindigkeit $\approx 4,4 \times 10^{-5}$ ms^{-1} für 10 µm-Tröpfchen und $\approx 4,4 \times 10^{-7}$ ms^{-1} für 1 µm-Tröpfchen. Das bedeutet, dass in einem 0,1-m-Behälter die Aufrahmung oder Sedimentation der 10-μm-Tröpfchen in ≈ 0,6 Stunden abgeschlossen ist und für die 1-μm-Tröpfchen ≈ 60 Stunden dauert.

Bei mäßig konzentrierten Emulsionen (0,2 > φ > 0,1) muss die hydrodynamische Wechselwirkung zwischen den Tröpfchen berücksichtigt werden, die die Stokes-Geschwindigkeit auf einen Wert v reduziert, der durch den folgenden Ausdruck gegeben ist,

$$v = v_0(1 - k\phi),$$ (5.35)

wobei k eine Konstante ist, die die hydrodynamische Wechselwirkung berücksichtigt. k liegt in der Größenordnung von 6,5, was bedeutet, dass die Aufrahmungs- oder Sedimentationsrate um etwa 65 % reduziert wird.

Bei konzentrierteren Emulsionen (φ > 0,2) wird die Aufrahmungs- oder Sedimentationsrate zu einer komplexen Funktion von φ. v nimmt mit zunehmendem φ ab und nähert sich schließlich null, wenn φ einen kritischen Wert ϕ_p überschreitet, der den so genannten „maximalen Packungsanteil" darstellt. Der Wert von ϕ_p für monodisperse „Hartkugeln" reicht von 0,64 (für zufällige Packung) bis 0,74 für hexagonale Packung. Der Wert von ϕ_p übersteigt 0,74 für polydisperse Systeme. Auch für Emulsionen, die verformbar sind, kann ϕ_p viel größer als 0,74 sein. Wenn φ sich ϕ_p nähert, nähert sich die relative Viskosität η_r unendlich. In der Praxis werden die meisten Emulsionen mit φ-Werten hergestellt, die weit unter ϕ_p liegen (gewöhnlich im Bereich von 0,2 bis 0,5) und unter diesen Bedingungen ist Aufrahmung oder Sedimentation eher die Regel als die Ausnahme.

Zur Verringerung oder Beseitigung von Aufrahmung oder Sedimentation können verschiedene Verfahren angewendet werden, die im Folgenden erläutert werden.

(1) Übereinstimmung der Dichte der Öl-Phase und der wässrigen Phase
Wenn Δρ = 0 ist, ist v = 0. Diese Methode ist jedoch nur selten praktikabel. Eine Dichteanpassung kann, wenn überhaupt, nur bei einer Temperatur stattfinden.

(2) Verringerung der Tröpfchengröße
Da die Schwerkraft proportional zu R^3 ist, verringert sich die Schwerkraft um den Faktor 10, wenn R um den Faktor 1000 verringert wird. Unterhalb einer bestimmten Tröpfchengröße (die auch vom Dichteunterschied zwischen Öl und Wasser abhängt) kann dic Brownsche Diffusion die Schwerkraft übersteigen und ein Aufrahmen oder Sedimentieren wird verhindert. Dies ist das Prinzip der Formulierung von Nanoemulsionen (mit einer Größe von 50 bis 200 nm), die nur sehr wenig oder gar keine Aufrahmung oder Sedimentation aufweisen. Das Gleiche gilt für Mikroemulsionen (Größenbereich 5 bis 50 nm)

(3) Verwendung von „Verdickungsmitteln"
Dabei handelt es sich um natürliche oder synthetische Polymere mit hohem Molekulargewicht wie Xanthan, Hydroxyethylcellulose, Alginate, Carrageene usw. Diese

„Verdickungsmittel" haben eine sehr hohe Viskosität bei niedrigen Spannungen oder Schergeschwindigkeiten (als Restviskosität oder Null-Scher-Viskosität η(o) bezeichnet) oberhalb einer kritischen Polymerkonzentration (C*), die anhand von Diagrammen von log η gegen log C ermittelt werden kann. In den meisten Fällen ergibt sich eine gute Korrelation zwischen der Aufrahmungs- oder Sedimentationsgeschwindigkeit und η(o).

5.5.2 Ausflockung von Emulsionen und ihre Verhinderung

Wie bereits erwähnt, ist die Ausflockung das Ergebnis der Van-der-Waals-Anziehung, die für alle dispersen Systeme universell ist. Die Van-der-Waals-Anziehung kann durch elektrostatische Stabilisierung mit ionischen Tensiden überwunden werden, was zur Bildung elektrischer Doppelschichten führt, die eine Abstoßungsenergie einbringen, die die Anziehungsenergie überwindet. Durch elektrostatische Abstoßung stabilisierte Emulsionen werden bei mittleren Elektrolytkonzentrationen ausgeflockt. Die zweite und wirksamste Methode zur Überwindung der Ausflockung ist die „sterische Stabilisierung" durch nichtionische Tenside oder Polymere. Die Stabilität kann in Elektrolytlösungen (je nach Art des Elektrolyten bis zu 1 mol dm^{-3}) und bis zu hohen Temperaturen (über 50 °C) aufrechterhalten werden, sofern die stabilisierenden Ketten (z. B. PEO) noch in einem Zustand besser als θ sind ($\chi < 0{,}5$).

5.5.3 Ostwald-Reifung und ihre Verringerung

Die treibende Kraft für die Ostwald-Reifung ist der Unterschied in der Löslichkeit zwischen den kleinen und großen Tropfen (die kleineren Tropfen haben einen höheren Laplace-Druck und eine höhere Löslichkeit als die größeren). Der Unterschied im chemischen Potenzial zwischen unterschiedlich großen Tröpfchen wurde von Lord Kelvin beschrieben [22]:

$$S(r) = S(\infty) \exp\left(\frac{2\gamma V_m}{rRT}\right),$$
(5.36)

wobei S(r) die Löslichkeit in der Umgebung eines Teilchens mit dem Radius r ist, S(∞) die Löslichkeit in der Gesamtlösung, V_m das molare Volumen der dispergierten Phase, R die Gaskonstante und T die absolute Temperatur. Die Größe ($2\gamma V_m/rRT$) wird als charakteristische Länge bezeichnet. Sie hat eine Größenordnung von ≈ 1 nm oder weniger, was bedeutet, dass der Unterschied in der Löslichkeit eines 1 µm großen Tropfens in der Größenordnung von 0,1 % oder weniger liegt. Theoretisch sollte die Ostwald-Reifung zur Kondensation aller Tröpfchen zu einem einzigen Tropfen führen. In der Praxis kommt dies nicht vor, da die Wachstumsrate mit zunehmender Tropfengröße abnimmt.

Für zwei Tröpfchen mit den Radien r_1 und r_2 ($r_1 < r_2$) gilt:

$$\frac{RT}{V_m} \ln\left[\frac{S(r_1)}{S(r_2)}\right] = 2\gamma \left[\frac{1}{r_1} - \frac{1}{r_2}\right]. \tag{5.37}$$

Gleichung (5.37) zeigt, dass die Rate der Ostwald-Reifung umso höher ist, je größer die Differenz zwischen r_1 und r_2 ist. Die Ostwald-Reifung kann anhand von Diagrammen des Kubus des Radius gegen die Zeit t quantitativ bewertet werden [23–25]:

$$r^3 = \frac{8}{9} \left[\frac{S(\infty)\,\gamma\,V_m\,D}{\rho\,RT}\right] t, \tag{5.38}$$

D ist der Diffusionskoeffizient der dispersen Phase in der kontinuierlichen Phase.

Zur Verringerung der Ostwald-Reifung können mehrere Methoden angewandt werden:

(1) Zugabe einer zweiten Komponente der dispersen Phase, die im kontinuierlichen Medium unlöslich ist (z. B. Squalan) [26]. In diesem Fall findet eine Aufteilung zwischen verschiedenen Tröpfchengrößen statt, wobei die Komponente mit geringer Löslichkeit in den kleineren Tröpfchen konzentriert sein dürfte. Während der Ostwald-Reifung in einem Zweikomponentensystem stellt sich ein Gleichgewicht ein, wenn der Unterschied im chemischen Potenzial zwischen unterschiedlich großen Tröpfchen (der sich aus Krümmungseffekten ergibt) durch den Unterschied im chemischen Potenzial ausgeglichen wird, der sich aus der Aufteilung der beiden Komponenten ergibt. Dieser Effekt reduziert das weitere Wachstum der Tropfen.

(2) Modifizierung des Grenzflächenfilms an der O/W-Grenzfläche. Nach Gleichung (5.38) führt eine Verringerung von γ zu einer Verringerung der Ostwald-Reifungsrate. Durch die Verwendung von Tensiden, die an der O/W-Grenzfläche stark adsorbiert werden (z. B. polymere Tenside) und die während der Reifung nicht desorbieren (durch Wahl eines in der kontinuierlichen Phase unlöslichen Moleküls), könnte die Rate erheblich verringert werden [27]. Für den schrumpfenden Tropfen würde eine Zunahme des Oberflächendilatationsmoduls ε (= dγ/dlnA) und eine Abnahme von γ beobachtet werden, was das weitere Wachstum tendenziell verringert.

A-B-A-Blockcopolymere wie PHS-PEO-PHS (das in den Öltröpfchen löslich, aber in Wasser unlöslich ist) können verwendet werden, um den oben genannten Effekt zu erzielen. Dieser polymere Emulgator erhöht die Gibbs-Elastizität und bewirkt eine Verringerung von γ auf sehr niedrige Werte.

5.5.4 Emulsionskoaleszenz und ihre Verhinderung

Wenn zwei Emulsionstropfen in einer Flocken- oder Rahmschicht oder während der Brownschen Diffusion in engen Kontakt kommen, kann es zu einer Verdünnung und Unterbrechung des Flüssigkeitsfilms kommen, die schließlich zum Reißen führt. Bei Annäherung der Tröpfchen kann es zu Schwankungen der Filmdicke kommen. Oder die Flüssigkeitsoberflächen unterliegen gewissen Fluktuationen, die Oberflächenwellen bilden. Die Oberflächenwellen können an Amplitude zunehmen, und die Spitzen können sich aufgrund der starken Van-der-Waals-Anziehung verbinden (an der Spitze ist die Filmdicke am geringsten). Das Gleiche gilt, wenn der Film auf einen kleinen Wert (kritische Dicke für die Koaleszenz) reduziert wird.

Ein sehr nützliches Konzept wurde von Deryaguin [28] eingeführt, der vorschlug, dass im Film ein „Trennungsdruck" $\pi(h)$ entsteht, der den überschüssigen Normaldruck ausgleicht:

$$\pi(h) = P(h) - P_0, \tag{5.39}$$

wobei $P(h)$ der Druck eines Films mit der Dicke h und P_0 der Druck eines ausreichend dicken Films ist, so dass die freie Nettowechselwirkungsenergie gleich null ist.

$\pi(h)$ kann mit der Nettokraft (oder Energie) pro Flächeneinheit gleichgesetzt werden, die auf den Film wirkt:

$$\pi(h) = -\frac{dG_T}{dh}, \tag{5.40}$$

wobei G_T die gesamte Wechselwirkungsenergie im Film ist.

$\pi(h)$ setzt sich aus drei Beiträgen zusammen, die auf elektrostatische Abstoßung (π_E), sterische Abstoßung (π_s) und Van-der-Waals-Anziehung (π_A) zurückzuführen sind:

$$\pi(h) = \pi_E + \pi_S + \pi_A. \tag{5.41}$$

Um einen stabilen Film zu erzeugen, ist $\pi_E + \pi_s > \pi_A$. Dies ist die treibende Kraft für die Verhinderung der Koaleszenz, die durch zwei Mechanismen und deren Kombination erreicht werden kann: (1) Verstärkte elektrostatische und sterische Abstoßung. (2) Dämpfung der Fluktuation durch Erhöhung der Gibbs-Elastizität. Im Allgemeinen sind kleinere Tröpfchen weniger anfällig für Oberflächenfluktuationen, so dass die Koaleszenz geringer ist. Dies erklärt die hohe Stabilität von Nanoemulsionen.

Um die oben genannten Effekte zu erzielen, können mehrere Methoden angewandt werden:

(1) Verwendung von gemischten Tensidfilmen
In vielen Fällen kann die Verwendung gemischter Tenside, z. B. anionischer und nichtionischer Tenside oder langkettiger Alkohole, die Koaleszenz aufgrund mehrerer Effekte verringern: hohe Gibbssche Elastizität, hohe Oberflächenviskosität, behinderte Diffusion von Tensidmolekülen aus dem Film.

(2) Bildung von lamellaren flüssigkristallinen Phasen an der O/W-Grenzfläche.
Dieser Mechanismus wurde von Friberg und Mitarbeitern [29] vorgeschlagen, die davon ausgingen, dass Tensidfilme oder gemischte Tensidfilme mehrere Doppelschichten bilden können, die die Tröpfchen „umhüllen". Infolge dieser mehrschichtigen Strukturen verschiebt sich der Potenzialabfall auf größere Entfernungen, wodurch die Van-der-Waals-Anziehung verringert wird. Damit es zur Koaleszenz kommt, müssen diese Mehrfachschichten „paarweise" entfernt werden, was eine Energiebarriere darstellt, die die Koaleszenz verhindert.

Literatur

[1] Th. F. Tadros and B. Vincent, in „Encyclopedia of Emulsion Technology", P. Becher (ed.), Marcel Dekker, N. Y. (1983).

[2] B. P. Binks (ed.) „Modern Aspects of Emulsion Science", The Royal Society of Chemistry Publication (1998).

[3] Th. F. Tadros, „Applied Surfactants" Wiley-VCH, Deutschland (2005).

[4] H. C. Hamaker, Physica (Utrecht) 4, 1058 (1937).

[5] B. V. Deryaguin and L. Landua, Acta Physicochem. USSR 14, 633 (1941).

[6] E. J. W. Verwey and J. Th. G. Overbeek, „Theory of Stability of Lyophobic Colloids", Elsevier, Amsterdam (1948).

[7] D. H. Napper, „Polymeric Stabilisation of Dispersions", Academic Press, London (1983).

[8] H. A. Stone, Ann. Rev. Fluid Mech., 226, 95 (1994).

[9] J. A. Wierenga, F. ven Dieren, J. J. M. Janssen and W. G. M. Agterof, Trans. Inst. Chem. Eng., 74-A, 554 (1996).

[10] V. G. Levich, „Physicochemical Hydrodynamics", Prentice-Hall, Englewood Cliffs (1962).

[11] J. T. Davis, „Turbulent Phenomena", Academic Press, London (1972).

[12] E. H. Lucassen-Reynders, in „Encyclopedia of Emulsion Technology", P. Becher (ed.) Marcel Dekker, N. Y. (1996).

[13] D. E. Graham and M. C. Phillips, J. Colloid Interface Sci., 70, 415 (1979).

[14] E. H. Lucassen-Reynders, Colloids and Surfaces, A91, 79 (1994).

[15] J. Lucassen, in „Anionic Surfactants", E. H. Lucassen-Reynders (ed.) Marcel Dekker, N. Y. (1981).

[16] M. van den Tempel, Proc. Int. Congr. Surf. Act., 2, 573 (1960).

[17] W. C. Griffin, J. Cosmet. Chemists, 1, 311 (1949); 5, 249 (1954).

[18] J. T. Davies, Proc. Int. Congr. Surface Activity, Vol. 1, S. 426 (1959).

[19] J. T. Davies and E. K. Rideal, „Interfacial Phenomena", Academic Press, N. Y. (1961).

[20] K. Shinoda, J. Colloid Interface Sci. 25, 396 (1967).

[21] K. Shinoda and H. Saito, J. Colloid Interface Sci., 30, 258 (1969).

[22] W. Thompson (Lord Kelvin), Phil. Mag., 42, 448 (1871).

[23] A. S. Kabalanov and E. D. Shchukin, Adv. Colloid Interface Sci., 38, 69 (1992); A. S. Kabalanov, Langmuir, 10, 680 (1994).

[24] I. M. Lifshitz and V. V. Slesov, Sov. Phys. JETP, 35, 331 (1959).

[25] C. Wagner, Z. Electrochem. 35, 581 (1961).

[26] W. I. Higuchi and J. Misra, J. Pharm. Sci., 51, 459 (1962).

[27] P. Walstra, in „Encyclopedia of Emulsion Technology", Vol. 4, P. Becher (ed.) Marcel Dekker, N. Y. (1996).

[28] B. V. Deryaguin and R. L. Scherbaker, Kolloid Zh., 23, 33 (1961).

[29] S. Friberg, P. O. Jansson and E. Cederberg, J. Colloid Interface Sci., 55, 614 (1976).

6 Tenside als Dispersionsmittel und zur Stabilisierung von Suspensionen

6.1 Einführung

Zur Dispersion von Pulvern in Flüssigkeiten und zur Stabilisierung von Suspensionen ist der Zusatz von Tensiden erforderlich. Das Gleiche gilt für die Herstellung von Suspensionen durch Kondensationsverfahren ausgehend von molekularen Einheiten. Aus diesen Gründen finden Tenside in fast allen industriellen Zubereitungen Anwendung, z. B. in Farben, Farbstoffen, Papierbeschichtungen, Druckfarben, Agrochemikalien, Arzneimitteln, Kosmetika, Lebensmitteln, Reinigungsmitteln, Keramiken usw. Bei der Herstellung von Suspensionen aus vorgefertigten Materialien, die als Pulver geliefert werden, sind Tenside wesentliche Bestandteile, und das Endprodukt wird durch die Art und Menge des zugesetzten Tensids bestimmt. Das Pulver kann hydrophob sein (z. B. organische Pigmente, Agrochemikalien, Keramikpulver) oder hydrophil (z. B. Siliziumdioxid, Titandioxid, Tonminerale). Die Flüssigkeit kann wässrig oder nicht-wässrig sein. Die Rolle der Tenside beim Dispergieren von Feststoffen in Flüssigkeiten lässt sich anhand ihrer Anreicherung an der Fest/flüssig-Grenzfläche nachvollziehen. Dies wurde in Kapitel 4 ausführlich beschrieben. Es ist wichtig, den Dispersionsprozess auf einer grundlegenden Ebene zu verstehen: "Dispersion ist ein Prozess, bei dem Aggregate und Agglomerate von Pulvern in „einzelne" Einheiten dispergiert werden, gewöhnlich gefolgt von einem Nassmahlprozess (um die Partikel in kleinere Einheiten zu unterteilen) und einer Stabilisierung der resultierenden Dispersion gegen Aggregation und Sedimentation" [1, 2].

In diesem Kapitel beschreibe ich die Rolle von Tensiden bei der Herstellung von Fest/flüssig-Dispersionen (Suspensionen). Die Stabilisierung von Suspensionen durch Tenside sowohl auf elektrostatischem als auch auf chemischem Wege wird kurz beschrieben.

6.2 Die Rolle von Tensiden bei der Herstellung von fest/flüssig-Dispersionen (Suspensionen)

Es gibt zwei Hauptverfahren für die Herstellung von Fest/flüssig-Dispersionen. Das erste beruht auf dem „Aufbau" von Partikeln aus molekularen Einheiten, d. h. der sogenannten Kondensationsmethode, die zwei Hauptprozesse umfasst, nämlich Keimbildung und Wachstum. In diesem Fall muss zunächst eine molekulare (ionische, atomare oder molekulare) Verteilung der unlöslichen Stoffe hergestellt werden; dann wird durch Änderung der Bedingungen eine Ausfällung bewirkt, die zur Bildung von Keimen führt, die zu den betreffenden Teilchen heranwachsen. Beim zweiten Verfahren, das üblicherweise als Dispersionsverfahren bezeichnet wird, werden größere

https://doi.org/10.1515/9783110798579-006

„Klumpen" der unlöslichen Stoffe durch mechanische oder andere Mittel in kleinere Einheiten zerlegt. Die Rolle der Tenside bei der Herstellung von Suspensionen nach diesen beiden Verfahren wird gesondert beschrieben.

6.2.1 Die Rolle von Tensiden bei Kondensationsverfahren – Keimbildung und Wachstum

Um die Rolle der Tenside bei den Kondensationsverfahren zu verstehen, ist es wichtig, die wichtigsten beteiligten Prozesse zu betrachten, nämlich Keimbildung und Wachstum. Keimbildung ist der spontane Prozess der Entstehung einer neuen Phase aus einer metastabilen (übersättigten) Lösung des betreffenden Materials [3]. In der Anfangsphase der Keimbildung bilden sich kleine Kerne, bei denen das Verhältnis von Oberfläche zu Volumen sehr groß ist, so dass die spezifische Oberflächenenergie eine große Rolle spielt. Mit zunehmender Größe der Keime wird das Verhältnis kleiner und schließlich entstehen große Kristalle, wobei die spezifische Oberflächenenergie eine immer geringere Rolle spielt. Wie wir später noch sehen werden, kann die Zugabe von Tensiden dazu verwendet werden, den Prozess der Keimbildung und die Größe des entstehenden Kerns zu steuern.

Nach Gibbs [4] und Volmer [5] ist die freie Bildungsenergie eines kugelförmigen Kerns, ΔG, durch die Summe von zwei Beiträgen gegeben: ein positiver Term der Oberflächenenergie ΔG_s, der mit zunehmendem Radius des Kerns r zunimmt, und ein negativer Beitrag ΔG_v aufgrund des Auftretens einer neuen Phase, der ebenfalls mit zunehmendem r zunimmt:

$$\Delta G = \Delta G_s + \Delta G_v, \tag{6.1}$$

ΔG_s ergibt sich aus dem Produkt der Kernfläche und der spezifischen Oberflächenenergie (Grenzflächenspannung fest/flüssig) σ; ΔG_v hängt mit der relativen Übersättigung zusammen (S/S_o):

$$\Delta G = 4\pi\, r^2\, \sigma - \left(\frac{4\pi\, r^3\, \rho}{3M}\right) RT\, \ln\left(\frac{S}{S_o}\right), \tag{6.2}$$

wobei ρ die Dichte ist, R ist die Gaskonstante und T ist die absolute Temperatur.

In der Anfangsphase der Keimbildung steigt ΔG_s im Vergleich zu ΔG_v mit zunehmendem r schneller an, und ΔG bleibt positiv und erreicht ein Maximum bei einem kritischen Radius r^*, wonach es abnimmt und schließlich negativ wird. Dies geschieht, weil der zweite Term in Gleichung (6.2) mit zunehmendem r schneller ansteigt als der erste Term (r^3 gegenüber r^2). Wenn ΔG negativ wird, wird das Wachstum spontan und der Cluster wächst sehr schnell. Dies wird in Abb. 6.1 veranschaulicht. Diese Abbildung zeigt die kritische Größe des Kerns r^*, ab der das Wachstum spontan wird. Das Maximum der freien Energie ΔG^* am kritischen Radius stellt die Barriere dar, die überwunden werden muss, bevor das Wachstum spontan wird. Sowohl r^* als auch

ΔG* lassen sich durch Differenzieren von Gleichung (6.2) nach r und Gleichsetzen des Ergebnisses mit null ermitteln. Daraus ergeben sich die folgenden Ausdrücke:

$$r^* = \frac{2\sigma M}{\rho\, RT \ln(S/S_0)},\tag{6.3}$$

$$\Delta G^* = \frac{16}{3}\frac{\pi\sigma^3 M^2}{(\rho\, RT)^2[(\ln(S/S_0)]^2}.\tag{6.4}$$

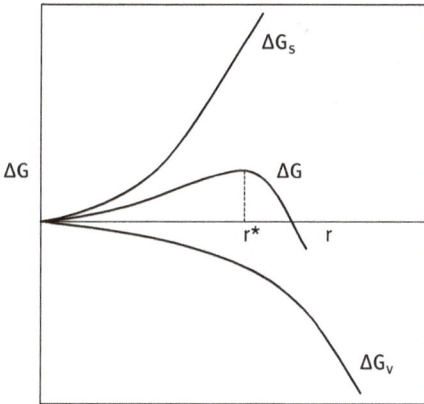

Abb. 6.1: Veränderung der freien Bildungsenergie eines Kerns mit dem Radius.

Aus den Gleichungen (6.1) bis (6.4) geht hervor, dass die freie Bildungsenergie eines Kerns und der kritische Radius r^*, oberhalb dessen die Clusterbildung spontan erfolgt, von zwei Hauptparametern abhängt: σ und (S/S_0), die beide durch die Anwesenheit von Tensiden beeinflusst werden. σ wird direkt durch die Adsorption von Tensiden an der Oberfläche des Kerns beeinflusst; diese Adsorption senkt σ und damit r^* und ΔG^*. Mit anderen Worten: Die spontane Bildung von Clustern erfolgt bei einem kleineren kritischen Radius. Darüber hinaus stabilisiert die Adsorption von Tensiden die Kerne gegen eine Ausflockung. Das Vorhandensein von Mizellen in der Lösung wirkt sich ebenfalls direkt und indirekt auf den Prozess der Keimbildung und des Wachstums aus. Die Mizellen können als „Keime" fungieren, auf denen das Wachstum stattfinden kann. Darüber hinaus können die Mizellen die Moleküle des Materials auflösen und so die relative Übersättigung beeinflussen, was sich wiederum auf die Keimbildung und das Wachstum auswirken kann.

6.2.2 Emulsionspolymerisation

Bei der Emulsionspolymerisation wird das Monomer, z. B. Styrol oder Methylmethacrylat, das in der kontinuierlichen Phase unlöslich ist, mit Hilfe eines Tensids emulgiert, das an der Grenzfläche zwischen Monomer und Wasser adsorbiert [6]. Die Mizellen des Tensids in der Gesamtlösung lösen einen Teil des Monomers auf. Ein wasserlöslicher Initiator wie Kaliumpersulfat $K_2S_2O_8$ wird hinzugefügt, der sich in der wässrigen Phase zersetzt und freie Radikale bildet, die mit den Monomeren interagieren und oligomere Ketten bilden. Lange Zeit wurde angenommen, dass die Keimbildung in den „monomer-gequollenen Mizellen" stattfindet. Dieser Mechanismus wurde damit begründet, dass die Reaktionsgeschwindigkeit oberhalb der kritischen Mizellbildungskonzentration stark ansteigt und dass die Anzahl der gebildeten Partikel und ihre Größe in hohem Maße von der Art des Tensids und seiner Konzentration (die die Anzahl der gebildeten Mizellen bestimmt) abhängen. Später wurde dieser Mechanismus jedoch in Frage gestellt und es wurde behauptet, dass das Vorhandensein von Mizellen bedeutet, dass ein Überschuss an Tensid vorhanden ist und die Moleküle leicht zu jeder Grenzfläche diffundieren.

Die am meisten akzeptierte Theorie für den Ablauf der Emulsionspolymerisation wird als Theorie der koagulativen Keimbildung bezeichnet [7, 8]. Ein zweistufiges Modell der koagulativen Keimbildung wurde von Napper und Mitarbeitern vorgeschlagen [7, 8]. Bei diesem Prozess wachsen die Oligomere durch Ausbreitung, gefolgt von einem Abbruchprozess in der kontinuierlichen Phase. Es entsteht eine zufällige Anordnung, die im Medium unlöslich ist und ein Vorläuferoligomer am θ-Punkt erzeugt. Die Vorläuferpartikel wachsen anschließend hauptsächlich durch Koagulation zu echten Dispersionspartikeln. Ein gewisses Wachstum kann auch durch weitere Polymerisation erfolgen. Die kolloidale Instabilität der Vorläuferpartikel kann durch ihre geringe Größe bedingt sein, und die langsame Polymerisationsgeschwindigkeit kann auf eine verminderte Quellung der Partikel durch das hydrophile Monomer zurückzuführen sein [7, 8]. Die Rolle der Tenside in diesen Prozessen ist von entscheidender Bedeutung, da sie die Stabilisierungseffizienz bestimmen und die Wirksamkeit des oberflächenaktiven Mittels letztlich die Anzahl der gebildeten Partikel bestimmt. Dies wurde durch die Verwendung von Tensiden unterschiedlicher Art bestätigt. Die Wirksamkeit eines jeden Tensids bei der Stabilisierung der Partikel war der dominierende Faktor, und die Anzahl der gebildeten Mizellen war relativ unbedeutend.

Nach der Theorie von Smith und Ewart [9] über die Kinetik der Emulsionspolymerisation ist die Ausbreitungsgeschwindigkeit R_p mit der Anzahl der bei einer Reaktion gebildeten Teilchen N durch die folgende Gleichung verbunden:

$$-\frac{d[M]}{dt} = R_p\,k_p\,N\,n_{av}[M], \tag{6.5}$$

wobei [M] die Monomerkonzentration in den Partikeln, k_p die Ausbreitungsgeschwindigkeitskonstante und n_{av} die durchschnittliche Anzahl der Radikale pro Partikel ist.

Nach Gleichung (6.5) stehen die Polymerisationsgeschwindigkeit und die Anzahl der Teilchen in direktem Zusammenhang, d. h. eine Erhöhung der Anzahl der Teilchen führt zu einer Erhöhung der Geschwindigkeit. Dies wurde für viele Polymerisationen festgestellt, obwohl es hier einige Ausnahmen gibt. Die Anzahl der Partikel ist durch die folgende Gleichung mit der Tensidkonzentration [S] verbunden [8]:

$$N \approx [S]^{3/5}. \tag{6.6}$$

Unter Verwendung des Modells der koagulativen Keimbildung stellten Napper et al. [7, 8] fest, dass die endgültige Partikelzahl mit steigender Tensidkonzentration mit einem monoton abnehmenden Exponenten zunimmt. Die Steigung von $d(\log N_c)/d$ (logt) schwankt zwischen 0,4 und 1,2. Bei einer hohen Tensidkonzentration ist die Keimbildung von langer Dauer, da die neuen Vorläuferpartikel leicht stabilisiert werden. Infolgedessen werden mehr Dispersionspartikel gebildet, die schließlich die sehr kleinen Vorläuferpartikel nach langer Zeit überwiegen werden. Die Zusammenstöße zwischen Vorläufer und Teilchen werden häufiger und es werden weniger Dispersionsteilchen gebildet. Der Wert dN_c/dt geht gegen null, und bei langen Zeiten bleibt die Anzahl der Dispersionspartikel konstant. Dies zeigt die Unzulänglichkeit der Smith-Ewart-Theorie, die einen konstanten Exponenten (3/5) für alle Tensidkonzentrationen vorhersagt. Aus diesem Grund wurde der Mechanismus der koagulativen Keimbildung als die wahrscheinlichste Theorie für die Emulsionspolymerisation akzeptiert. In allen Fällen ist die Art und Konzentration des verwendeten Tensids von entscheidender Bedeutung, was bei der industriellen Herstellung von Dispersionssystemen sehr wichtig ist.

Die meisten Berichte über die Emulsionspolymerisation beschränken sich auf handelsübliche Tenside, bei denen es sich in vielen Fällen um relativ einfache Moleküle wie Natriumdodecylsulfat und einfache nichtionische Tenside handelt. Studien über die Auswirkungen der Tensidstruktur auf die Dispersionsbildung haben jedoch gezeigt, wie wichtig die Struktur des Moleküls ist. Es wird erwartet, dass Block- und Pfropfcopolymere (polymere Tenside) im Vergleich zu einfachen Tensiden bessere Stabilisatoren sind. Studien zur Styrolpolymerisation unter Verwendung eines A-B-Blocks aus Polystyrol mit Polyethylenoxid (PS-PEO) mit verschiedenen Verhältnissen des Molekulargewichts der beiden Blöcke zeigten, dass eine optimale Zusammensetzung erforderlich ist [10]. Für eine effiziente Verankerung an den Dispersionspartikeln muss die Blocklänge nicht mehr als 10 Einheiten betragen, und der PEO-Block mit einem Molekulargewicht von 3000 war ausreichend, um die Partikel zu stabilisieren. Die Ergebnisse zeigten auch, dass die Verwendung eines Stabilisators mit einem höheren Molekulargewicht kontraproduktiv sein könnte.

6.2.3 Dispersionspolymerisation

In diesem Fall ist das Reaktionsgemisch aus Monomer, Initiator und Lösungsmittel (wässrig oder nichtwässrig) für beides in der Regel homogen, aber mit fortschreitender Polymerisation trennt sich das Polymer ab und die Reaktion wird homogen fortgesetzt [11]. Ein Dispergiermittel wird hinzugefügt, um die einmal gebildeten Partikel zu stabilisieren.

Der oben beschriebene Mechanismus für die Herstellung von Polymerpartikeln wird in der Regel für die Herstellung von nichtwässrigen Dispersionen (Dispersionspartikel, die in einem nichtwässrigen Medium dispergiert sind) angewandt, die als nichtwässrige Dispersionspolymerisation (NAD; engl. non-aqueous dispersion) bezeichnet werden. Wie bereits erwähnt, sind die beiden Hauptkriterien für diese Art der Polymerisation die Unlöslichkeit des gebildeten Polymers in der kontinuierlichen Phase und die Löslichkeit des Monomers und des Initiators im Dispersionsmedium. Zunächst beginnt die Polymerisation als homogenes System, aber nachdem die Polymerisation bis zu einem gewissen Grad fortgeschritten ist, führt die Unlöslichkeit der gebildeten Polymerketten zu deren Ausfällung. Man kann sich den Prozess so vorstellen, dass er mit der Bildung von Polymerketten durch freie Radikale beginnt, gefolgt von der Bildung von Keimen, die dann zu Polymerpartikeln heranwachsen.

Bei der Herstellung von nichtwässrigen Dispersionen wurde als kontinuierliches Medium früher ein Kohlenwasserstoff-Lösungsmittel gewählt. Später wurden jedoch auch gemischte Lösungsmittel mit polaren Komponenten verwendet. In der Tat wurde das Verfahren der Dispersionspolymerisation in vielen Fällen mit vollständig polaren Lösungsmitteln wie Alkohol oder Alkohol-Wasser-Gemischen durchgeführt [11].

Der Mechanismus der Dispersionspolymerisation wurde in dem von Barrett herausgegebenen Buch [11] ausführlich erörtert. Ein deutlicher Unterschied zwischen der Emulsions- und der Dispersionspolymerisation kann in Bezug auf die Reaktionsgeschwindigkeit gesehen werden. Wie bereits erwähnt, hängt bei der Emulsionspolymerisation die Reaktionsgeschwindigkeit von der Anzahl der gebildeten Teilchen ab. Bei der Dispersionspolymerisation hingegen ist die Reaktionsgeschwindigkeit unabhängig von der Anzahl der gebildeten Teilchen. Dies ist zu erwarten, da im letzteren Fall die Polymerisation zunächst in der kontinuierlichen Phase stattfindet, in der sowohl Monomer als auch Initiator löslich sind, und die Fortsetzung der Polymerisation nach der Ausfällung fraglich ist. Obwohl bei der Emulsionspolymerisation die anfängliche Reaktion zur Initiierung des Monomers ebenfalls im kontinuierlichen Medium stattfindet, quellen die gebildeten Partikel mit dem Monomer und die Polymerisation kann in diesen Partikeln fortgesetzt werden. Ein Vergleich der Reaktionsgeschwindigkeit bei der Dispersions- und der Emulsionspolymerisation ergab eine wesentlich schnellere Geschwindigkeit für das erstere Verfahren [11].

Wie bereits erwähnt, benötigt man zur Verhinderung der Aggregation der gebildeten Polymerpartikel ein Dispergiermittel (polymeres Tensid), das eine Reihe von Kriterien erfüllen muss. Die wirksamsten Dispergiermittel sind solche vom Block-Typ (A-B oder A-B-A) oder vom Pfropf-Typ (BA$_n$). Die B-Kette wird so gewählt, dass sie im Medium unlöslich ist und eine hohe Affinität zur Oberfläche der Polymerpartikel aufweist (oder in die Matrix eingebaut wird). Sie wird gewöhnlich als „Ankerkette" bezeichnet. Die A-Kette(n) wird/werden so gewählt, dass sie in dem Medium gut löslich ist/sind und stark mit den Molekülen des Mediums solvatisiert ist/sind. Die Solvatisierung der Kette und ihre Löslichkeit (in einem guten Lösungsmittel für A) wird durch den Flory-Huggins-Wechselwirkungsparameter χ beschrieben, der in einem guten Lösungsmittel $< 0,5$ ist, um eine wirksame sterische Stabilisierung zu gewährleisten.

Die Art und Konzentration des Stabilisators bestimmt die Anzahl der bei der Dispersionspolymerisation gebildeten Partikel. Im Allgemeinen steigt mit zunehmender Dispergiermittelkonzentration die Anzahl der gebildeten Partikel (bei gleichem Monomergehalt), d. h. es werden kleinere Dispersionspartikel hergestellt. Dies ist nicht überraschend, da kleinere Partikel eine größere Oberfläche haben und dies eine höhere Dispergiermittelkonzentration erfordert.

Es wird davon ausgegangen, dass die Partikel bei der Dispersionspolymerisation in zwei Hauptschritten gebildet werden [10]: (1) Initiierung des Monomers in der kontinuierlichen Phase und anschließendes Wachstum der oligomeren Ketten bis zur Unlöslichkeit; (2) wachsende oligomere Ketten assoziieren miteinander und bilden Aggregate, die unterhalb einer bestimmten kritischen Größe instabil sind, aber durch die Adsorption von Dispersionsmittel an Stabilität gewinnen. Es können jedoch auch mehrere andere Prozesse ablaufen, z. B. Homokoagulation (Zusammenstoß mit anderen Vorläuferpartikeln), Wachstum durch Ausbreitung, Adsorption von Stabilisatoren und Quellung durch Monomere. Es sollte jedoch darauf hingewiesen werden, dass die Anzahl der Partikel in der endgültigen Dispersion nicht nur von der Partikelkeimbildung abhängen kann, da ein weiterer Schritt involviert ist, der bestimmt, wie viele der entstandenen Vorläuferpartikel an der Bildung eines kolloidal stabilen Partikels beteiligt sind. Dieser Schritt hängt von der Art des Stabilisators ab und davon, wie viele Partikel heterokoagulieren müssen, um die Gesamtoberfläche auf eine Größe zu verringern, die der Stabilisator im System stabilisieren kann.

6.2.4 Die Rolle von Tensiden bei Dispersionsverfahren

Wie bereits erwähnt, werden Dispersionsverfahren zur Herstellung von Suspensionen aus vorgeformten Partikeln verwendet. Der Begriff Dispersion bezieht sich auf den gesamten Prozess des Einbringens des Feststoffs in eine Flüssigkeit, so dass das Endprodukt aus feinen, im Dispersionsmedium verteilten Partikeln besteht. Die Rolle der Tenside (oder polymeren Tenside) bei der Dispersion wird deutlich, wenn man die beteiligten Stufen betrachtet [1]. Es werden drei Stufen betrachtet [3]: die Benetzung des Pulvers durch die Flüssigkeit, das Aufbrechen der Aggregate und Agglomerate und die Zerkleinerung (Mahlen) der entstandenen Partikel in kleinere Einheiten.

Die Benetzung ist ein grundlegender Prozess, bei dem eine flüssige Phase ganz oder teilweise durch eine andere flüssige Phase von der Oberfläche eines Festkörpers verdrängt wird. Ein nützlicher Parameter zur Beschreibung der Benetzung ist der Kontaktwinkel θ eines Flüssigkeitstropfens auf einem festen Substrat. Wenn die Flüssigkeit keinen Kontakt mit dem Festkörper hat, d. h. θ = 180°, wird der Festkörper als nicht benetzbar durch die betreffende Flüssigkeit bezeichnet. Dies kann bei einer perfekt hydrophoben Oberfläche mit einer polaren Flüssigkeit wie Wasser der Fall sein. Wenn jedoch 180° > θ > 90°, kann man von einer schlechten Benetzung sprechen. Bei 0° < θ < 90° handelt es sich um eine teilweise (unvollständige) Benetzung, während bei θ = 0° eine vollständige Benetzung eintritt und die Flüssigkeit sich auf dem festen Substrat ausbreitet und einen gleichmäßigen Flüssigkeitsfilm bildet. Die Nützlichkeit von Kontaktwinkelmessungen hängt von thermodynamischen Gleichgewichtsargumenten (statische Messungen) unter Verwendung der bekannten Youngschen Gleichung [12] ab. Der Wert hängt ab von: (1) der Vorgeschichte des Systems; (2) ob die Flüssigkeit dazu neigt, sich über die feste Oberfläche zu bewegen oder sich von ihr zu entfernen (Vorschubwinkel θ_A, Rückzugswinkel θ_R; normalerweise ist $\theta_A > \theta_R$).

Im Gleichgewicht nimmt der Flüssigkeitstropfen die Form an, die die freie Energie des Systems minimiert. Es können drei Grenzflächenspannungen ermittelt werden: γ_{SV} (Bereich Feststoff/Dampf A_{SV}); γ_{SL} (Bereich Feststoff/Flüssigkeit A_{SL}); γ_{LV} (Bereich Flüssigkeit/Dampf A_{LV}). Eine schematische Darstellung des Spannungsgleichgewichts an der Grenzfläche Feststoff/Flüssigkeit/Dampf ist in Abb. 6.2 zu sehen. Der Kontaktwinkel ist derjenige, der zwischen den Ebenen gebildet wird, die die Oberflächen des Festkörpers und der Flüssigkeit am Benetzungsrand tangieren. Hier stehen Feststoff und Flüssigkeit gleichzeitig in Kontakt miteinander und mit der umgebenden Phase (Luft oder Dampf der Flüssigkeit). Der Benetzungsrand wird als Dreiphasenlinie oder Kontaktlinie bezeichnet. In diesem Bereich herrscht ein Gleichgewicht zwischen Dampf, Flüssigkeit und Feststoff.

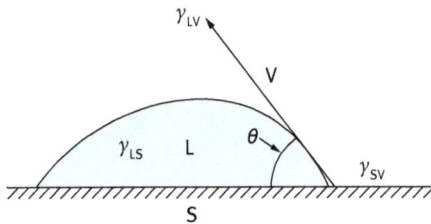

Abb. 6.2: Schematische Darstellung des Kontaktwinkels.

Im Gleichgewicht sollte $\gamma_{SV}A_{SV} + \gamma_{SL}A_{SL} + \gamma_{LV}A_{LV}$ minimal sein, was zu der bekannten Youngschen Gleichung führt:

$$\gamma_{SV} = \gamma_{SL} + \gamma_{LV}\cos\theta, \tag{6.7}$$

$$\cos\theta = \frac{\gamma_{SV} - \gamma_{SL}}{\gamma_{LV}}. \tag{6.8}$$

Der Kontaktwinkel θ hängt vom Gleichgewicht zwischen den Grenzflächenspannungen zwischen Festkörper und Dampf (γ_{SV}) und Festkörper und Flüssigkeit (γ_{SL}) ab. Der Winkel, den ein Tropfen auf einer festen Oberfläche einnimmt, ist das Ergebnis des Gleichgewichts zwischen der Adhäsionskraft zwischen Festkörper und Flüssigkeit und der Kohäsionskraft in der Flüssigkeit:

$$\gamma_{LV} \cos\theta = \gamma_{SV} - \gamma_{SL}. \tag{6.9}$$

Wenn es keine Wechselwirkung zwischen Feststoff und Flüssigkeit gibt:

$$\gamma_{SL} = \gamma_{SV} + \gamma_{LV}, \tag{6.10}$$

d. h., $\cos\theta = -1$ oder $\theta = 180°$.

Besteht eine starke Wechselwirkung zwischen Feststoff und Flüssigkeit (maximale Benetzung), breitet sich letztere aus, bis die Youngsche Gleichung erfüllt ist:

$$\gamma_{LV} = \gamma_{SV} - \gamma_{SL}, \tag{6.11}$$

d. h. $\cos\theta = 1$ oder $\theta = 0°$; die Flüssigkeit breitet sich spontan auf der festen Oberfläche aus.

Wenn sich die Oberfläche des Festkörpers im Gleichgewicht mit dem Flüssigkeitsdampf befindet, kann der Ausbreitungsdruck π berücksichtigt werden; die Oberflächenspannung des Festkörpers wird durch die Adsorption von Dampfmolekülen gesenkt:

$$\pi = \gamma_s - \gamma_{SV}. \tag{6.12}$$

Die Youngsche Gleichung kann wie folgt geschrieben werden:

$$\gamma_{LV} \cos\theta = \gamma_S - \gamma_{SL} - \pi. \tag{6.13}$$

Es gibt keine direkte Methode, mit der γ_{SV} oder γ_{SL} gemessen werden können. Die Differenz zwischen γ_{SV} und γ_{SL} kann durch Kontaktwinkelmessungen ermittelt werden (= $\gamma_{LV} \cos\theta$). Diese Differenz wird bezeichnet als Benetzungsspannung oder Haftspannung:

$$\text{Haftspannung} - \gamma_{SV} - \gamma_{SL} = \gamma_{LV} \cos\theta. \tag{6.14}$$

Gibbs definierte die Haftspannung τ als die Differenz zwischen dem Oberflächendruck der Grenzfläche Festkörper/Flüssigkeit und dem der Grenzfläche Festkörper/Dampf:

$$\tau = \pi_{SL} - \pi_{SV} \tag{6.15}$$

$$\pi_{SV} = \gamma_S - \gamma_{SV} \tag{6.16}$$

$$\pi_{SL} = \gamma_S - \gamma_{SL} \tag{6.17}$$

$$\tau = \gamma_{SV} - \gamma_{SL} = \gamma_{LV} \cos\theta. \tag{6.18}$$

Die Adhäsionsarbeit ist ein direktes Maß für die freie Energie der Wechselwirkung zwischen Feststoff und Flüssigkeit:

$$W_a = (\gamma_{LV} + \gamma_{SV}) - \gamma_{SL}. \tag{6.19}$$

Unter Verwendung der Youngschen Gleichung ergibt sich:

$$W_a = \gamma_{LV} + \gamma_{SV} - \gamma_{LV} \cos\theta = \gamma_{LV}(\cos\theta + 1). \tag{6.20}$$

Die Adhäsionsarbeit hängt ab von: γ_{LV}, der Oberflächenspannung Flüssigkeit/ Dampf, und θ, dem Kontaktwinkel zwischen Flüssigkeit und Festkörper.

Die Kohäsionsarbeit W_c ist die Adhäsionsarbeit, wenn die beiden Oberflächen gleich sind:

$$W_c = 2\gamma_{LV}. \tag{6.21}$$

Für die Adhäsion einer Flüssigkeit auf einem Festkörper gilt $W_a \approx W_c$ oder $\theta = 0°$ ($\cos\theta = 1$).

Harkins [12] definierte den Ausbreitungskoeffizienten als die Arbeit, die erforderlich ist, um eine Flächeneinheit von SL und LV zu zerstören und eine Flächeneinheit des nackten Festkörpers SV zu belassen, d. h. Verteilungskoeffizient S = Oberflächenenergie des Endzustands – Oberflächenenergie des Anfangszustands:

$$S = \gamma_{SV} - (\gamma_{SL} + \gamma_{LV}). \tag{6.22}$$

Unter Verwendung der Youngschen Gleichung ergibt sich:

$$\gamma_{SV} = \gamma_{SL} + \gamma_{LV} \cos\theta \tag{6.23}$$

$$S = \gamma_{LV}(\cos\theta - 1). \tag{6.24}$$

Ist S gleich null (oder positiv), d. h. $\theta = 0$, breitet sich die Flüssigkeit aus, bis sie den Festkörper vollständig benetzt. Wenn S negativ ist, d. h. $\theta > 0$, findet nur eine teilweise Benetzung statt. Alternativ kann man auch den Gleichgewichts-Ausbreitungskoeffizienten (End-Ausbreitungskoeffizienten) verwenden.

Für die Dispersion von Pulvern in Flüssigkeiten ist in der Regel eine vollständige Ausbreitung erforderlich, d. h. θ sollte gleich null sein.

Für eine Flüssigkeit, die sich auf einem gleichmäßigen, nicht verformbaren Festkörper ausbreitet (idealisierter Fall), gibt es nur einen Kontaktwinkel – den Gleichgewichtswert. Bei realen Systemen (realen Festkörpern) kann eine Reihe von stabilen Kontaktwinkeln gemessen werden. Zwei relativ reproduzierbare Winkel können gemessen werden: größter – fortschreitender Winkel θ_A; kleinster – zurückweichender Winkel θ_R. θ_A wird gemessen, indem der Rand eines Tropfens über eine Oberfläche vorgeschoben wird (z. B. durch Zugabe von mehr Flüssigkeit zum Tropfen). θ_R wird gemessen, indem die Flüssigkeit zurückgezogen wird. ($\theta_A - \theta_R$) wird als Kontaktwinkelhysterese bezeichnet. Letztere wird durch drei Hauptfaktoren verursacht:

(1) Eindringen der benetzenden Flüssigkeit in die Poren während der Messung des fortschreitenden Kontaktwinkels.

(2) Oberflächenrauigkeit: Die erste und die hintere Kante treffen mit einem bestimmten intrinsischen Winkel θ_0 (mikroskopischer Kontaktwinkel) auf die Flüssigkeit. Die makroskopischen Winkel θ_A und θ_R variieren erheblich. Dies lässt sich am besten an einer Oberfläche veranschaulichen, die unter einem Winkel α zur Horizontalen geneigt ist. θ_0-Werte werden durch den Kontakt der Flüssigkeit mit den „rauen" Tälern (mikroskopischer Kontaktwinkel) bestimmt. θ_A und θ_R werden durch den Kontakt der Flüssigkeit mit beliebigen Teilen der Oberfläche (Spitze oder Tal) bestimmt. Die Oberflächenrauigkeit kann durch den Vergleich der „realen" Fläche der Oberfläche A mit der projizierten Fläche beschrieben werden:

$$r = \frac{A}{A'},$$
(6.25)

A = Fläche der Oberfläche unter Berücksichtigung aller Spitzen und Täler; A' = scheinbare Fläche (gleiche makroskopische Dimension); $r > 1$. θ ist mit θ_0 durch die Wenzel-Gleichung verbunden:

$$\cos \theta = r \cos \theta_0,$$
(6.26)

θ = makroskopischer Kontaktwinkel; θ_0 = mikroskopischer Kontaktwinkel,

$$\cos \theta = r \left[\frac{(\gamma_{SV} - \gamma_{SL})}{\gamma_{LV}} \right].$$
(6.27)

Wenn $\cos\theta$ auf einer glatten Oberfläche negativ ist ($\theta > 90°$), wird er auf einer rauen Oberfläche negativer (θ ist größer) und die Oberflächenrauigkeit verringert die Benetzung. Wenn $\cos\theta$ auf einer glatten Oberfläche positiv ist ($\theta < 90°$), wird er auf einer rauen Oberfläche positiver (θ ist kleiner) und die Rauheit verstärkt die Benetzung.

(3) Heterogenität der Oberfläche: Die meisten realen Oberflächen sind heterogen und bestehen aus „Inseln" oder „Flecken" mit unterschiedlicher Oberflächenenergie. Wenn sich der Tropfen auf einer solchen Oberfläche fortbewegt, neigt der Rand des Tropfens dazu, an der Grenze der „Insel" zu stoppen. Der Annäherungswinkel wird mit dem Eigenwinkel des Bereichs mit hohem Kontaktwinkel in Verbindung gebracht. Der zurückweichende Winkel wird mit dem Bereich mit niedrigem Kontaktwinkel in Verbindung gebracht. Wenn die Heterogenitäten im Vergleich zu den

Abmessungen des Flüssigkeitstropfens sehr klein sind, kann man einen zusammen-gesetzten Kontaktwinkel unter Verwendung der Cassie-Gleichung definieren:

$$\cos\theta = Q_1 \cos\theta_1 + Q_2 \cos\theta_2, \tag{6.28}$$

Q_1 = Anteil der Oberfläche mit dem Kontaktwinkel θ_1; Q_2 = Anteil der Oberfläche mit dem Kontaktwinkel θ_2. θ_1 und θ_2 sind die maximal und minimal möglichen Winkel.

Tenside senken die Oberflächenspannung von Wasser γ und sie adsorbieren an der Grenzfläche zwischen Fest- und Flüssigstoffen. Wie in Kapitel 4 erwähnt, ergibt die Darstellung von γ_{LV} gegen logC (wobei C die Tensidkonzentration ist) eine allmähliche Abnahme von γ_{LV}, gefolgt von einer linearen Abnahme von γ_{LV} mit logC (knapp unter-halb der kritischen Mizellbildungskonzentration, CMC), und wenn die CMC erreicht ist, bleibt γ_{LV} praktisch konstant. Aus der Steigung des linearen Abschnitts der γ-logC-Kurve (knapp unterhalb von CMC) lässt sich der Oberflächenüberschuss (Anzahl der Tensidmole pro Flächeneinheit an der L/A-Grenzfläche) ermitteln. Unter Verwendung der Gibbs-Adsorptionsisotherme,

$$\frac{d\gamma}{d\log C} = -2,303\ RT\,\Gamma, \tag{6.29}$$

Γ = Oberflächenüberschuss (mol m^{-2}); R = Gaskonstante; T = absolute Temperatur.

Aus Γ kann man die Fläche pro Molekül ableiten:

$$\text{Fläche pro Molekül} = \frac{1}{\Gamma N_{av}}\ (\text{m}^2) = \frac{10^{18}}{\Gamma N_{av}}\ (\text{nm}^2). \tag{6.30}$$

Die meisten Tenside bilden eine vertikal ausgerichtete Monoschicht knapp unterhalb der CMC. Die Fläche pro Molekül wird normalerweise durch die Querschnittsfläche der Kopfgruppe bestimmt. Bei ionischen Tensiden, die beispielsweise die Kopfgruppe –OSO$_3^-$ oder –SO$_3^-$ enthalten, liegt die Fläche pro Molekül in der Größenordnung von 0,4 nm^2. Bei nichtionischen Tensiden mit mehreren Molen Ethylenoxid (8 bis 10) kann die Fläche pro Molekül viel größer sein (1 bis 2 nm^2). Tenside adsorbieren auch an der Fest/flüssig-Grenzfläche. Bei hydrophoben Oberflächen ist die Hauptantriebskraft für die Adsorption die hydrophobe Bindung. Dies führt zu einer Verringerung des Kon-taktwinkels von Wasser auf der festen Oberfläche. Bei hydrophilen Oberflächen erfolgt die Adsorption über die hydrophile Gruppe, z. B. bei kationischen Tensiden auf Sili-ziumdioxid. Anfänglich wird die Oberfläche hydrophober und der Kontaktwinkel θ nimmt mit steigender Tensidkonzentration zu. Bei höheren Konzentrationen kationi-scher Tenside bildet sich jedoch durch hydrophobe Wechselwirkung zwischen den Al-kylgruppen eine Doppelschicht und die Oberfläche wird immer hydrophiler, bis der Kontaktwinkel bei hohen Tensidkonzentrationen schließlich null erreicht.

Smolders [13] schlug die folgende Beziehung für die Änderung von θ mit C vor:

$$\frac{d\gamma_{LV}\cos\theta}{d\ln C} = \frac{d\gamma_{SV}}{d\ln C} - \frac{d\gamma_{SL}}{d\ln C}. \tag{6.31}$$

Anwendung der Gibbs-Gleichung ergibt:

$$\sin\theta\left(\frac{d\gamma}{d\ln C}\right) = RT\,(\Gamma_{SV} - \Gamma_{SL} - \gamma_{LV}\cos\theta). \tag{6.32}$$

Da $\gamma_{LV}\sin\theta$ immer positiv ist, hat $(d\theta/d\ln C)$ immer das gleiche Vorzeichen wie die rechte Seite von Gleichung (6.32). Drei Fälle können unterschieden werden: $(d\theta/d\ln C) < 0$; $\Gamma_{SV} < \Gamma_{SL} + \Gamma_{LV}\cos\theta$; die Zugabe von Tensiden verbessert die Benetzung. $(d\theta/d\ln C) = 0$; $\Gamma_{SV} = \Gamma_{SL} + \Gamma_{LV}\cos\theta$; Tensid hat keinen Einfluss auf die Benetzung. $(d\theta/d\ln C) > 0$; $\Gamma_{SV} > \Gamma_{SL} + \Gamma_{LV}\cos\theta$; Tensid verursacht Entnetzung.

Die Benetzung von Pulvern durch Flüssigkeiten ist sehr wichtig für ihre Dispersion, z. B. bei der Herstellung von konzentrierten Suspensionen. Die Teilchen in einem trockenen Pulver bilden entweder Aggregate (bei denen die Teilchen durch ihre Oberflächen verbunden sind) oder Agglomerate (bei denen die Teilchen durch ihre Ecken verbunden sind). Bei der Dispersion ist es wichtig, sowohl die äußeren als auch die inneren Oberflächen zu benetzen und die zwischen den Partikeln eingeschlossene Luft zu verdrängen. Die Benetzung wird durch die Verwendung von oberflächenaktiven Stoffen (Netzmitteln) des ionischen oder nichtionischen Typs erreicht, die in der Lage sind, schnell an die Fest/flüssig-Grenzfläche zu diffundieren (d. h. die dynamische Oberflächenspannung zu senken) und die eingeschlossene Luft durch schnelles Eindringen in die Kanäle zwischen den Partikeln und in etwaige „Kapillaren" zu verdrängen. Für die Benetzung von hydrophoben Pulvern in Wasser werden in der Regel anionische Tenside, z. B. Alkylsulfate oder -sulfonate, oder nichtionische Tenside der Alkohol- oder Alkylphenolethoxylate verwendet.

Der Prozess der Benetzung eines Festkörpers durch eine Flüssigkeit umfasst drei Arten der Benetzung: Adhäsionsbenetzung, W_a; Immersionsbenetzung, W_i; Ausbreitungsbenetzung, W_s. Dies kann durch die Betrachtung eines Festkörperwürfels mit Einheitsfläche jeder Seite veranschaulicht werden (Abb. 6.3). In jedem Schritt kann man die Youngsche Gleichung anwenden:

$$\gamma_{SV} = \gamma_{SL} + \gamma_{LV}\cos\theta \tag{6.33}$$

$$W_a = \gamma_{SL} - (\gamma_{SV} + \gamma_{LV}) = \gamma_{LV}(\cos\theta + 1) \tag{6.34}$$

$$W_i = 4\gamma_{SL} - 4\gamma_{SV} = -4\gamma_{LV}\cos\theta \tag{6.35}$$

$$W_s = (\gamma_{SL} + \gamma_{LV}) - \gamma_{SV} = -\gamma_{LV}(\cos\theta - 1). \tag{6.36}$$

Die Dispersionsarbeit W_d ist die Summe von W_a, W_i und W_s:

$$W_d = W_a + W_i + W_s = 6\gamma_{SV} - \gamma_{SL} = -6\gamma_{LV}\cos\theta. \tag{6.37}$$

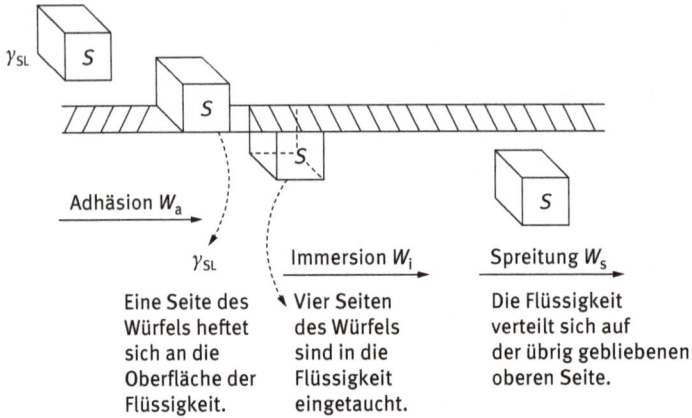

Abb. 6.3: Schematische Darstellung der Benetzung eines Feststoff-Würfels.

Benetzung und Dispersion hängen ab von: γ_{LV}, Oberflächenspannung der Flüssigkeit; θ, Kontaktwinkel zwischen Flüssigkeit und Feststoff. W_a, W_i und W_s sind spontan, wenn $\theta < 90°$. W_d ist spontan, wenn $\theta = 0$. Wenn Tenside in ausreichender Menge zugesetzt werden ($\gamma_{dynamic}$ wird ausreichend gesenkt), ist spontane Dispersion eher die Regel als die Ausnahme.

Die Befeuchtung der inneren Oberfläche erfordert das Eindringen der Flüssigkeit in die Kanäle zwischen und ins Innere der Agglomerate. Der Vorgang ist vergleichbar mit dem Durchdrücken einer Flüssigkeit durch feine Kapillaren. Um eine Flüssigkeit durch eine Kapillare mit dem Radius r zu drücken, ist ein Druck p erforderlich, der gegeben ist durch:

$$p = -\frac{2\gamma_{LV}\cos\theta}{r} = \left[\frac{-2(\gamma_{SV} - \gamma_{SL})}{r\gamma_{LV}}\right], \tag{6.38}$$

γ_{SL} muss so klein wie möglich sein; schnelle Adsorption des Tensids an der Festkörperoberfläche, niedriges θ. Wenn $\theta = 0$, ist p proportional zu γ_{LV}. Für das Eindringen in die Poren benötigt man also ein hohes γ_{LV}. Die Benetzung der äußeren Oberfläche erfordert einen niedrigen Kontaktwinkel θ und eine niedrige Oberflächenspannung γ_{LV}. Die Benetzung der inneren Oberfläche (d. h. das Eindringen in die Poren) erfordert einen niedrigen θ, aber ein hohes γ_{LV}. Diese beiden Bedingungen sind nicht miteinander vereinbar, und es muss ein Kompromiss gefunden werden: $\gamma_{SV} - \gamma_{SL}$ muss auf einem Maximum gehalten werden. γ_{LV} sollte so niedrig wie möglich gehalten werden, aber nicht zu niedrig.

Die obigen Schlussfolgerungen verdeutlichen das Problem der Auswahl des besten Dispergiermittels für ein bestimmtes Pulver. Dies erfordert die Messung der oben genannten Parameter sowie die Prüfung der Effizienz des Dispersionsprozesses.

Die Geschwindigkeit der Flüssigkeitsdurchdringung wird durch die Rideal-Washburn-Gleichung [14, 15] beschrieben:

$$1 = \left[\frac{r\, t\, \gamma_{LV}\cos\theta}{2\eta}\right]^{1/2}, \qquad\qquad (6.39)$$

dabei ist l die Eindringtiefe zum Zeitpunkt t, r ist der Kapillarradius und η ist die Viskosität des Mediums.

Um die Penetrationsrate zu verbessern, muss γ_{LV} so hoch wie möglich, θ so niedrig wie möglich und η so niedrig wie möglich sein. Für die Dispersion von Pulvern in Flüssigkeiten sollten Tenside verwendet werden, die θ senken und gleichzeitig γ_{LV} nicht zu stark reduzieren. Auch die Viskosität der Flüssigkeit sollte so gering wie möglich gehalten werden. Verdickungsmittel (wie Polymere) sollten während des Dispersionsprozesses nicht zugesetzt werden. Außerdem muss die Schaumbildung während des Dispersionsprozesses vermieden werden.

Bei einem gepackten Bett aus Partikeln kann r durch k ersetzt werden, das den effektiven Radius des Bettes und einen Turtuositätsfaktor enthält, der den komplexen Pfad berücksichtigt, der durch die Kanäle zwischen den Partikeln gebildet wird, d. h.

$$l^2 = \left(\frac{k\, t\, \gamma_{LV}\cos\theta}{2\eta}\right) t. \qquad\qquad (6.40)$$

Ein Diagramm von l^2 gegen t ergibt eine gerade Linie, und aus der Steigung der Linie kann man θ ableiten.

Die Rideal-Washburn-Gleichung kann angewandt werden, um den Kontaktwinkel von Flüssigkeiten (und Tensidlösungen) in Pulverbetten zu bestimmen. K sollte zunächst mit einer Flüssigkeit ermittelt werden, die einen Kontaktwinkel von null ergibt. Dies wird im Folgenden erörtert.

6.3 Bewertung der Benetzbarkeit von Pulvern

6.3.1 Sinkzeit-, Submersions- oder Immersionstest

Dies ist die bei weitem einfachste (aber qualitative) Methode zur Bewertung der Benetzbarkeit eines Pulvers durch eine Tensidlösung. Gemessen wird die Zeit, in der ein Pulver auf der Oberfläche einer Flüssigkeit schwimmt, bevor es in die Flüssigkeit sinkt. 100 ml der Tensidlösung werden in ein 250-ml-Becherglas (mit einem Innendurchmesser von 6,5 cm) gegeben, und nach 30 Minuten Standzeit werden 0,30 g loses Pulver (zuvor durch ein 200-Mesh-Sieb gesiebt) mit einem Löffel auf der Oberfläche der Lösung verteilt. Die Zeit t bis zum vollständigen Verschwinden der 1 bis 2 mm dünnen Pulverschicht von der Oberfläche wird mit einer Stoppuhr gemessen. Es werden Tensidlösungen mit unterschiedlichen Konzentrationen verwendet, und t wird in Abhängigkeit von der Tensidkonzentration aufgetragen, wie in Abb. 6.4 dargestellt.

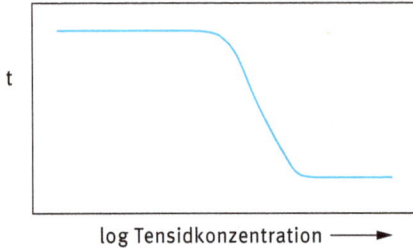

Abb. 6.4: Die Sinkzeit als Funktion der Tensid-Konzentration.

Je niedriger die Tensidkonzentration ist, bei der die Sinkzeit stark abnimmt, desto besser ist das Netzmittel.

6.3.2 Messung des Kontaktwinkels von Flüssigkeiten und Tensidlösungen auf Pulvern

Der Kontaktwinkelwert ist ein quantitativeres Maß für die Benetzung; je niedriger der Wert, desto besser ist das Benetzungsmittel. Für die Messung des Kontaktwinkels an Pulvern wird ein spezielles Verfahren verwendet. Ein gepacktes Bett des Pulvers wird z. B. in einem Rohr vorbereitet, das am Ende mit einem Sinterglas versehen ist (um die Pulverpartikel zurückzuhalten). Es ist wichtig, dass das Pulver gleichmäßig in das Rohr gefüllt wird (dafür kann ein Kolben verwendet werden). Das Rohr, in dem sich das Bett befindet, wird in eine Flüssigkeit eingetaucht, die eine spontane Benetzung bewirkt (z. B. ein niederes Alkan), d. h. die Flüssigkeit hat einen Kontaktwinkel von null und $\cos\theta = 1$. Durch Messung der Eindringgeschwindigkeit der Flüssigkeit (dies kann gravimetrisch z. B. mit einer Mikrowaage oder einem Kruss-Instrument erfolgen) erhält man k. Das Rohr wird dann aus der Flüssigkeit des niederen Alkans entfernt und zur Verdampfung der Flüssigkeit stehen gelassen. Anschließend wird es in die betreffende Flüssigkeit eingetaucht und die Durchdringungsgeschwindigkeit erneut in Abhängigkeit von der Zeit gemessen. Mit Hilfe von Gleichung (6.40) kann man $\cos\theta$ und damit θ berechnen.

6.3.3 Liste der Netzmittel für hydrophobe Feststoffe in Wasser

Das wirksamste Benetzungsmittel ist dasjenige, das bei der niedrigsten Konzentration einen Kontaktwinkel von null ergibt ($\theta = 0°$ oder $\cos \theta = 1$); γ_{SL} und γ_{LV} müssen so niedrig wie möglich sein. Dies erfordert eine schnelle Verringerung von γ_{SL} und γ_{LV} unter dynamischen Bedingungen während der Pulverdispersion (diese Verringerung sollte normalerweise in weniger als 20 Sekunden erreicht werden). Dies erfordert eine schnelle Adsorption der Tensidmoleküle sowohl an den L/V- als auch an den S/L-Grenzflächen. Es sollte erwähnt werden, dass die Verringerung von γ_{LV} nicht immer mit einer gleichzeitigen Verringerung von γ_{SL} einhergeht und daher Informationen über beide Grenzflächenspannungen erforderlich sind, was bedeutet, dass die Messung des Kontaktwinkels für die Auswahl von Benetzungsmitteln wesentlich ist. Die Messung von γ_{SL} und γ_{LV} sollte unter dynamischen Bedingungen (d. h. bei sehr kurzen Zeiten) durchgeführt werden. Liegen solche Messungen nicht vor, kann die oben beschriebene Sinkzeit als Richtwert für die Auswahl des Netzmittels herangezogen werden. Die am häufigsten verwendeten Netzmittel für hydrophobe Feststoffe sind nachstehend aufgeführt.

Um eine schnelle Adsorption zu erreichen, sollte das Netzmittel entweder eine verzweigte Kette mit einer zentralen hydrophilen Gruppe oder eine kurze hydrophobe Kette mit einer hydrophilen Endgruppe sein. Die am häufigsten verwendeten Netzmittel sind die folgenden:

Aerosol OT (Diethylhexylsulfosuccinat)

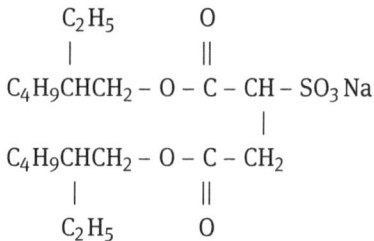

$$
\begin{array}{ccc}
C_2H_5 & & O \\
| & & \| \\
C_4H_9CHCH_2 - O - C - CH - SO_3Na \\
& & | \\
C_4H_9CHCH_2 - O - C - CH_2 \\
| & & \| \\
C_2H_5 & & O
\end{array}
$$

Das oben genannte Molekül hat eine niedrige kritische Mizellbildungskonzentration (CMC) von 0,7 gdm^{-3}, und bei und über der CMC wird die Wasseroberflächenspannung in weniger als 15 s auf ≈ 25 mNm^{-1} reduziert.

Ein alternatives anionisches Netzmittel ist Natriumdodecylbenzolsulfonat mit einer verzweigten Alkylkette:

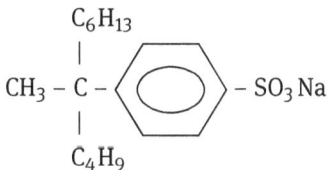

$$
\begin{array}{c}
C_6H_{13} \\
| \\
CH_3 - C - \langle\bigcirc\rangle - SO_3Na \\
| \\
C_4H_9
\end{array}
$$

Das obige Molekül hat einen höheren CMC-Wert (1 gdm^{-3}) als Aerosol OT. Es ist auch nicht so wirksam bei der Senkung der Oberflächenspannung von Wasser und erreicht einen Wert von 30 mNm^{-1} bei und oberhalb der CMC. Es ist daher nicht so wirksam wie Aerosol OT für die Benetzung von Pulver.

Einige nichtionische Tenside wie die Alkoholethoxylate können ebenfalls als Netzmittel verwendet werden. Diese Moleküle bestehen aus einer kurzen hydrophoben Kette (meist C_{10}), die auch verzweigt ist. Es wird ein mittelkettiges Polyethylenoxid (PEO) verwendet, das meist aus 6 EO-Einheiten oder weniger besteht. Diese Moleküle reduzieren auch die dynamische Oberflächenspannung innerhalb kurzer Zeit (< 20 s) und haben einen recht niedrigen CMC-Wert. In allen Fällen sollte die Menge des Netzmittels so gering wie möglich gehalten werden, um Interferenzen mit dem Dispergiermittel zu vermeiden, das zur Aufrechterhaltung der Kolloidstabilität während der Dispersion und der Lagerung zugesetzt werden muss.

6.3.4 Stabilisierung von Suspensionen mit Tensiden

Die Stabilisierung von Suspensionen mit Tensiden wird durch das Gleichgewicht zwischen der Van-der-Waals-Anziehung und der elektrostatischen und/oder sterischen Abstoßung zwischen den Partikeln mit adsorbierten Tensidmolekülen bestimmt. Diese Wechselwirkungskräfte wurden in Kapitel 5 beschrieben, und man kann die drei Energie-Distanz-Kurven (Abb. 6.5 bis 6.7) für elektrostatische, sterische und elektrosterische (Kombination aus elektrostatischen und abstoßenden Kräften) schematisch darstellen. Abbildung 6.5 zeigt den Fall für elektrostatisch stabilisierte Dispersionen nach der Deryaguin-Landau-Verwey-Overbeek (DLVO)-Theorie [16, 17] bei niedriger Elektrolytkonzentration (< 10^{-2} moldm^{-3} 1:1 Elektrolyt, z. B. NaCl). In diesem Fall ist die Gesamtwechselwirkung G_T die Summe aus elektrostatischer Abstoßung G_e und Van-der-Waals-Anziehung G_A. Bei großen Trennungsabständen ist $G_A > G_e$, was zu einem flachen Minimum (sekundäres Minimum) führt. Bei sehr kurzen Abständen ist $G_A \gg G_e$, was zu einem tiefen primären Minimum führt. Bei mittleren Abständen führt $G_e > G_A$ zu einem Energiemaximum G_{max}, dessen Höhe vom Oberflächenpotenzial ψ_o (oder Stern-Potenzial ψ_d) und der Elektrolytkonzentration und -wertigkeit abhängt. Abbildung 6.6 zeigt den Fall sterisch stabilisierter Dispersionen (bei Verwendung nichtionischer Tenside) [18], bei denen die Wechselwirkung die Summe aus G_{mix} (ungünstige Vermischung der stabilisierenden Ketten bei guten Lösemittelbedingungen), G_{el} (entropische oder elastische Wechselwirkung, die sich aus der Verringerung der

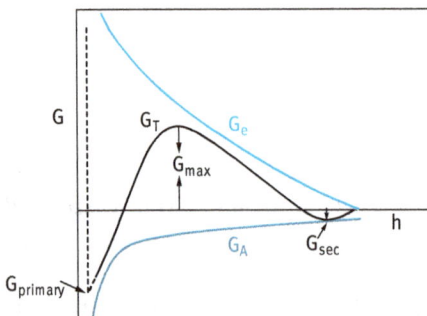

Abb. 6.5: Energie-Abstands-Kurven für elektrostatisch stabilisierte Dispersionen.

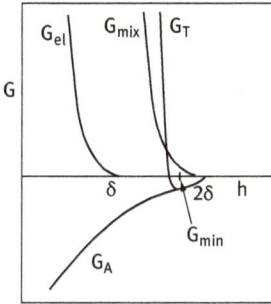

Abb. 6.6: Energie-Abstands-Kurven für sterisch stabilisierte Systeme.

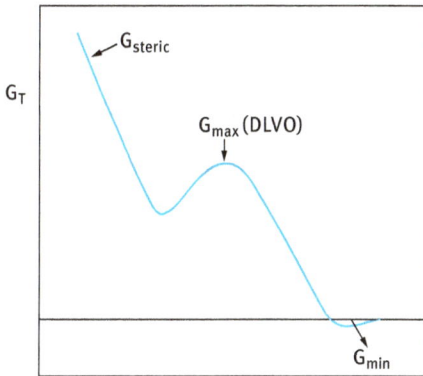

Abb. 6.7: Energie-Abstands-Kurve für elektrostatisch stabilisierte Systeme.

Konfigurationsentropie der Ketten bei erheblicher Überlappung ergibt) und G_A ist. G_{mix} nimmt mit Abnahme von h sehr stark zu, wenn $h < 2\delta$. G_{el} nimmt sehr stark mit der Abnahme von h zu, wenn $h < \delta$ ist. G_T in Abhängigkeit von h zeigt ein Minimum, G_{min}, bei Abständen vergleichbar mit 2δ. Wenn $h < 2\delta$ ist, zeigt G_T einen schnellen Anstieg mit Abnahme von h. Die Tiefe des Minimums hängt von der Hamaker-Konstante A, dem Partikelradius R und der Dicke der adsorbierten Schicht δ ab. G_{min} nimmt mit der Zunahme von A und R zu. Bei einem gegebenen A und R nimmt G_{min} mit der Abnahme von δ zu (d. h. mit der Abnahme des Molekulargewichts M_w des Stabilisators). Abbildung 6.7 zeigt den Fall der elektrosterischen Abstoßung (z. B. bei Verwendung eines Gemischs aus ionischem und nichtionischem Tensid), bei dem G_T die Summe von G_e, G_s ($G_{mix} + G_{el}$) und G_A ist. In diesem Fall hat die Energie-Abstands-Kurve zwei Minima, ein flaches Maximum (entsprechend dem DLVO-Typ) und einen schnellen Anstieg bei kleinem h, was einer sterischen Abstoßung entspricht.

Literatur

[1]   Th. F. Tadros, „Dispersions of Powders in Liquids and Stabilization of Suspensions",
      Wiley-VCH, Deutschland (2012).
[2]   Th. F. Tadros (ed.) „Solid/Liquid Dispersions", Academic Press, London (1987).
[3]   G. D. Parfitt, „Fundamental Aspects of Dispersions", in „Dispersion of Powders in Liquids",
      G. D. Parfitt (ed.), Applied Science Publishers, London (1973).
[4]   J. W. Gibbs, „Scientific Papers", Longman Green, London (1906), Vol. 1.
[5]   M. Volmer, „Kinetik der Phasenbildung", Sternkopf, Dresden (1939).
[6]   D. Blakely, „Emulsion Polymerisation", Applied Science Publication, London (1975).
[7]   G. Litchi, R. G. Gilbert und D. H. Napper, J. Polym. Sci., **21**, 269 (1983).
[8]   P. J. Feeney, D. H. Napper und R. G. Gilbert, Macromolecules, **17**, 2520 (1984).
[9]   W. V. Smith und R. H. Ewart, J. Chem. Phys., **16**, 592 (1948).
[10] I. Piirma, „Polymeric Surfactants", Surfactant Science Series, Vol. 42, Marcel Dekker,
      N. Y. (1992).
[11] K. E. J. Barrett, „Dispersion Polymerisation in Non-Aqueous Media", John Wiley and Sons,
      London (1975).
[12] T. Blake, „Wetting", in „Surfactants", Th. F. Tadros (ed.), Academic Press, London (1984).
[13] C. A. Smolders, Rec. Trav. Chim. 80, **650** (1961).
[14] E. K. Rideal, Phil. Mag., **44**, 1152 (1922).
[15] E. D. Washburn, Phys. Rev., **17**, 273 (1921).
[16] B. V. Deryaguin and L. Landau, Acta Physicochim. USSR, 14, 633 (1941).
[17] E. J. W. Verwey and J.Th.G. Overbeek, „Theory of Stability of Lyophobic Colloids", Elsevier,
      Amsterdam (1948).
[18] D. H. Napper, „Polymeric Stabilisation of Colloidal Dispersions", Academic Press, London
      (1983).

7 Tenside zur Schaumstabilisierung

7.1 Einführung

Schaum ist ein disperses System, das aus Gasblasen besteht, die durch Flüssigkeits-schichten getrennt sind. Er kann einfach erzeugt werden, wenn Luft oder ein anderes Gas unter die Oberfläche einer Flüssigkeit eingebracht wird, die sich ausdehnt und das Gas mit einem Flüssigkeitsfilm umschließt. Aufgrund des erheblichen Dichteunter-schieds zwischen den Gasblasen und dem Medium trennt sich das System schnell in zwei Schichten, wobei die Gasblasen nach oben steigen und sich verformen und poly-edrische Strukturen bilden können. Reine Flüssigkeiten können nicht schäumen, es sei denn, es ist eine oberflächenaktive Substanz vorhanden. Wird eine Gasblase unter die Oberfläche einer reinen Flüssigkeit eingebracht, zerplatzt sie fast sofort, sobald die Flüssigkeit abgeflossen ist. Bei verdünnten Tensidlösungen entsteht, wenn sich die Flüssigkeit/Luft-Grenzfläche ausdehnt und das Gleichgewicht an der Oberfläche ge-stört ist, eine Rückstellkraft, die versucht, das Gleichgewicht wiederherzustellen. Die Rückstellkraft ergibt sich aus dem Gibbs-Marangoni-Effekt, der in Kapitel 5 aus-führlich behandelt wurde. Durch das Vorhandensein eines Oberflächenspannungs-gradienten dy (aufgrund der unvollständigen Bedeckung des Films durch Tenside) entsteht eine Dehnungselastizität ε (Gibbs-Elastizität). Dieses Oberflächenspannungs-gefälle bewirkt, dass Tensidmoleküle aus der Gesamtlösung an die Grenzfläche flie-ßen und diese Moleküle Flüssigkeit mit sich führen (Marangoni-Effekt). Der Gibbs-Marangoni-Effekt verhindert die Verdünnung und Unterbrechung des Flüssigkeits-films zwischen den Luftblasen und stabilisiert so den Schaum. Dieser Prozess wird weiter unten im Detail erörtert.

Es lassen sich mehrere oberflächenaktive schäumende Stoffe unterscheiden: (1) Tenside: ionische, nichtionische und zwitterionische; (2) Polymere (polymere Ten-side); (3) Partikel, die sich an der Grenzfläche Luft/Lösung ansammeln; (4) Speziell adsorbierte Kationen oder Anionen aus anorganischen Salzen. Viele dieser Stoffe können schon bei extrem niedrigen Konzentrationen (bis zu 10^{-9} mol dm^{-3}) Schaum-bildung verursachen.

In kinetischer Hinsicht können Schäume wie folgt klassifiziert werden: (1) in-stabile, vorübergehende Schäume (Lebensdauer von Sekunden); (2) metastabile, permanente Schäume (Lebensdauer von Stunden oder Tagen).

7.2 Vorbereitung des Schaums

Wie die meisten dispersen Systeme können Schäume durch Kondensations- und Dispersionsverfahren gewonnen werden. Bei den Kondensationsverfahren zur Schaum-erzeugung werden Gasblasen in der Lösung durch Verringerung des Außendrucks,

https://doi.org/10.1515/9783110798579-007

durch Erhöhung der Temperatur oder durch chemische Reaktion erzeugt. Die Blasen-
bildung kann also durch homogene Keimbildung bei hoher Übersättigung oder durch
heterogene Keimbildung (z. B. durch katalytische Stellen) bei niedriger Übersättigung
erfolgen. Die am häufigsten angewandte Technik zur Schaumerzeugung ist eine einfache Dispersionstechnik (mechanisches Schütteln oder Aufschlagen). Diese Methode ist
nicht zufriedenstellend, da eine genaue Kontrolle der eingearbeiteten Luftmenge nur
schwer möglich ist.

Die bequemste Methode (Sprühbelüftung; engl. sparging) besteht darin, einen
Gasstrom durch eine Blendenöffnung mit einem genau definierten Radius r_o zu lei-
ten. Die Größe der (an einer Öffnung erzeugten) Blasen r lässt sich grob aus der Bi-
lanz der Auftriebskraft F_b und der Oberflächenspannungskraft F_s abschätzen [1]:

$$F_b = (4/3)\pi r^3 \rho g, \tag{7.1}$$

$$F_s = 2\pi r_o \gamma, \tag{7.2}$$

$$r = \left(\frac{3\gamma r_o}{2\rho g}\right)^{1/3}. \tag{7.3}$$

Dabei sind r und r_o die Radien der Blase und der Öffnung, und ρ ist das spezifische
Gewicht der Flüssigkeit.

Da die dynamische Oberflächenspannung der wachsenden Blase höher ist als die
Gleichgewichtsspannung, kann sich der Kontaktboden je nach den Benetzungsbe-
dingungen ausbreiten. Das Hauptproblem ist also der Wert von γ, der in Gleichung (7.3)
eingesetzt werden muss. Ein weiterer wichtiger Faktor, der die Blasengröße steuert, ist
die Haftspannung $\gamma \cos\theta$, wobei θ der dynamische Kontaktwinkel der Flüssigkeit auf
dem Festkörper der Blendenöffnung ist. Bei einer hydrophoben Oberfläche bildet sich
eine Blase, deren Größe größer ist als die des Lochs. Man sollte immer zwischen dem
Gleichgewichts-Kontaktwinkel θ und dem dynamischen Kontaktwinkel θ_{dyn} während
des Blasenwachstums unterscheiden. Wenn sich die Blase von der Öffnung löst, bestimmen die Abmessungen der Blase die Geschwindigkeit des Aufstiegs. Der Aufstieg
der Blase durch die Flüssigkeit bewirkt eine Umverteilung des Tensids auf der Blasenoberfläche, wobei die Oberseite eine geringere Konzentration und die polare Unterseite
eine höhere Konzentration als den Gleichgewichtswert aufweist. Diese ungleiche
Verteilung des Tensids auf der Blasenoberfläche spielt eine wichtige Rolle bei der
Schaumstabilisierung (aufgrund des Oberflächenspannungsgradienten). Wenn die
Blase die Grenzfläche erreicht, bildet sich auf ihrer Oberseite ein dünner Flüssigkeitsfilm. Die Lebensdauer dieses dünnen Films hängt von vielen Faktoren ab, z. B.
von der Tensidkonzentration, der Entwässerungsrate, dem Oberflächenspannungs-
gradienten, der Oberflächendiffusion und externen Störungen.

7.3 Schaum-Struktur

Es lassen sich zwei Haupttypen von Schäumen unterscheiden:

1. Kugelschaum, der aus Gasblasen besteht, die durch dicke Filme einer viskosen Flüssigkeit getrennt sind, die in frisch hergestellten Systemen erzeugt werden. Dies kann als eine vorübergehende verdünnte Dispersion von Blasen in der Flüssigkeit betrachtet werden.
2. Polyedrische Gaszellen, die bei der Alterung entstehen; es bilden sich dünne, flache „Wände" mit Verbindungspunkten der Verbindungskanäle (Plateaugrenzen). Aufgrund der Grenzflächenkrümmung ist der Druck geringer und der Film am Plateaurand dicker. Es kommt zu einem kapillaren Saugeffekt der Flüssigkeit von der Mitte des Films zu seiner Peripherie.

Der Druckunterschied zwischen benachbarten Zellen, Δp, hängt mit dem Krümmungsradius r der Plateaugrenze wie folgt zusammen:

$$\Delta p = \frac{2\gamma}{r} \,.$$ (7.4)

In einer Schaumsäule können mehrere Übergangsstrukturen unterschieden werden. In der Nähe der Oberfläche bildet sich ein hoher Gasgehalt (polyedrischer Schaum), während sich in der Nähe des Bodens der Säule eine Struktur mit wesentlich geringerem Gasgehalt bildet, die als Blasenbereich bezeichnet wird. Zwischen der oberen und der unteren Schicht kann ein Übergangszustand unterschieden werden. Das Abfließen überschüssiger Flüssigkeit aus der Schaumsäule in die darunter liegende Lösung wird zunächst durch die Hydrostatik angetrieben, was zu einer Verformung der Blasen führt. Der Schaumkollaps erfolgt in der Regel von oben nach unten in der Säule. Die Filme im polyedrischen Schaum sind anfälliger für das Zerreißen durch Stöße, Temperaturgradienten oder Vibrationen. Ein weiterer Mechanismus der Schauminstabilität ist auf die Ostwald-Reifung (Disproportionierung) zurückzuführen. Die treibende Kraft für diesen Prozess ist der Unterschied im Laplace-Druck zwischen der kleinen und der größeren Schaumblase. Die kleineren Blasen haben einen höheren Laplace-Druck als die größeren. Die Gaslöslichkeit nimmt mit dem Druck zu, so dass die Gasmoleküle von den kleineren zu den größeren Blasen diffundieren. Dieser Prozess findet nur bei kugelförmigen Schaumblasen statt. Diesem Prozess kann der Gibbssche Elastizitätseffekt entgegenwirken. Alternativ können mit Polymeren hergestellte feste Filme der Ostwald-Reifung aufgrund der hohen Oberflächenviskosität widerstehen. Bei polyedrischem Schaum mit ebenen Flüssigkeitslamellen ist der Druckunterschied zwischen den Blasen nicht groß, so dass die Ostwald-Reifung in diesem Fall nicht der Mechanismus für die Schauminstabilität ist. Bei polyedrischem Schaum ist die Hauptantriebskraft für den Zusammenbruch des Schaums die Oberflächenkraft, die über die Flüssigkeitslamelle wirkt. Um den Schaum stabil zu halten (d. h. um ein vollständiges Reißen des Films zu verhindern), muss dieser kapillare Saugeffekt durch einen entgegengesetzten „Trennungsdruck" verhindert werden, der zwischen den parallelen Schichten des zentralen flachen Films wirkt (siehe unten). Das verallgemeinerte Modell für die Entwässerung sieht vor, dass die Plateau-Ränder ein „Netzwerk" bilden, durch das die Flüssigkeit aufgrund der Schwerkraft fließt.

7.4 Klassifizierung der Schaumstabilität

Alle Schäume sind thermodynamisch instabil (aufgrund der hohen freien Energie an den Grenzflächen). Wie bereits erwähnt, werden Schäume nach der Kinetik ihres Zerfalls klassifiziert:
1. instabile (vorübergehende) Schäume, Lebensdauer Sekunden. Diese werden im Allgemeinen mit „milden" Tensiden hergestellt, z. B. kurzkettigen Alkoholen, Anilin, Phenol, Kiefernöl, kurzkettigen undissoziierten Fettsäuren. Die meisten dieser Verbindungen sind schwer löslich und können einen geringen Grad an Elastizität aufweisen.
2. Metastabile („permanente") Schäume, Lebenszeit Stunden oder Tage. Diese metastabilen Schäume sind in der Lage, gewöhnlichen Störungen (thermische oder Brownsche Fluktuationen) zu widerstehen. Sie können bei anormalen Störungen (Verdampfung, Temperaturgradienten usw.) zusammenbrechen.

Die oben genannten metastabilen Schäume werden aus Tensidlösungen nahe oder oberhalb der kritischen Mizellbildungskonzentration (CMC) hergestellt. Die Stabilität wird durch das Gleichgewicht der Oberflächenkräfte bestimmt (siehe unten). Die Schichtdicke ist vergleichbar mit dem Bereich der intermolekularen Kräfte. Bei Abwesenheit von äußeren Störungen können diese Schäume unbegrenzt stabil bleiben. Sie werden mit Hilfe von Proteinen, langkettigen Fettsäuren oder festen Partikeln hergestellt.

Die Schwerkraft ist die Hauptantriebskraft für den Schaumzusammenbruch, direkt oder indirekt über die Plateaugrenze. Dem Ausdünnen und Aufbrechen kann durch Oberflächenspannungsgradienten an der Luft/Wasser-Grenzfläche entgegengewirkt werden. Alternativ kann die Entwässerungsrate durch Erhöhung der Viskosität der Flüssigkeit (z. B. durch Zusatz von Glycerin oder Polymeren) verringert werden. Die Stabilität kann in einigen Fällen durch den Zusatz von Elektrolyten erhöht werden, die im Tensidfilm ein „Gel-Netzwerk" bilden. Die Schaumstabilität kann auch durch eine Erhöhung der Oberflächenviskosität und/oder Oberflächenelastizität verbessert werden. Eine hohe Packungsdichte von Tensidfilmen (hohe Kohäsionskräfte) kann auch durch gemischte Tensidfilme oder Tensid-Polymer-Gemische erreicht werden.

Bei der Untersuchung der Schaumstabilität muss man die Rolle der Plateaugrenze unter dynamischen und statischen Bedingungen berücksichtigen. Man sollte auch Schaumfilme mit einer mittleren Lebensdauer berücksichtigen, d. h. zwischen instabilen und metastabilen Schäumen.

7.4.1 Entwässerung und Ausdünnung von Schaumfilmen

Wie bereits erwähnt, ist die Schwerkraft die Hauptantriebskraft für die Entwässerung der Filme. Die Schwerkraft kann direkt auf den Film einwirken oder durch Kapillarsog an den Plateaugrenzen. In der Regel kann die Entwässerungsgeschwindigkeit von Schaumfilmen durch Erhöhung der Viskosität der Flüssigkeit, aus der der Schaum hergestellt wird, verringert werden. Dies kann durch Zugabe von Glycerin oder hochmolekularem Polymer wie Polyethylenoxid erreicht werden. Alternativ kann die Viskosität der wässrigen Tensidphase durch Zugabe von Elektrolyten erhöht werden, die ein „Gel"-Netzwerk bilden (es können flüssigkristalline Phasen entstehen). Die Filmentwässerung kann auch durch Erhöhung der Oberflächenviskosität und der Oberflächenelastizität verringert werden. Dies kann z. B. durch den Zusatz von Proteinen, Polysacchariden und sogar Partikeln erreicht werden. Diese Systeme werden in vielen Lebensmittelschäumen eingesetzt.

Die meisten quantitativen Studien zur Filmentwässerung wurden mit kleinen, horizontalen Filmen durchgeführt, wie sie von Scheludko und Mitarbeitern ausführlich beschrieben wurden [2–4]. Die Filmdicke wird durch Interferometrie bestimmt, die auf dem Vergleich der Intensitäten des auf den Film fallenden und des von ihm reflektierten Lichts beruht [4]. Bei dünneren Filmen können große elektrostatische Abstoßungswechselwirkungen die Antriebskraft für die Entwässerung verringern und zu stabilen Filmen führen. Bei dicken Filmen mit hohen Tensidkonzentrationen (> CMC) können die im Film vorhandenen Mizellen einen abstoßenden Strukturmechanismus verursachen. Die Auswirkungen der Verformung der Filmoberfläche während der Verdünnung sind ebenfalls äußerst kompliziert.

Schaumfilme können auch durch Ziehen eines Rahmens aus einem Reservoir mit einer Tensidlösung erzeugt werden [5, 6]. Es lassen sich drei Phasen unterscheiden: (1) anfängliche Filmbildung, die durch die Ziehgeschwindigkeit bestimmt wird; (2) Drainage des Films innerhalb der Lamelle, die mit der Zeit eine Ausdünnung bewirkt; (3) Alterung des Films, die zur Bildung eines metastabilen Films führen kann.

Unter der Annahme, dass die Monoschicht des Tensidfilms an den Grenzen des Films starr ist, kann die Filmentwässerung durch die viskose Strömung der Flüssigkeit unter Schwerkraft zwischen zwei parallelen Platten beschrieben werden, wie durch die Poiseuille-Gleichung gegeben:

$$V_{av} = \frac{\rho g h^2}{8\eta},$$ (7.5)

wobei h die Filmdicke, ρ die Flüssigkeitsdichte im Film, η die Viskosität der Flüssigkeit und g die Erdbeschleunigung ist.

Im weiteren Verlauf des Prozesses kann die Ausdünnung auch durch einen horizontalen Mechanismus erfolgen, der als Randregeneration [7, 8] bekannt ist und bei dem die Flüssigkeit aus dem Film in der Nähe des Randbereichs abgelassen und aus dem Inneren des Niederdruckplateaus ausgetauscht wird. Bei diesem Austausch ändert sich die Gesamtfläche des Films nicht wesentlich. Dieser Regenerationsmechanismus führt zur Bildung von Flecken mit dünnem Film an der Grenze, wobei die überschüssige Flüssigkeit in den Grenzkanal fließt. Die Randeffekte bestimmen die Entwässerung, wobei die Ausdünnungsrate umgekehrt zur Filmbreite variiert [7–9]. Dies führt zu Dickenschwankungen, die durch Kapillarwellen verursacht werden. Die Randregeneration ist wahrscheinlich die wichtigste Ursache für die Entwässerung in vertikalen Filmen mit beweglichen Oberflächen, d. h. mit Tensidlösungen in Konzentrationen oberhalb der CMC.

7.4.2 Theorien zur Schaumstabilität

Es gibt keine einzige Theorie, die die Schaumstabilität zufriedenstellend erklären kann. Es wurden mehrere Ansätze geprüft, die im Folgenden zusammengefasst werden.

7.4.2.1 Oberflächenviskosität und Elastizitätstheorie

Es wird angenommen, dass der adsorbierte Tensidfilm die mechanisch-dynamischen Eigenschaften der Oberflächenschichten aufgrund seiner Oberflächenviskosität und Oberflächenelastizität kontrolliert. Dieses Konzept kann für dicke Filme (> 100 nm) zutreffen, bei denen die intermolekularen Kräfte weniger dominant sind (d. h. Schaumstabilität unter dynamischen Bedingungen). Die Oberflächenviskosität spiegelt die Geschwindigkeit des Entspannungsprozesses wider, der das Gleichgewicht im System wiederherstellt, nachdem es einer Belastung ausgesetzt wurde. Die Oberflächenelastizität ist ein Maß für die in der Oberflächenschicht gespeicherte Energie, die durch eine äußere Belastung entsteht.

Die viskoelastischen Eigenschaften der Oberflächenschicht sind ein wichtiger Parameter. Die nützlichste Technik zur Untersuchung der viskoelastischen Eigenschaften von Tensidmonoschichten ist die Oberflächenstreumethode. Wenn transversale Riffel auftreten, kommt es zu einer periodischen Dilatation und Kompression der Monoschicht, die genau gemessen werden kann. Auf diese Weise lässt sich das viskoelastische Verhalten von Monoschichten unter Gleichgewichts- und Nichtgleichgewichtsbedingungen ermitteln, ohne den ursprünglichen Zustand der adsorbierten Schicht zu stören. Es wurden einige Korrelationen zwischen der Oberflächenviskosität und -elastizität und der Schaumstabilität festgestellt, z. B. bei der Zugabe von Laurylalkohol zu Natriumlaurylsulfat, was zu einer Erhöhung der Oberflächenviskosität und -elastizität führt [10].

7.4.2.2 Die Theorie des Gibbs-Marangoni-Effekts

Der Gibbssche Elastizitätskoeffizient ε wurde als variabler Widerstand gegen die Oberflächenverformung während der Ausdünnung eingeführt:

$$\varepsilon = 2\left(\frac{d\gamma}{d \ln A}\right) = 2\left(\frac{d\gamma}{d \ln h}\right), \tag{7.6}$$

$d \ln h$ ist die relative Änderung der Lamellendicke, ε ist der „Film-Elastizitäts-Kompressionsmodul" oder „Oberflächen-Dilatationsmodul". ε ist ein Maß für die Fähigkeit des Films, seine Oberflächenspannung bei einer sofortigen Belastung anzupassen. Im Allgemeinen ist der Film umso stabiler, je höher der Wert von ε ist. ε hängt von der Oberflächenkonzentration und der Filmdicke ab. Damit ein frisch hergestellter Film überleben kann, ist ein Mindestwert für ε erforderlich.

Der Hauptmangel der frühen Studien zur Gibbsschen Elastizität bestand darin, dass sie auf dünne Filme angewandt wurde und die Diffusion aus der Hauptlösung vernachlässigt wurde. Mit anderen Worten: Die Gibbs-Theorie gilt für den Fall, dass nicht genügend Tensidmoleküle im Film vorhanden sind, um an die Oberfläche zu diffundieren und die Oberflächenspannung zu senken. Dies ist bei den meisten Tensidfilmen eindeutig nicht der Fall. Für dicke Lamellen unter dynamischen Bedingungen sollte man die Diffusion aus der Gesamtlösung, d. h. den Marangoni-Effekt, berücksichtigen. Der Marangoni-Effekt wirkt einer raschen Verschiebung der Oberfläche entgegen (Gibbs-Effekt) und kann bei „gefährlichen" dünnen Filmen eine vorübergehende Rückstellkraft bewirken. Tatsächlich überlagert der Marangoni-Effekt die Gibbs-Elastizität, so dass die effektive Rückstellkraft eine Funktion der Ausdehnungsgeschwindigkeit und der Dicke ist. Wenn sich die Oberflächenschichten wie unlösliche Monoschichten verhalten, dann hat die Oberflächenelastizität ihren größten Wert und wird als Marangoni-Dehnungsmodul ε_m bezeichnet.

Der Gibbs-Marangoni-Effekt erklärt das maximale Schaumverhalten bei mittleren Tensidkonzentrationen [5]. Bei niedrigen Tensidkonzentrationen (deutlich unter der CMC) ist die größtmögliche Oberflächendifferenzspannung nur relativ klein und es kommt zu wenig Schaumbildung. Bei sehr hohen Tensidkonzentrationen (deutlich über der CMC) entspannt sich die Differenzspannung aufgrund der Zufuhr von Tensid, das an die Oberfläche diffundiert, zu schnell. Dies führt dazu, dass die Rückstellkraft Zeit hat, den störenden Kräften entgegenzuwirken, wodurch ein gefährlich dünnerer Film entsteht und die Schaumbildung schlecht ist. Es ist der mittlere Tensidkonzentrationsbereich, der eine maximale Schaumbildung bewirkt.

7.4.2.3 Theorie der Oberflächenkräfte (Trennungsdruck π)

Diese Theorie funktioniert unter statischen (Gleichgewichts-)Bedingungen in relativ verdünnten Tensidlösungen (h < 100 nm). In den frühen Stadien der Bildung entwässern die Schaumfilme durch die Wirkung der Schwerkraft oder der Kapillarkräfte. Wenn die Filme während dieser Entwässerungsphase stabil bleiben, können sie eine Dicke im Bereich von 100 nm erreichen. In diesem Stadium kommen die Oberflächenkräfte ins Spiel, d. h. der Bereich der Oberflächenkräfte ist nun mit der Filmdicke vergleichbar. Deryaguin und Mitarbeiter [11, 12] führten das Konzept des Trennungsdrucks ein, der positiv bleiben sollte, um die weitere Entwässerung und den Zusammenbruch des Films zu verlangsamen. Dies ist das Prinzip der Bildung dünner metastabiler (Gleichgewichts-)Filme.

Zusätzlich zum Laplace-Kapillardruck können bei einer Tensidkonzentration unterhalb der CMC drei weitere Kräfte wirken: elektrostatische Doppelschichtabstoßung π_{el}, Van-der-Waals-Anziehung π_{vdW} und sterische (Kurzstrecken-)Kräfte π_{st}:

$$\pi = \pi_{el} + \pi_{vdW} + \pi_{st}. \tag{7.7}$$

In der ursprünglichen Definition des Trennungsdrucks von Deryaguin [11, 12] wurden nur die ersten beiden Terme auf der rechten Seite von Gleichung (7.7) berücksichtigt. Bei niedrigen Elektrolytkonzentrationen überwiegt die Doppelschichtabstoßung und π_{el} kann den Kapillardruck kompensieren, d. h. $\pi_{el} = p_c$. Dies führt zur Bildung eines freien Gleichgewichtsfilms, der gewöhnlich als dicker gemeinsamer Film CF ($\approx$ 50 nm Dicke) bezeichnet wird. Dieser metastabile Gleichgewichtsfilm bleibt so lange bestehen, bis thermische oder mechanische Schwankungen einen Bruch verursachen. Die Stabilität des CF kann mit Hilfe der Theorie der Kolloidstabilität von Deryaguin, Landau [13] und Verwey und Overbeek [14] (DLVO-Theorie) beschrieben werden.

Der kritische Dickenwert, bei dem der CF (aufgrund von Dickenstörungen) reißt, schwankt, und es kann ein Durchschnittswert h_{cr} definiert werden. Es kann jedoch auch eine andere Situation eintreten, wenn h_{cr} erreicht wird, und anstelle eines Bruchs kann sich ein metastabiler Film (hohe Stabilität) mit einer Dicke $h < h_{cr}$ bilden. Die Bildung dieses metastabilen Films kann experimentell beobachtet werden als sich formierende „Inseln aus Punkten", die im Licht, das von der Oberfläche reflektiert wird, schwarz erscheinen. Dieser Film wird deshalb oft als „erster schwarzer" oder „gewöhnlicher schwarzer" Film bezeichnet. Die Tensidkonzentration, bei der dieser „erste schwarze" Film entsteht, kann um 1 bis 2 Größenordnungen niedriger sein als die CMC.

Eine weitere Verdünnung kann eine zusätzliche Umwandlung in einen dünneren stabilen Bereich bewirken (eine schrittweise Umwandlung). Dies geschieht in der Regel bei hohen Elektrolytkonzentrationen, was zu einem zweiten, sehr stabilen, dünnen schwarzen Film führt, der gewöhnlich als sekundärer schwarzer Film von Newton bezeichnet wird und eine Dicke von etwa 4 nm aufweist. Unter diesen Bedingungen kontrollieren die sterischen oder Hydratationskräfte im Nahbereich die Stabilität, und dies liefert den dritten Beitrag zu der in Gleichung (7.7) beschriebenen sterischen Kraft π_{st}.

Abbildung 7.1 zeigt eine schematische Darstellung des Verlaufs des Trennungsdrucks π mit der Schichtdicke h, die den Übergang vom gewöhnlichen Film zum gewöhnlichen schwarzen Film und zum schwarzen Newtonschen Film zeigt. Der gewöhnliche schwarze Film hat eine Dicke im Bereich von 30 nm, während der schwarze Newtonsche Film je nach Elektrolytkonzentration eine Dicke im Bereich von 4 bis 5 nm hat. Es wurden mehrere Untersuchungen durchgeführt, um die oben genannten Übergänge vom gewöhnlichen Film zum gewöhnlichen schwarzen Film und schließlich zum schwarzen Newtonschen Film zu untersuchen. Bei Natriumdodecylsulfat haben die üblichen schwarzen Filme eine Dicke von 200 nm in einem sehr verdünnten System bis etwa 5,4 nm. Die Dicke hängt stark von der Elektrolytkonzentration ab, und man kann davon ausgehen, dass die Stabilität durch das sekundäre Minimum in der Energieabstandskurve bedingt ist. In Fällen, in denen der Film noch dünner wird und das primäre Energiemaximum überwindet, fällt er in das primäre Minimum der potenziellen Energiesenke und es entstehen sehr dünne schwarze Newton-Filme. Der Übergang von gewöhnlichen schwarzen Filmen zu schwarzen Newton-Filmen erfolgt bei einer kritischen Elektrolytkonzentration, die von der Art des Tensids abhängt.

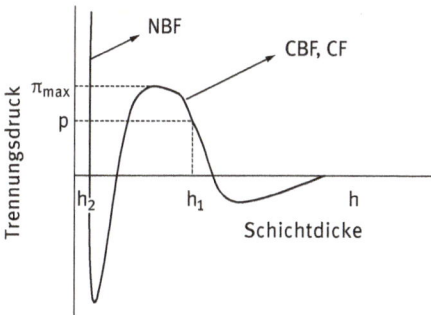

Abb. 7.1: Trennungsdruck in Abhängigkeit von der Schichtdicke, die den Übergang vom gewöhnlichen Film (CF) über den gewöhnlichen schwarzen Film (CBF) zum schwarzen Newtonschen Film (NBF) zeigt.

Die Bruchmechanismen von dünnen Flüssigkeitsfilmen wurden von de Vries [15] und von Vrij und Overbeek [16] untersucht. Es wurde angenommen, dass thermische und mechanische Störungen (mit wellenförmigem Charakter) Schwankungen der Filmdicke (in dünnen Filmen) verursachen, die zum Zerreißen oder Zusammenwachsen von Blasen bei einer kritischen Dicke führen. Vrij und Overbeek [16] führten eine theoretische Analyse des hydrodynamischen Grenzflächenkraftgleichgewichts durch und drückten die kritische Bruchdicke durch die anziehende Van-der-Waals-Wechselwirkung (gekennzeichnet durch die Hamaker-Konstante A), die Oberflächen-

oder Grenzflächenspannung γ und den Trennungsdruck aus. Es wurde die kritische Wellenlänge λ_{crit} bestimmt, bei der die Störung wächst (unter der Annahme, dass der Trennungsdruck den Kapillardruck knapp übersteigt). Der Film bricht zusammen, wenn die Amplitude der schnell wachsenden Störung gleich der Dicke des Films ist. Die kritische Bruchdicke, h_{crit}, wurde durch die folgende Gleichung definiert:

$$h_{crit} = 0,267 \left(\frac{a_f\,A^2}{6\pi\,\gamma\,\Delta p} \right)^{1/7}, \tag{7.8}$$

wobei a_f die Fläche des Films ist.

Viele schwach schäumende Flüssigkeiten mit dicken Filmlamellen reißen leicht, z. B. reine Wasser- und Ethanolfilme (mit einer Dicke zwischen 110 und 453 nm). Unter diesen Bedingungen erfolgt der Bruch durch das Wachstum von Störungen, die zu dünneren Abschnitten führen können [17]. Der Bruch kann auch durch spontane Keimbildung von Dampfblasen (Bildung von Gashohlräumen) in der strukturierten Flüssigkeitslamelle verursacht werden [18]. Eine alternative Erklärung für das Reißen relativ dicker wässriger Filme mit geringem Tensidgehalt ist die hydrophobe anziehende Wechselwirkung zwischen den Oberflächen, die durch Blasenhohlräume verursacht werden kann [19, 20].

7.4.2.4 Stabilisierung durch Mizellen (hohe Tensidkonzentrationen > CMC)

Bei hohen Tensidkonzentrationen (oberhalb der CMC) können Mizellen ionischer oder nichtionischer Tenside organisierte Molekularstrukturen innerhalb des Flüssigkeitsfilms bilden [21, 22]. Dies liefert einen zusätzlichen Beitrag zum Trennungsdruck. Die Verdünnung des Films erfolgt durch einen schrittweisen Entwässerungsmechanismus, der als Schichtung bezeichnet wird [23]. Die Anordnung von Tensidmizellen (oder kolloidalen Partikeln) im Flüssigkeitsfilm aufgrund der abstoßenden Wechselwirkung liefert einen zusätzlichen Beitrag zum Trennungsdruck und verhindert die Ausdünnung des Flüssigkeitsfilms.

7.4.2.5 Stabilisierung durch lamellare flüssigkristalline Phasen

Dies ist insbesondere bei nichtionischen Tensiden der Fall, die im Film zwischen den Blasen eine lamellare Flüssigkristallstruktur bilden [24, 25]. Diese Flüssigkristalle vermindern die Filmentwässerung infolge der Erhöhung der Viskosität des Films. Darüber hinaus dienen die Flüssigkristalle als Reservoir für Tenside der optimalen Zusammensetzung, um den Schaum zu stabilisieren.

7.4.2.6 Stabilisierung von Schaumfilmen durch gemischte Tenside

Es hat sich gezeigt, dass eine Kombination von Tensiden eine langsamere Entwässerung und eine bessere Schaumstabilität bewirkt. So führen beispielsweise Mischungen aus anionischen und nichtionischen Tensiden oder aus anionischem

Tensid und langkettigem Alkohol zu wesentlich stabileren Filmen als die Einzel-komponenten. Dies könnte auf mehrere Faktoren zurückgeführt werden. So führt beispielsweise die Zugabe eines nichtionischen Tensids zu einem anionischen Ten-sid zu einer Verringerung der CMC des anionischen Tensids. Das Gemisch kann auch eine geringere Oberflächenspannung als die Einzelkomponenten aufweisen. Das kombinierte Tensidsystem weist im Vergleich zu den Einzelkomponenten auch eine hohe Oberflächenelastizität und Viskosität auf.

7.5 Schaum-Inhibitoren

Es lassen sich zwei Haupttypen von Hemmstoffen unterscheiden: (1) Antischaum-mittel, die zugesetzt werden, um die Schaumbildung zu verhindern. (2) Entschäu-mer, die zugesetzt werden, um einen vorhandenen Schaum zu beseitigen.

So sind beispielsweise Alkohole wie Octanol als Entschäumer wirksam, aber als Entschäumer unwirksam. Da die Entwässerung und die Stabilität von Flüssigkeitsfil-men noch lange nicht vollständig verstanden sind, ist es derzeit sehr schwierig, die entschäumende und schaumbrechende Wirkung von zugesetzten Substanzen zu er-klären. Erschwerend kommt hinzu, dass in vielen industriellen Prozessen Schäume durch unbekannte Verunreinigungen erzeugt werden. Aus diesen Gründen ist der Wirkungsmechanismus von Antischaummitteln und Entschäumern noch lange nicht verstanden [26]. Im Folgenden wird eine Zusammenfassung der verschiedenen Me-thoden gegeben, die zur Schaumhemmung und Schaumzerstörung eingesetzt werden können.

7.5.1 Chemische Inhibitoren, die die Viskosität senken und die Entwässerung erhöhen

Chemikalien, die die Volumenviskosität verringern und die Entwässerung erhöhen, können zu einer Verringerung der Schaumstabilität führen. Das Gleiche gilt für Stoffe, die die Oberflächenviskosität und -elastizität verringern (Überflutung der Oberflächenschicht mit überschüssigem Material niedrigerer Viskosität). Es wurde vermutet, dass ein sich ausbreitender Film aus Antischaummittel die stabilisierende Tensid-Monoschicht einfach verdrängen kann. Wenn sich die Öllinse auf der Ober-fläche ausbreitet und ausdehnt, wird die Spannung allmählich auf einen niedrige-ren, einheitlichen Wert reduziert. Dadurch wird die stabilisierende Wirkung der Grenzflächenspannungsgradienten, d. h. die Oberflächenelastizität, aufgehoben. Die Verringerung der Oberflächenviskosität und -elastizität kann durch Tenside mit nied-rigem Molekulargewicht erreicht werden. Dadurch wird die Kohärenz der Schicht ver-ringert, z. B. durch Zugabe geringer Mengen nichtionischer Tenside. Diese Effekte hängen von der Molekularstruktur des zugesetzten Tensids ab. Andere Stoffe, die nicht oberflächenaktiv sind, können den Film ebenfalls destabilisieren, indem sie als Co-Lösungsmittel wirken und die Tensidkonzentration in der Flüssigkeitsschicht verringern. Leider müssen diese nicht-oberflächenaktiven Stoffe, wie Methanol oder Ethanol, in großen Mengen (> 10 %) zugesetzt werden.

7.5.2 Gelöste Chemikalien, die eine Entschäumung bewirken

Es wurde nachgewiesen, dass solubilisierte Antischaummittel wie Tributylphosphat und Methylisobutylcarbinol bei Zugabe zu Tensidlösungen wie Natriumdodecylsulfat und Natriumoleat die Schaumbildung verringern können [27]. In Fällen, in denen die Öle die Löslichkeitsgrenze überschreiten, können die Emulgatortröpfchen des Öls einen großen Einfluss auf die schaumhemmende Wirkung haben. Es wurde behauptet [27], dass das in der Mizelle gelöste Öl eine schwache Entschäumungswirkung besitzt. Die Bildung von Mischmizellen mit extrem niedrigen Tensidkonzentrationen könnte die Wirkung von unlöslichen Fettsäureestern, Alkylphosphatestern und Alkylaminen erklären.

7.5.3 Tröpfchen und Öllinsen, die eine Antischaum-Wirkung und Entschäumung verursachen

In der Oberfläche des Films bilden sich ungelöste Öltröpfchen, was zum Reißen des Films führen kann. Es können verschiedene Öle verwendet werden: Alkylphosphate, Diole, Fettsäureester und Silikonöle (Polydimethylsiloxan). Ein weithin anerkannter Mechanismus für die schaumverhindernde Wirkung von Ölen umfasst zwei Schritte: (1) Die Öltropfen treten in die Grenzfläche zwischen Luft und Wasser ein. (2) Das Öl breitet sich über den Film aus und reißt ihn auf.

Die entschäumende Wirkung [28] lässt sich durch das Gleichgewicht zwischen dem Eintrittskoeffizienten E und dem Ausbreitungskoeffizienten S nach Harkins [29] erklären, die durch die folgenden Gleichungen gegeben sind:

$$E = \gamma_{W/A} + \gamma_{W/O} - \gamma_{O/A}, \quad (7.9)$$

$$S = \gamma_{W/A} - \gamma_{W/O} - \gamma_{O/A}, \quad (7.10)$$

wobei $\gamma_{W/A}$, $\gamma_{O/A}$ und $\gamma_{W/O}$ die makroskopischen Grenzflächenspannungen der wässrigen Phase, der Ölphase bzw. die Grenzflächenspannung an der Öl/Wasser-Grenzfläche sind.

Ross und McBain [30] schlugen vor, dass für eine wirksame Entschäumung der Öltropfen in die Luft/Wasser-Grenzfläche eindringen und sich ausbreiten muss, um auf beiden Seiten des ursprünglichen Films einen Doppelfilm zu bilden. Dies führt zu einer Verdrängung des Originalfilms und hinterlässt einen Ölfilm, der instabil ist und leicht reißen kann. Ross [27] verwendete den Ausbreitungskoeffizienten (Gleichung (7.10)) als Entschäumungskriterium. Für die Entschäumung sollten sowohl E als auch S für Eintritt und Ausbreitung > 0 sein. Ein typisches Beispiel für diese Art von Ausbreitung/ Bruch wird für einen mit Kohlenwasserstoff-Tensiden stabilisierten Film dargestellt. Für die meisten Tensidsysteme gilt $\gamma_{W/A}$ = 35–45 mNm^{-1} und $\gamma_{W/O}$ = 5–10 mNm^{-1}. Damit ein Öl als Antischaummittel wirken kann, sollte $\gamma_{O/A}$ weniger als 25 mNm^{-1} betragen. Dies zeigt, warum Silikonöle mit niedriger Oberflächenspannung, die eine Oberflächenspannung von nur 10 mNm^{-1} haben, wirksam sind.

7.5.4 Oberflächenspannungsgradienten (induziert durch Antischäumer)

Es wurde vermutet, dass einige Antischaummittel den Effekt des Strukturspannungsgradienten in Schaumfilmen ausschalten, indem sie den Marangoni-Effekt verringern. Da die Ausbreitung durch ein Oberflächenspannungsgefälle zwischen der Ausbreitungsfront und der Vorderkante der Ausbreitungsfront angetrieben wird, kann die Ausdünnung und das Zerreißen des Schaums dadurch erfolgen, dass dieses Oberflächenspannungsgefälle als Scherkraft wirkt (und die darunterliegende Flüssigkeit von der Quelle wegzieht). Dies könnte durch Feststoffe oder Flüssigkeiten erreicht werden, die ein anderes Tensid enthalten als das, das den Schaum stabilisiert. Alternativ können auch Flüssigkeiten, die Schaumstabilisatoren in höheren Konzentrationen als im Schaum enthalten, über diesen Mechanismus wirken. Eine dritte Möglichkeit ist die Verwendung adsorbierter Dämpfe von oberflächenaktiven Flüssigkeiten.

7.5.5 Hydrophobe Partikel als Antischaummittel

Es hat sich gezeigt, dass viele Feststoffpartikel mit einem gewissen Grad an Hydrophobie die Destabilisierung von Schäumen verursachen, z. B. hydrophobe Silika- und PTFE-Partikel. Diese Partikel weisen einen endlichen Kontaktwinkel auf, wenn sie an der wässrigen Grenzfläche haften. Es wurde vermutet, dass viele dieser hydrophoben Partikel den stabilisierenden Tensidfilm durch schnelle Adsorption aufbrauchen und Schwachstellen im Film verursachen können. Ein weiterer Mechanismus wurde auf der Grundlage des Benetzungsgrads der hydrophoben Partikel vorgeschlagen [31], was zu der Idee der Partikelüberbrückung führte. Bei großen glatten Partikeln (groß genug, um beide Oberflächen zu berühren, und mit einem Kontaktwinkel θ > 90°) kann es zu einer Entnetzung kommen. Zunächst wird der Laplace-Druck in dem an das Teilchen angrenzenden Film positiv und bewirkt, dass die Flüssigkeit vom Teilchen wegfließt, was zu einer verstärkten Entwässerung und zur Bildung eines „Lochs" führt. Im Fall von θ < 90° ist die Situation zunächst dieselbe wie bei θ > 90°, aber wenn der Film entwässert, erreicht er eine kritische Dicke, bei der der Film plan ist und der Kapillardruck null wird. An diesem Punkt kehrt eine weitere Entwässerung das Vorzeichen der Krümmungsradien um und verursacht ein Ungleichgewicht der Kapillarkräfte, das eine Entwässerung verhindert. Dies kann bei bestimmten Arten von Partikeln eine stabilisierende Wirkung haben. Dies bedeutet, dass für einen effizienten Schaumabbau ein kritischer rückläufiger Kontaktwinkel erforderlich ist. Bei Partikeln mit rauen Kanten ist die Situation komplexer, wie Johansson und Pugh [32] anhand von fein gemahlenen Quarzpartikeln unterschiedlicher Größenfraktionen zeigten. Die Partikeloberflächen wurden durch Methylierung hydrophobiert. Diese und andere in der Literatur beschriebene Studien bestätigen die Bedeutung von Größe, Form und Hydrophobie der Partikel für die Schaumstabilität.

7.5.6 Mischungen aus hydrophoben Partikeln und Ölen als Antischaummittel

Der synergetische Antischaum-Effekt von Mischungen aus unlöslichen hydrophoben Partikeln und hydrophoben Ölen, wenn sie in einem wässrigen Medium dispergiert sind, ist in der Patentliteratur gut belegt. Diese gemischten Antischaummittel sind schon bei sehr niedrigen Konzentrationen (10 bis 100 ppm) sehr wirksam. Bei den hydrophoben Partikeln könnte es sich um hydrophobiertes Siliziumdioxid und beim Öl um Polydimethylsiloxan (PDMS) handeln. Eine mögliche Erklärung für den Synergieeffekt ist, dass der Ausbreitungskoeffizient von PDMS-Öl durch den Zusatz von hydrophoben Partikeln verändert wird. Es wurde vermutet, dass die Öl-Partikel-Gemische Verbundkörper bilden, bei denen die Partikel an der Öl/Wasser-Grenzfläche haften können. Das Vorhandensein von Partikeln, die an der Öl/Wasser-Grenzfläche haften, kann das Eindringen von Öltröpfchen in die Luft/Wasser-Grenzfläche erleichtern, so dass sich Linsen bilden, die zum Reißen des Öl/Wasser/Luft-Films führen.

7.6 Bewertung der Schaumbildung und -stabilität

Es ist zu unterscheiden zwischen der Schaumproduktion, gemessen an der Höhe des anfänglich gebildeten Schaums, und der Schaumstabilität, der Höhe nach einer bestimmten Zeit. Eine qualitative Methode zur Bewertung der Schaumbildung und -stabilität ist die Ross-Miles-Methode [33]. Bei diesem Test werden 200 ml einer Tensidlösung, die sich in einer Pipette mit bestimmten Abmessungen und einem Innendurchmesser von 2,9 mm befindet, 90 cm weit in 50 ml derselben Tensidlösung eingetaucht, die sich in einem zylindrischen Gefäß befindet, das mit Hilfe eines Wasserbads auf einer konstanten Temperatur gehalten wird. Die Höhe des sich im Gefäß bildenden Schaums wird unmittelbar nach dem Auslaufen der gesamten Tensidlösung aus der Pipette (Anfangsschaumhöhe) und dann erneut nach 5 Minuten gemessen.

7.6.1 Effizienz und Effektivität eines schäumenden Tensids

Die Schaumhöhe nimmt in der Regel mit steigender Tensidkonzentration zu und erreicht ein Maximum etwas oberhalb der kritischen Mizellbildungskonzentration (CMC). Der CMC-Wert eines Tensids ist daher ein gutes Maß für seine Effizienz als Schaumbildner; je niedriger der CMC-Wert desto effizienter ist das Tensid als Schaumbildner. Für eine Reihe von Tensiden mit derselben hydrophilen Kopfgruppe gilt: je länger die Kohlenwasserstoffkette, desto niedriger der CMC-Wert und desto effizienter das Tensid als Schaumbildner. Die Zugabe von Elektrolyten zu einem ionischen Tensid führt zu einer Verringerung des CMC-Werts und erhöht damit seine Wirksamkeit. Tenside mit längeren hydrophoben Gruppen sind zwar effizienter, aber nicht unbedingt wirksamere Schaumbildner. Die Wirksamkeit eines Tensids als Schaumbildner scheint sowohl von seiner Wirksamkeit bei der Verringerung der Oberflächenspannung als auch vom Ausmaß seiner intermolekularen Kohäsionskräfte abzuhängen. Da die freie Energie der Schaumbildung durch $\Delta A \gamma$ gegeben ist (wobei ΔA die Vergrößerung der Fläche der Flüssigkeits-/Gas-Grenzfläche infolge der Schaumbildung und γ die Oberflächenspannung ist), ist es klar, dass die zur Schaumbildung erforderliche Arbeit umso geringer ist, je niedriger der Wert von γ ist. Die Geschwindigkeit, mit der sich die Oberflächenspannung verringert, bestimmt die Wirksamkeit eines Tensids als Schaumbildner. Dies erfordert die Messung der Oberflächenspannung als Funktion der Zeit (dynamische Oberflächenspannungsmessungen), und je höher die Geschwindigkeit ist (je kürzer die Zeit ist, die benötigt wird, um den Gleichgewichtswert der Oberflächenspannung zu erreichen), desto wirksamer ist das Tensid als Schaumbildner. Die Geschwindigkeit der Verringerung der Oberflächenspannung hängt von der Adsorptionsgeschwindigkeit an der Grenzfläche zwischen Flüssigkeit und Gas ab, und diese hängt vom Diffusionskoeffizienten des Tensidmoleküls ab. So diffundieren verzweigtkettige Tenside und solche, die zentral gelegene hydrophobe Gruppen enthalten, schnell zur Grenzfläche und erzeugen im Vergleich zu ihren geradkettigen Analoga ein größeres Volumen an Anfangsschaum. Um den entstehenden Schaum vor dem Zusammenbruch zu stabilisieren, müssen die Tensidmoleküle jedoch einen Grenzflächenfilm mit ausreichender Kohäsion bilden, um den Flüssigkeitslamellen, die die Gasblasen im Schaum einschließen, Elastizität und mechanische Festigkeit zu verleihen. Da die Kohäsion zwischen den Ketten mit zunehmender Länge der hydrophoben Kette zunimmt, könnte dies der Grund für die Beobachtung sein, dass die Schaumhöhe mit zunehmender Kettenlänge häufig ein Maximum erreicht. Eine zu kurze Alkylkette führt zu unzureichender Kohäsion, während eine zu lange Kette zu viel Steifigkeit und geringer Elastizität führt. Darüber hinaus führt eine zu lange Alkylkette zu einer geringen Wasserlöslichkeit und einer hohen Krafft-Temperatur.

Literatur

[1]   E. Dickinson, „Introduction to Food Colloids", Oxford University Press (1992).
[2]   A. Scheludko, Colloid Science, Elsevier, Amsterdam (1966).
[3]   A. Scheludko, Advances Colloid Interface Sci., **1**, 391 (1971).
[4]   D. Exerowa and P. M. Kruglyakov, „Foam and Foam Films", Elsevier, Amsterdam (1997).
[5]   R. J. Pugh, Advances Colloid and Interface Sci, (1995).
[6]   O. Reynolds, Phil. Trans. Royal Soc. London, Ser. **A177**, 157 (1886).
[7]   K. J. Mysels, J. Phys. Chem, **68**, 3441 (1964).
[8]   J. Lucassen, in „Anionic Surfactants", E. H. Lucassen-Reynders (ed.), Marcel Dekker, N. Y. (1981), S. 217
[9]   H. N. Stein, Advances Colloid Interface Sci., **34**, 175 (1991).
[10] J. T. Davies, Proceedings of the second International Congress of Surface Activity, Vol. 1, J. H. Schulman (ed.), Butterworth, London (1957).
[11] B. V. Deryaguin and N. V. Churaev, Kolloid Zh., **38**, 438 (1976).
[12] B. V. Deryaguin, „Theory of Stability of Colloids and Thin Films", Consultant Bureau, New York (1989).
[13] B. V. Deryaguin and L. D. Landua, Acta Physicochimica USSR, **14**, 633 (1941).
[14] E. J. Verwey and J. Th. G. Overbeek, „Theory of Stability of Lyophobic Colloids", Elsevier, Amsterdam (1948).
[15] A. J. de Vries, Disc. Faraday Soc., **42**, 23 (1966).
[16] A. Vrij and J. Th. G. Overbeek, J. Amer. Chem. Soc., **90**, 3074 (1968).
[17] B. Radoev, A. Scheludko and E. Manev, J. Colloid Interface Sci., **95**, 254 (1983).
[18] V. G. Gleim, I. V. Shelomov and B. R. Shidlovskii, J. Appl. Chem. USSR, **32**, 1069 (1959).
[19] R. J. Pugh and R. H. Yoon, J. Colloid Interface Sci., **163**, 169 (1994).
[20] P. M. Claesson and H. K. Christensen, J. Phys. Chem., **92**, 1650 (1988).
[21] E. S. Johnott, Philos. Mag., **11**, 746 (1906).
[22] J. Perrin, Ann. Phys., **10**, 160 (1918).
[23] L. Loeb and D. T. Wasan, Langmuir, **9**, 1668 (1993).
[24] S. Frieberg, Mol. Cryst. Liq. Cryst., **40**, 49 (1977).
[25] J. E. Perez, J. E. Proust and Ter-Minassian Saraga, in „Thin Liquid Films", I. B. Ivanov (ed.), Marcel Dekker, N. Y. (1988), S. 70
[26] P. R. Garrett (ed.) „Defoaming", Surfactant Science Series Vol. 45, Marcel Dekker, N. Y. (1993).
[27] S. Ross and R. M. Haak, J. Phys. Chem., **62**, 1260 (1958).
[28] J. V. Robinson and W. W. Woods, J. Soc. Chem. Ind., **67**, 361 (1948).
[29] W. D. Harkins, J. Phys. Chem., **9**, 552 (1941).
[30] S. Ross and Mc Bain, Ind. Chem. Eng., **36**, 570 (1944).
[31] P. R. Garett, J. Colloid Interface Sci., **69**, 107 (1979).
[32] G. Johansson and R. J. Pugh, Int. J. Mineral Process, **34**, 1 (1992).
[33] J. Ross and G. D. Miles, Am. Soc. For Testing Materials, Method D1173-53, Philadelphia, PA (1953); Oil Soap **18**, 99 (1941).

8 Tenside in Nanoemulsionen

8.1 Einführung

Nanoemulsionen sind transparente oder durchsichtige Systeme, die meist den Größenbereich von 20 bis 200 nm abdecken [1, 2]. Nanoemulsionen wurden auch als Mini-Emulsionen bezeichnet [3–7]. Sie können transparent, transluzent oder trüb sein, abhängig von der Tröpfchengröße, dem Unterschied im Brechungsindex zwischen den Tröpfchen und dem Dispersionsmedium sowie dem Volumenanteil der dispersen Phase. Dies lässt sich verstehen, wenn man die Abhängigkeit der Lichtstreuung (Trübung) von den oben genannten Faktoren betrachtet. Für Tröpfchen mit einem Radius, der weniger als 1/20 der Wellenlänge des Lichts beträgt, wird die Trübung τ durch die folgende Gleichung bestimmt:

$$\tau = K N_0 V^2. \tag{8.1}$$

Dabei ist K eine optische Konstante, die mit dem Unterschied im Brechungsindex zwischen den Tröpfchen n_p und dem Medium n_o zusammenhängt, und N_o ist die Anzahl der Tröpfchen mit jeweils einem Volumen V.

Aus Gleichung (8.1) geht hervor, dass τ mit der Verringerung von K, d. h. einer kleineren Differenz $(n_p - n_o)$, der Verringerung von N_o und der Verringerung von V abnimmt. Um eine transparente Nanoemulsion herzustellen, muss man also den Unterschied zwischen dem Brechungsindex der Tröpfchen und dem des Mediums verringern (d. h. versuchen, die beiden Brechungsindizes anzugleichen). Ist eine solche Angleichung nicht möglich, muss man die Tröpfchengröße (durch Hochdruckhomogenisierung) auf Werte unter 50 nm reduzieren. Außerdem muss eine Nanoemulsion mit einem niedrigen Ölvolumenanteil (im Bereich von 0,2) verwendet werden.

Im Gegensatz zu Mikroemulsionen (die ebenfalls transparent oder transluzent und thermodynamisch stabil sind, siehe Kapitel 9) sind Nanoemulsionen nur kinetisch stabil. Die langfristige physikalische Stabilität von Nanoemulsionen (ohne offensichtliche Ausflockung oder Koaleszenz) macht sie jedoch einzigartig und sie werden manchmal als „annähernd thermodynamisch stabil" bezeichnet.

Die inhärent hohe Kolloidstabilität von Nanoemulsionen lässt sich gut verstehen, wenn man ihre sterische Stabilisierung betrachtet (bei Verwendung nichtionischer Tenside und/oder Polymere) und wie diese durch das Verhältnis der Dicke der adsorbierten Schicht zum Tröpfchenradius beeinflusst wird (siehe unten). Wenn sie nicht angemessen vorbereitet (zur Kontrolle der Tröpfchengrößenverteilung) und gegen die Ostwald-Reifung stabilisiert sind (die auftritt, wenn das Öl eine begrenzte Löslichkeit im kontinuierlichen Medium hat), können Nanoemulsionen mit der Zeit ihre Transparenz verlieren, da die Tröpfchengröße zunimmt.

Die Attraktivität von Nanoemulsionen für die Anwendung in der Körperpflege und Kosmetik sowie in der Gesundheitsfürsorge beruht auf folgenden Vorteilen:

https://doi.org/10.1515/9783110798579-008

1. Die sehr kleine Tröpfchengröße bewirkt eine starke Verringerung der Schwerkraft und die Brownsche Bewegung kann zur Überwindung der Schwerkraft ausreichen. Dies bedeutet, dass bei der Lagerung keine Aufrahmung oder Sedimentation auftreten.

2. Die geringe Tröpfchengröße verhindert auch jegliche Ausflockung. Eine schwache Ausflockung wird verhindert, so dass das System dispergiert bleibt, ohne sich zu trennen.

3. Die kleinen Tröpfchen verhindern auch ihre Koaleszenz, da diese Tröpfchen nicht verformbar sind und somit Oberflächenschwankungen verhindert werden. Darüber hinaus verhindert die beträchtliche Dicke des Tensidfilms (im Verhältnis zum Tröpfchenradius) eine Ausdünnung oder Unterbrechung des Flüssigkeitsfilms zwischen den Tröpfchen.

4. Nanoemulsionen eignen sich für die effiziente Abgabe von Wirkstoffen über die Haut. Die große Oberfläche des Emulsionssystems ermöglicht eine schnelle Penetration der Wirkstoffe.

5. Aufgrund ihrer geringen Größe können Nanoemulsionen die „raue" Hautoberfläche durchdringen, was die Penetration von Wirkstoffen verbessert.

6. Die transparente Beschaffenheit des Systems, ihre Fließfähigkeit (bei angemessenen Ölkonzentrationen) sowie das Fehlen jeglicher Verdickungsmittel können ihnen einen angenehmen ästhetischen Charakter und ein angenehmes Hautgefühl verleihen.

7. Im Gegensatz zu Mikroemulsionen (die eine hohe Tensidkonzentration erfordern; in der Regel im Bereich von 20 % und mehr) können Nanoemulsionen mit einer angemessenen Tensidkonzentration hergestellt werden. Für eine 20-prozentige O/W-Nanoemulsion kann eine Tensidkonzentration im Bereich von 5 bis 10 % ausreichend sein.

8. Die geringe Größe der Tröpfchen ermöglicht eine gleichmäßige Ablagerung auf Substraten. Benetzung, Ausbreitung und Penetration können durch die niedrige Oberflächenspannung des gesamten Systems und die niedrige Grenzflächenspannung der O/W-Tröpfchen ebenfalls verbessert werden.

9. Nanoemulsionen können für die Abgabe von Duftstoffen verwendet werden, die in vielen Körperpflegeprodukten enthalten sein können. Dies könnte auch bei Parfüms angewandt werden, bei denen eine alkoholfreie Formulierung wünschenswert ist.

10. Nanoemulsionen können als Ersatz für Liposomen und Vesikel (die viel weniger stabil sind) verwendet werden, und in einigen Fällen ist es möglich, lamellare flüssigkristalline Phasen um die Nanoemulsionströpfchen herum aufzubauen.

In diesem Kapitel werden die folgenden Themen behandelt: (1) Grundlegende Prinzipien der Emulgierung und die Rolle von Tensiden. (2) Herstellung von Nanoemulsionen mit Hilfe von Hochdruckhomogenisatoren und die Prinzipien der Phaseninversion. (3) Theorie der sterischen Stabilisierung von Nanoemulsionen und die Rolle des relativen Verhältnisses zwischen der Dicke der adsorbierten Schicht und dem Tröpfchenradius. (4) Theorie der Ostwald-Reifung und Methoden zur Reduzierung des Prozesses. (5) Beispiele von Nanoemulsionen.

8.2 Grundlegende Prinzipien der Emulgierung

Wie in Kapitel 6 erwähnt, werden zur Herstellung einer Emulsion Öl, Wasser, Tensid und Energie benötigt. Dies lässt sich aus der Betrachtung der zur Ausdehnung der Grenzfläche erforderlichen Energie, $\Delta A \gamma$, ableiten (wobei ΔA die Vergrößerung der Grenzfläche ist, wenn die Ölmasse mit der Fläche A_1 eine große Anzahl von Tröpfchen mit der Fläche A_2 erzeugt; $A_2 \gg A_1$, γ ist die Grenzflächenspannung). Da γ positiv ist, ist die Energie zur Ausdehnung der Grenzfläche groß und positiv. Dieser Energieterm kann nicht durch die kleine Dispersionsentropie $T\Delta S$ (die ebenfalls positiv ist) kompensiert werden, und die gesamte freie Energie der Emulsionsbildung, ΔG, ist positiv:

$$\Delta G = \Delta A \gamma - T\Delta S. \tag{8.2}$$

Die Emulsionsbildung erfolgt also nicht spontan, und es ist Energie erforderlich, um die Tröpfchen zu erzeugen. Die Bildung großer Tröpfchen (einige µm), wie bei Makroemulsionen, ist relativ einfach und daher reichen Hochgeschwindigkeitsrührer wie der Ultra-Turrax® oder der Silverson-Mixer aus, um die Emulsion herzustellen. Im Gegensatz dazu ist die Bildung kleiner Tropfen (im Submikronbereich wie bei Nanoemulsionen) schwierig und erfordert eine große Menge an Tensid und/oder Energie.

Die hohe Energie, die für die Bildung von Nanoemulsionen erforderlich ist, lässt sich aus der Betrachtung des Laplace-Drucks p (der Druckdifferenz zwischen dem Inneren und dem Äußeren des Tröpfchens) verstehen:

$$p = \gamma \left(\frac{1}{R_1} + \frac{1}{R_2} \right), \tag{8.3}$$

wobei R_1 und R_2 die Hauptkrümmungsradien des Tropfens sind.

Für einen kugelförmigen Tropfen gilt: $R_1 = R_2 = R$ und

$$p = \frac{2\gamma}{R}. \tag{8.4}$$

Um einen Tropfen in kleinere Tropfen zu zerlegen, muss er stark verformt werden, und diese Verformung erhöht p. Folglich ist die zur Verformung des Tropfens erforderliche Spannung bei einem kleineren Tropfen höher. Da die Spannung im Allgemeinen durch die umgebende Flüssigkeit über die Bewegung übertragen wird, erfordern höhere Spannungen eine stärkere Bewegung, so dass mehr Energie erforderlich ist, um kleinere Tropfen zu erzeugen [8].

Tenside spielen eine wichtige Rolle bei der Bildung von Nanoemulsionen: Durch die Senkung der Grenzflächenspannung wird p reduziert und damit die zum

Aufbrechen eines Tropfens erforderliche Spannung verringert. Tenside verhindern die Koaleszenz der neu gebildeten Tropfen.

Um die Struktur von Nanoemulsionen zu beurteilen, wird normalerweise die Größenverteilung der Tröpfchen mit Hilfe dynamischer Lichtstreuungstechniken (Photon Correlation Spectroscopy, PCS) gemessen. Bei dieser Technik wird die Intensitätsschwankung des von den Tröpfchen gestreuten Lichts gemessen, während sie eine Brownsche Bewegung ausführen [9]. Wenn ein Lichtstrahl eine Nanoemulsion durchquert, wird in den Tröpfchen ein oszillierendes Dipolmoment induziert, wodurch das Licht zurückgestrahlt wird. Aufgrund der zufälligen Position der Tröpfchen erscheint die Intensität des gestreuten Lichts zu jedem Zeitpunkt als zufälliges Beugungsmuster oder „Speckle"-Muster. Da die Tröpfchen einer Brownschen Bewegung unterliegen, schwankt die zufällige Konfiguration des Musters so, dass die Zeit, die ein Intensitätsmaximum benötigt, um in ein Minimum überzugehen (d. h. die Kohärenzzeit), genau der Zeit entspricht, die das Tröpfchen benötigt, um sich um eine Wellenlänge zu bewegen. Mit einem Photomultiplier mit einer aktiven Fläche um das Beugungsmaximum, d. h. einer Kohärenzfläche, kann diese Intensitätsschwankung gemessen werden. Das analoge Ausgangssignal wird mit Hilfe eines digitalen Korrelators digitalisiert, der die Photocount-Korrelationsfunktion (oder Intensitäts-Korrelationsfunktion) des gestreuten Lichts misst. Die Photocount-Korrelationsfunktion $G^{(2)}(\tau)$ ist durch die folgende Gleichung gegeben:

$$G^{(2)}(\tau) = B(1 + \gamma^2 [g^{(1)}(\tau)]^2),\qquad(8.5)$$

wobei τ die Korrelationsverzögerungszeit ist. Der Korrelator vergleicht $G^{(2)}(\tau)$ für viele Werte von τ. B ist der Hintergrundwert, auf den $G^{(2)}(\tau)$ bei langen Verzögerungszeiten abfällt. $g^{(1)}(\tau)$ ist die normierte Korrelationsfunktion des gestreuten elektrischen Feldes und γ ist eine Konstante (≈ 1).

Für monodisperse, nicht interagierende Tröpfchen gilt:

$$g^{(1)} = \exp(-\Gamma\tau),\qquad(8.6)$$

wobei Γ die Zerfallsrate oder inverse Kohärenzzeit ist, die durch die Gleichung mit dem Translationsdiffusionskoeffizienten D in Beziehung steht,

$$\Gamma = DK^2,\qquad(8.7)$$

wobei K der Streuungsvektor ist,

$$K = \frac{4\pi n}{\lambda_0} \sin\left(\frac{\theta}{2}\right),\qquad(8.8)$$

λ ist die Wellenlänge des Lichts im Vakuum, n ist der Brechungsindex der Lösung und θ ist der Streuungswinkel.

Der Tröpfchenradius R kann mit Hilfe der Stokes-Einstein-Gleichung aus D berechnet werden:

$$D = \frac{kT}{6\pi \, \eta_o \, R},$$ (8.9)

dabei ist η_o die Viskosität des Mediums.

Die obige Analyse gilt für verdünnte monodisperse Tröpfchen. Bei vielen Nanoemulsionen sind die Tröpfchen nicht vollkommen monodispers (in der Regel mit einer engen Größenverteilung) und die Lichtstreuungsergebnisse werden auf Polydispersität analysiert (die Daten werden als Durchschnittsgröße und als Polydispersitätsindex ausgedrückt, der Aufschluss über die Abweichung von der Durchschnittsgröße gibt).

8.2.1 Methoden der Emulgierung und die Rolle von Tensiden

Wie in Kapitel 6 erwähnt, können verschiedene Verfahren zur Emulsionsherstellung angewandt werden, die von einfachen Rohrströmungen (niedrige Rührenergie, L), statischen Mischern und allgemeinen Rührern (niedrige bis mittlere Energie, L–M), Hochgeschwindigkeitsmischern wie dem Ultra-Turrax® (M), Kolloidmühlen und Hochdruckhomogenisatoren (hohe Energie, H), bis zu Ultraschallgeneratoren (M–H) reichen. Die Zubereitungsmethode kann kontinuierlich (C) oder im Batch-Verfahren (B) erfolgen. Bei Nanoemulsionen ist eine höhere Leistungsdichte erforderlich, was die Zubereitung von Nanoemulsionen auf die Verwendung von Hochdruckhomogenisatoren und Ultraschallgeräten beschränkt.

Ein wichtiger Parameter zur Beschreibung der Tröpfchenverformung ist die Weber-Zahl, W_e, die das Verhältnis der äußeren Spannung $G\eta$ (wobei G der Geschwindigkeitsgradient und η die Viskosität ist) zum Laplace-Druck angibt (siehe Kapitel 6):

$$W_e = \frac{G\eta \, r}{2\gamma}.$$ (8.10)

Die Verformung der Tröpfchen nimmt mit steigender Weber-Zahl zu, was bedeutet, dass zur Herstellung kleiner Tröpfchen hohe Spannungen (hohe Scherraten) erforderlich sind. Mit anderen Worten, die Herstellung von Nanoemulsionen kostet mehr Energie als die Herstellung von Makroemulsionen. Die Rolle von Tensiden bei der Emulsionsbildung wurde in Kapitel 6 ausführlich beschrieben, und dieselben Grundsätze gelten auch für die Bildung von Nanoemulsionen. So muss man die Wirkung von Tensiden auf die Grenzflächenspannung, die Grenzflächenelastizität und die Grenzflächenspannungsgradienten berücksichtigen.

8.3 Herstellung von Nanoemulsionen

Für die Herstellung von Nanoemulsionen (mit einem Tröpfchenradius von 50 bis 200 nm) können zwei Methoden angewandt werden: Verwendung von Hochdruck-homogenisatoren (unterstützt durch eine geeignete Auswahl von Tensiden und Co-Tensiden) oder Anwendung des Phaseninversionskonzepts.

8.3.1 Einsatz von Hochdruckhomogenisatoren

Die Erzeugung kleiner Tröpfchen (im Submikronbereich) erfordert einen hohen Energieeinsatz, und der Emulgierprozess ist im Allgemeinen ineffizient. Einfache Berechnungen zeigen, dass die für die Emulgierung erforderliche mechanische Energie die Grenzflächenenergie um mehrere Größenordnungen übersteigt. Um beispielsweise eine Emulsion bei $\phi = 0,1$ mit einem $d_{32} = 0,6$ μm unter Verwendung eines Tensids herzustellen, das eine Grenzflächenspannung $\gamma = 10$ mNm^{-1} ergibt, beträgt die Nettozunahme der freien Oberflächenenergie $A\gamma = 6\phi\gamma/d_{32} = 10^4$ Jm^{-3}. Die in einem Homogenisator benötigte mechanische Energie beträgt 10^7 Jm^{-3}. Es ergibt sich ein Wirkungsgrad von 0,1% – der Rest der Energie (99,9 %) wird als Wärme abgeführt [10].

Die Intensität des Prozesses oder die Wirksamkeit bei der Herstellung kleiner Tröpfchen wird häufig durch die Nettoleistungsdichte $\varepsilon(t)$ bestimmt:

$$p = \varepsilon\,(t)dt, \tag{8.11}$$

wobei t die Zeit ist, in der die Emulgierung stattfindet.

Das Aufbrechen der Tröpfchen erfolgt nur bei hohen ε-Werten, was bedeutet, dass die bei niedrigen ε-Werten verbrauchte Energie verschwendet wird. Batch-Prozesse sind im Allgemeinen weniger effizient als kontinuierliche Prozesse. Dies zeigt, warum bei einem Rührer in einem großen Gefäß der größte Teil der Energie, die bei niedriger Intensität aufgewendet wird, als Wärme abgeführt wird. In einem Homogenisator ist p einfach gleich dem Homogenisatordruck.

Um die Effizienz der Emulgierung bei der Herstellung von Nanoemulsionen zu verbessern, können mehrere Verfahren angewandt werden: Man sollte die Effizienz des Rührens optimieren, indem man ε erhöht und die Dissipationszeit verkürzt. Die Emulsion wird vorzugsweise mit einer hohen Volumenfraktion der dispersen Phase hergestellt und anschließend verdünnt. Sehr hohe ϕ-Werte können jedoch zur Koaleszenz während der Emulgierung führen. Es ist vorzuziehen, eine hohe Tensidkonzentration zu verwenden, wodurch ein kleineres γ_{eff} entsteht und die Rekoaleszenz möglicherweise vermindert wird. Wichtig ist auch die Verwendung von Tensidmischungen, die eine stärkere Verringerung von γ aufweisen als die Einzelkomponenten. Wenn möglich, sollte man das Tensid in der dispersen Phase und nicht in der kontinuierlichen Phase lösen; dies führt oft zu kleineren

Tröpfchen. Insbesondere bei Emulsionen mit hochviskoser disperser Phase kann es sinnvoll sein, in Schritten mit steigender Intensität zu emulgieren.

8.3.2 Methoden des Phaseninversionsprinzips (Niedrigenergie-Emulgierung)

8.3.2.1 Phase Inversion Composition (PIC-Methode)

Eine Untersuchung des Phasenverhaltens von Wasser/Öl/Tensid-Systemen hat gezeigt, dass die Emulgierung durch drei verschiedene Niedrigenergie-Emulgierungsmethoden erreicht werden kann, wie in Abb. 8.1 schematisch dargestellt:

(A) schrittweise Zugabe von Öl zu einem Gemisch aus Wasser und Tensiden.

(B) schrittweise Zugabe von Wasser zu einer Lösung des Tensids in Öl.

(C) Mischen aller Komponenten in der endgültigen Zusammensetzung, Vor-Equilibrierung der Proben vor der Emulgierung.

In den Studien wurde das System Wasser/Brij 30/Decan (Brij 30 besteht aus Polyoxyethylenlaurylether mit durchschnittlich 4 Molen Ethylenoxid) als Modell für die Herstellung von O/W-Emulsionen gewählt [5]. Die Ergebnisse zeigten, dass sich Nanoemulsionen mit Tröpfchengrößen in der Größenordnung von 50 nm nur dann bildeten, wenn Wasser zu Gemischen aus Tensid und Öl hinzugefügt wurde, wobei eine Inversion von W/O-Emulsion zu O/W-Nanoemulsion stattfand.

Bei der PIC-Methode wird die chemische Energie genutzt, die während des Emulgiervorgangs als Folge einer Änderung der spontanen Krümmung der Tensidmoleküle von negativ zu positiv (zur Herstellung von O/W-Nanoemulsionen) oder von positiv zu negativ (zur Herstellung von W/O-Nanoemulsionen) freigesetzt wird. Bei der PIC-Methode wird die Änderung der Krümmung durch die schrittweise Zugabe der gewünschten kontinuierlichen Phase, die aus reinem Wasser oder Öl bestehen kann, herbeigeführt. Am Inversionspunkt nimmt der Tensidfilm eine ebene

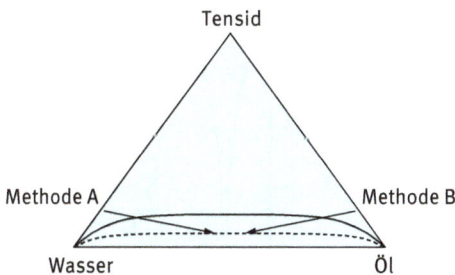

Abb. 8.1: Schematische Darstellung des experimentellen Verlaufs zweier Emulgierungsmethoden: Methode A – Zugabe von Decan zu einer Wasser/Tensid-Mischung; Methode B – Zugabe von Wasser zu einer Decan/Brij 30-Lösung.

Form an und die Grenzflächenspannung geht gegen null. Dies erklärt, warum Nanoemulsionen am und über dem Inversionspunkt hergestellt werden.

8.3.2.2 Phase Inversion Temperature (PIT-Methode)

Diese Methode wurde von Shinoda und Mitarbeitern [11, 12] bei der Verwendung nichtionischer Tenside vom Ethoxylat-Typ demonstriert. Diese Tenside sind stark temperaturabhängig und werden mit steigender Temperatur aufgrund der Dehydratisierung der Polyethylenoxidkette lipophil. Wird eine O/W-Emulsion mit einem nichtionischen Tensid vom Ethoxylat-Typ hergestellt und erhitzt, so wandelt sich die Emulsion bei einer kritischen Temperatur (der PIT; Phase Inversion Temperature) in eine W/O-Emulsion um. Bei der PIT sind die hydrophilen und lipophilen Komponenten des Tensids genau ausgeglichen, und die PIT wird manchmal auch als HLB-Temperatur bezeichnet. Dies wird in Abb. 8.2 veranschaulicht, die die Veränderung der Grenzflächenspannung γ des Systems n-Octan/Wasser mit der Temperatur für eine Reihe von Alkoholethoxylaten zeigt. Ein deutliches Minimum von γ wird bei einer kritischen Temperatur (PIT) beobachtet, die von der Länge der Alkylkette und der Anzahl der Ethylenoxideinheiten abhängt. Bei der PIT erreicht die Tröpfchengröße ein Minimum und die Grenzflächenspannung erreicht ebenfalls ein Minimum [13, 14]. Die kleinen Tröpfchen sind jedoch instabil und verschmelzen sehr schnell. Durch schnelles Abkühlen der Emulsion, die bei einer Temperatur nahe dem PIT hergestellt wird, können sehr stabile und kleine Emulsionströpfchen erzeugt werden. Durch die Herstellung der Emulsion bei einer Temperatur von 2–4 °C unterhalb des PIT (nahe dem γ-Minimum) und die anschließende schnelle Abkühlung des Systems können also Nanoemulsionen hergestellt werden.

Das Minimum von γ lässt sich durch die Änderung der Krümmung H des Grenzflächenbereichs erklären, wenn das System von O/W zu W/O wechselt. Bei O/W-

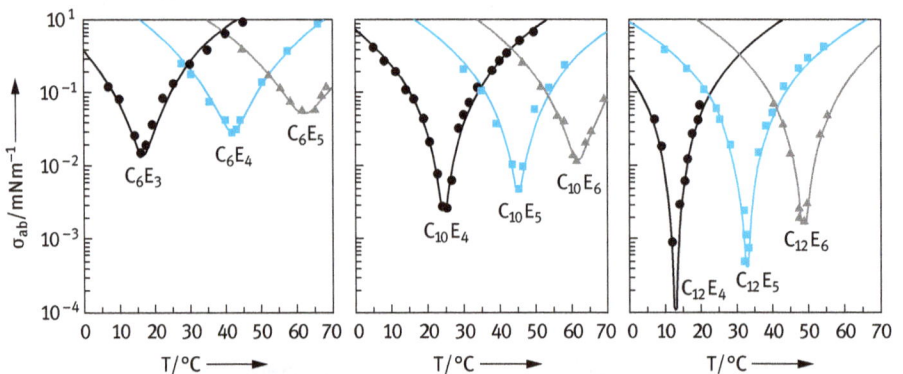

Abb. 8.2: Grenzflächenspannungen von n-Octan in Wasser in Anwesenheit von unterschiedlichen C_nE_m-Tensiden oberhalb der CMC als Funktion der Temperatur.

Systemen und normalen Mizellen krümmt sich die Monoschicht zum Öl hin und H erhält einen positiven Wert. Bei W/O-Emulsionen und inversen Mizellen krümmt sich die Monoschicht zum Wasser hin, und H erhält einen negativen Wert. Am Inversionspunkt (HLB-Temperatur) wird H zu null und γ erreicht ein Minimum.

8.4 Sterische Stabilisierung und die Rolle der Dicke der adsorbierten Schicht

Da die meisten Nanoemulsionen mit nichtionischen und/oder polymeren Tensiden hergestellt werden, müssen die Wechselwirkungskräfte zwischen den Tröpfchen mit adsorbierten Schichten berücksichtigt werden (sterische Stabilisierung). Dies wurde in Kapitel 6 ausführlich beschrieben und wird hier nur zusammenfassend wiedergegeben [15, 16].

Wenn sich zwei Tröpfchen, die jeweils eine adsorbierte Schicht der Dicke δ enthalten, einem Trennungsabstand h nähern, wobei h kleiner als 2δ wird, kommt es aufgrund von zwei Haupteffekten zu einer Abstoßung:

(1) Ungünstige Vermischung der stabilisierenden Ketten A der adsorbierten Schichten, wenn diese sich in guten Lösungsmittelbedingungen befinden.

Dies wird als Vermischung (osmotische Wechselwirkung, G_{mix}, bezeichnet und ist durch den folgenden Ausdruck gegeben:

$$\frac{G_{mix}}{kT} = \frac{4\pi}{3V_1} \phi_2^2 \left(\frac{1}{2} - \chi \right) \left(3a + 2\delta + \frac{h}{2} \right), \tag{8.12}$$

wobei k die Boltzmann-Konstante, T die absolute Temperatur, V_1 das molare Volumen des Lösungsmittels, ϕ_2 der Volumenanteil des Polymers (der A-Ketten) in der adsorbierten Schicht und χ der Flory-Huggins-Parameter (Wechselwirkung zwischen Polymer und Lösungsmittel) ist.

Es wird deutlich, dass G_{mix} von drei Hauptparametern abhängt: dem Volumenanteil der A-Ketten in der adsorbierten Schicht (je dichter die Schicht ist, desto höher ist der Wert von G_{mix}), dem Flory-Huggins-Wechselwirkungsparameter χ (damit G_{mix} positiv, d. h. abstoßend, bleibt, sollte χ kleiner als 1/2 sein) und der Dicke der adsorbierten Schicht δ.

(2) Verringerung der Konfigurationsentropie der Ketten bei signifikanter Überlappung.

Dies wird als elastische (entropische) Wechselwirkung bezeichnet und ist durch den folgenden Ausdruck gegeben:

$$G_{el} = 2v_2 \ln \left[\frac{\Omega(h)}{\Omega(\infty)} \right], \tag{8.13}$$

wobei v_2 die Anzahl der Ketten pro Flächeneinheit, $\Omega(h)$ die Konfigurationsentropie der Ketten bei einem Trennungsabstand h und $\Omega(\infty)$ die Konfigurationsentropie bei unendlichem Trennungsabstand ist.

Die Kombination von G_{mix}, G_{el} mit der Van-der-Waals-Anziehungskraft G_A ergibt die Gesamtenergie der Wechselwirkung G_T:

$$G_T = G_{mix} + G_{el} + G_A. \tag{8.14}$$

Abbildung 8.3 zeigt eine schematische Darstellung der Variation von G_{mix}, G_{el}, G_A und G_T mit h. Wie aus Abb. 8.3 ersichtlich ist, steigt G_{mix} sehr schnell mit der Abnahme von h, sobald $h < 2\delta$ ist, G_{el} steigt sehr schnell mit der Abnahme von h, wenn $h < \delta$ ist. G_T zeigt ein Minimum, G_{min}, und es steigt sehr schnell mit der Abnahme von h, wenn $h < 2\delta$ ist.

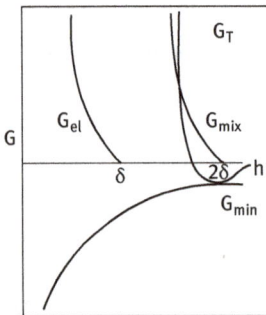

Abb. 8.3: Energie-Abstands-Kurven für sterisch stabilisierte Nanoemulsionen.

Die Größe von G_{min} hängt von den folgenden Parametern ab: dem Partikelradius R, der Hamaker-Konstante A und der Dicke der adsorbierten Schicht δ. Zur Veranschaulichung zeigt Abb. 8.4 die Variation von G_T mit h bei verschiedenen Verhältnissen von δ/R.

Aus Abb. 8.4 ist ersichtlich, dass die Tiefe des Minimums mit zunehmendem δ/R abnimmt. Dies ist die Grundlage für die hohe kinetische Stabilität von Nanoemulsionen. Bei Nanoemulsionen mit einem Radius im Bereich von 50 nm und einer adsorbierten Schichtdicke von etwa 10 nm liegt der Wert von δ/R bei 0,2. Dieser hohe Wert (verglichen mit der Situation bei Makroemulsionen, bei denen δ/R mindestens eine Größenordnung niedriger ist) führt zu einem sehr flachen Minimum (das unter kT liegen könnte).

Die oben beschriebene Situation führt zu einer sehr hohen Stabilität ohne Ausflockung (schwach oder stark). Darüber hinaus sorgen die sehr geringe Größe der Tropfen und die dichten adsorbierten Schichten dafür, dass sich die Grenzfläche nicht verformt, der Flüssigkeitsfilm zwischen den Tropfen nicht verdünnt und nicht unterbrochen wird, so dass auch eine Koaleszenz verhindert wird.

Das einzige Instabilitätsproblem bei Nanoemulsionen ist die Ostwald-Reifung, auf die weiter unten eingegangen wird.

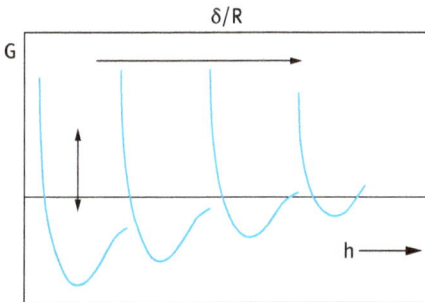

Abb. 8.4: Bedeutung des Verhältnisses von Dicke der adsorbierten Schicht zu Partikelradius (δ/R).

8.5 Ostwald-Reifung

Eines der Hauptprobleme bei Nanoemulsionen ist die Ostwald-Reifung, die sich aus dem Unterschied in der Löslichkeit zwischen kleinen und großen Tröpfchen ergibt. Der Unterschied im chemischen Potenzial der Tröpfchen der dispergierten Phase zwischen unterschiedlich großen Tröpfchen wird von Lord Kelvin [17] angegeben als:

$$S(r) = S(\infty) \exp\left(\frac{2\gamma\, V_m}{r\, RT}\right),$$ (8.15)

wobei $S(r)$ die Löslichkeit in der Umgebung eines Partikels mit dem Radius r, $S(\infty)$ die Löslichkeit in der Hauptphase (für unendlich große Tröpfchen) und V_m das Molvolumen der dispergierten Phase ist.

Die Größe $(2\gamma V_m/RT)$ wird als charakteristische Länge bezeichnet. Sie hat eine Größenordnung von ≈ 1 nm oder weniger, was bedeutet, dass der Unterschied in der Löslichkeit eines 1 µm großen Tropfens in der Größenordnung von 0,1 % oder weniger liegt.

Theoretisch sollte die Ostwald-Reifung zur Kondensation aller Tropfen zu einem einzigen Tropfen führen (d. h. zur Phasentrennung). In der Praxis tritt dies nicht ein, da die Wachstumsrate mit zunehmender Tropfengröße abnimmt.

Für zwei Tröpfchen mit den Radien r_1 und r_2 (wobei $r_1 < r_2$) gilt:

$$\left(\frac{RT}{V_m}\right) \ln\left[\frac{S(r_1)}{S(r_2)}\right] = 2\gamma\left(\frac{1}{r_1} - \frac{1}{r_2}\right).$$ (8.16)

Gleichung (8.16) zeigt, dass die Rate der Ostwald-Reifung größer ist, je größer der Unterschied zwischen r_1 und r_2.

Die Ostwald-Reifung kann anhand von Diagrammen des Kubus des Radius gegen die Zeit t (Lifshitz-Slesov-Wagner-Theorie, LSW) quantitativ bewertet werden [18, 19]:

$$r^3 = \frac{8}{9} \left[\frac{S(\infty)\gamma\,V_m D}{\rho\,RT} \right] t, \tag{8.17}$$

wobei D der Diffusionskoeffizient der dispersen Phase in der kontinuierlichen Phase und ρ die Dichte der dispersen Phase ist.

Zur Verringerung der Ostwald-Reifung können mehrere Methoden angewandt werden [20–22]:

1. Zugabe einer zweiten Komponente der dispersen Phase, die in der kontinuierlichen Phase unlöslich ist (z. B. Squalen). In diesem Fall kommt es zu einer signifikanten Verteilung zwischen verschiedenen Tröpfchen, wobei die Komponente mit geringer Löslichkeit in der kontinuierlichen Phase in den kleineren Tröpfchen konzentriert sein dürfte. Während der Ostwald-Reifung in einem Zweikomponenten-Dispersionsphasensystem stellt sich ein Gleichgewicht ein, wenn der Unterschied im chemischen Potenzial zwischen unterschiedlich großen Tröpfchen (der sich aus Krümmungseffekten ergibt) durch den Unterschied im chemischen Potenzial ausgeglichen wird, der sich aus der Verteilung der beiden Komponenten ergibt. Wenn die sekundäre Komponente in der kontinuierlichen Phase nicht löslich ist, weicht die Größenverteilung nicht von der ursprünglichen ab (die Wachstumsrate ist gleich null). Im Falle einer begrenzten Löslichkeit der sekundären Komponente entspricht die Verteilung der Gleichung (8.16), d. h. es ergibt sich eine Wachstumsrate des Gemischs, die immer noch niedriger ist als die der löslicheren Komponente.

2. Modifizierung des Grenzflächenfilms an der O/W-Grenzfläche: Nach Gleichung (8.16) führt eine Verringerung von γ zu einer Verringerung der Ostwald-Reifung. Dies allein reicht jedoch nicht aus, da man γ um mehrere Größenordnungen verringern muss. Walstra [23] schlug vor, dass durch die Verwendung von Tensiden, die an der O/W-Grenzfläche stark adsorbiert werden (d. h. polymere Tenside) und während der Reifung nicht desorbieren, die Rate erheblich reduziert werden könnte. Bei den schrumpfenden Tropfen würde ein Anstieg des Oberflächendilatationsmoduls und eine Abnahme von γ beobachtet werden. Der Unterschied in γ zwischen den Tropfen würde den Unterschied im Kapillardruck (d. h. Krümmungseffekte) ausgleichen. Um diesen Effekt zu erzielen, ist es sinnvoll, A-B-A-Blockcopolymere zu verwenden, die in der Ölphase löslich und in der kontinuierlichen Phase unlöslich sind, z. B. einen Triblock aus PHS-PEO-PHS, wobei PHS für Polyhydroxystearinsäure und PEO für Polyethylenoxid steht. Das polymere Tensid sollte die Senkung von γ durch den Emulgator verstärken. Mit anderen Worten, der Emulgator und das polymere Tensid sollten bei der Senkung von γ Synergieeffekte aufweisen.

8.6 Beispiele für Nanoemulsionen

Es wurden mehrere Experimente durchgeführt, um die Methoden zur Herstellung von Nanoemulsionen und deren Stabilität zu untersuchen [24]. Bei der ersten Methode wurde die PIT-Methode zur Herstellung von Nanoemulsionen angewandt. Die Experimente wurden mit Hexadecan und Isohexadecan (Arlamol HD) als Ölphase und $C_{12}H_{25}-O(CH_2-CH_2-O)_4H$ ($C_{12}EO_4$) als nichtionischem Emulgator durchgeführt. Die HLB-Temperatur wurde durch Leitfähigkeitsmessungen bestimmt, wobei der wässrigen Phase NaCl (10^{-2} mol dm^{-3}) zugesetzt wurde (um die Empfindlichkeit der Leitfähigkeitsmessungen zu erhöhen). Die NaCl-Konzentration war niedrig und hatte daher wenig Einfluss auf das Phasenverhalten.

Abbildung 8.5 zeigt die Veränderung der Leitfähigkeit in Abhängigkeit von der Temperatur für 20%ige O/W-Emulsionen bei unterschiedlichen Tensidkonzentrationen. Es ist zu erkennen, dass die Leitfähigkeit bei der PIT- oder HLB-Temperatur des Systems stark abnimmt.

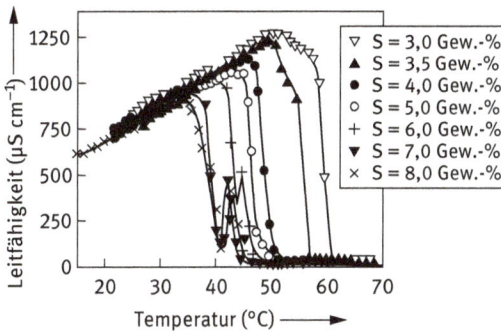

Abb. 8.5: Veränderung der Leitfähigkeit in Abhängigkeit von der Temperatur für eine 20:80 Hexadecan/Wasser-Emulsion bei verschiedenen Konzentrationen von $C_{12}EO_4$ als Tensid (S).

Die HLB-Temperatur sinkt mit zunehmender Tensidkonzentration. Dies könnte darauf zurückzuführen sein, dass der Überschuss an nichtionischem Tensid in der kontinuierlichen Phase verbleibt.

Nanoemulsionen wurden durch schnelles Abkühlen des Systems auf 25 °C hergestellt. Der Tröpfchendurchmesser wurde mittels Photonenkorrelationsspektroskopie (PCS) bestimmt. Die Ergebnisse sind in Tab. 8.1 zusammengefasst, die die genaue Zusammensetzung der Emulsionen, die HLB-Temperatur, den z-Durchschnittsradius und den Polydispersitätsindex angibt.

O/W-Nanoemulsionen mit Tröpfchenradien im Bereich von 26 bis 66 nm konnten bei Tensidkonzentrationen zwischen 3 und 8 % erhalten werden. Die Tröpfchengröße der Nanoemulsion und der Polydispersitätsindex nehmen mit steigender Tensidkonzentration ab.

Tab. 8.1: Zusammensetzung, HLB-Temperatur (T_{HLB}), Tröpfchenradius r und Polydispersitätsindex (Poly.–Index) für das System Wasser-$C_{12}EO_4$-Hexadecan bei 25 °C.

Tensid (Gew.-%)	Wasser (Gew.-%)	Öl/Wasser	T_{HLB} (°C)	r (nm)	Poly.–Index
2,0	78,0	20,4/79,6	–	320	1,00
3,0	77,0	20,6/79,4	57,0	82	0,41
3,5	76,5	20,7/79,3	54,0	69	0,30
4,0	76,0	20,8/79,2	49,0	66	0,17
5,0	75,0	21,2/78,9	46,8	48	0,09
6,0	74,0	21,3/78,7	45,6	34	0,12
7,0	73,0	21,5/78,5	40,9	30	0,07
8,0	72,0	21,7/78,3	40,8	26	0,08

Die Abnahme der Tröpfchengröße mit zunehmender Tensidkonzentration ist auf die Vergrößerung der Tensid-Grenzfläche und die Abnahme der Grenzflächenspannung γ zurückzuführen. Wie bereits erwähnt, erreicht γ ein Minimum bei der HLB-Temperatur. Daher tritt das Minimum der Grenzflächenspannung mit zunehmender Tensidkonzentration bei niedrigeren Temperaturen auf. Diese Temperatur nähert sich mit zunehmender Tensidkonzentration der Kühltemperatur, was zu kleineren Tröpfchengrößen führt.

Alle Nanoemulsionen zeigten eine Zunahme der Tröpfchengröße mit der Zeit, was auf die Ostwald-Reifung zurückzuführen ist. Abbildung 8.6 zeigt die Kurven von r^3 gegen die Zeit für alle untersuchten Nanoemulsionen. Die Steigung der Linien gibt die Rate der Ostwald-Reifung ω (m^3s^{-1}) an, und diese zeigt einen Anstieg von 2×10^{-27} auf $39{,}7 \times 10^{-27}$ m^3s^{-1}, wenn die Tensidkonzentration von 4 auf 8 Gew.-% erhöht wird. Dieser Anstieg könnte auf drei Hauptfaktoren zurückzuführen sein:

1. Die Verringerung der Tröpfchengröße erhöht die Brownsche Diffusion, was die Geschwindigkeit erhöht.
2. Vorhandensein von Mizellen, die mit der Erhöhung der Tensidkonzentration zunehmen. Dies hat den Effekt einer Steigerung der Löslichkeit des Öls im Kern der Mizellen.
3. Verteilung der Tensidmoleküle zwischen dem Öl und der wässrigen Phase. Bei höheren Tensidkonzentrationen können sich die Moleküle mit kürzeren EO-Ketten (niedrigerer HLB-Wert) bevorzugt an der O/W-Grenzfläche ansammeln, was zu einer Verringerung der Gibbs-Elastizität führen kann, was wiederum einen Anstieg der Ostwald-Reifungsrate zur Folge hat.

Die Ergebnisse mit Isohexadecan sind in Tab. 8.2 zusammengefasst. Wie bei dem Hexadecan-System nahmen die Tröpfchengröße und der Polydispersitätsindex mit steigen-

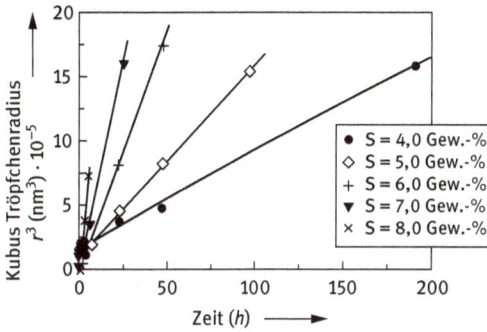

Abb. 8.6: Kubus des Tröpfchenradius r^3 aufgetragen gegen die Zeit (bei 25 °C) für Nanoemulsionen, die mit Wasser-$C_{12}EO_4$-Hexadecan hergestellt wurden.

der Tensidkonzentration ab. Nanoemulsionen mit Tröpfchenradien von 25 bis 80 nm wurden bei einer Tensidkonzentration von 3 bis 8 % erhalten. Es ist jedoch anzumerken, dass bei Verwendung von Isohexadecan im Vergleich zu den mit Hexadecan erzielten Ergebnissen Nanoemulsionen mit einer niedrigeren Tensidkonzentration hergestellt werden konnten. Dies könnte auf die höhere Löslichkeit des Isohexadecans (ein verzweigter Kohlenwasserstoff), die niedrigere HLB-Temperatur und die geringere Grenzflächenspannung zurückzuführen sein.

Tab. 8.2: Zusammensetzung, HLB-Temperatur (T_{HLB}), Tröpfchenradius r und Polydispersitätsindex (Pol.-Index) bei 25 °C für Emulsionen im System Wasser-$C_{12}EO_4$-Isohexadecan.

Tensid (Gew.-%)	Wasser (Gew.-%)	O/W	T_{HLB} (°C)	r (nm)	Poly.–Index
2,0	78,0	20,4/79,6	–	97	0,50
3,0	77,0	20,6/79,4	51,3	80	0,13
4,0	76,0	20,8/79,2	43,0	65	0,06
5,0	75,0	21,1/78,9	38,8	43	0,07
6,0	74,0	21,3/78,7	36,7	33	0,05
7,0	73,0	21,5/78,5	33,4	29	0,06
8,0	72,0	21,7/78,3	32,7	27	0,12

Die Stabilität der mit Isohexadecan hergestellten Nanoemulsionen wurde durch Verfolgung der Tröpfchengröße in Abhängigkeit von der Zeit beurteilt. Abbildung 8.7 zeigt die Kurven von r^3 in Abhängigkeit von der Zeit für vier Tensidkonzentrationen (3, 4, 5 und 6 Gew.-%). Die Ergebnisse zeigen einen Anstieg der Ostwald-Reifungsrate, wenn die Tensidkonzentration von 3 auf 6 % erhöht wird (die Rate stieg von $4{,}1 \times 10^{-27}$ auf $50{,}7 \times 10^{-27}$ m^{3}s^{-1}). Die mit 7 Gew.-% Tensid hergestellten Nanoemulsionen waren so instabil, dass sie nach 8 Stunden eine deutliche Aufrahmung aufwiesen. Wurde die Tensidkonzentration jedoch auf 8 Gew.-% erhöht, konnte eine sehr stabile Nano-emulsion hergestellt werden, ohne dass die Tröpfchengröße über mehrere Monate hinweg anstieg. Diese unerwartete Stabilität wurde auf das Phasenverhalten bei sol-chen Tensidkonzentrationen zurückgeführt. Die Probe mit 8 Gew.-% Tensid zeigte bei der Beobachtung unter polarisiertem Licht eine Doppelbrechung bei Scherung. Es scheint, dass das Verhältnis zwischen den Phasen ($W_m + L_\alpha + O$) ein Schlüsselfaktor für die Stabilität der Nanoemulsion sein könnte.

Es wurde versucht, Nanoemulsionen mit höheren O/W-Verhältnissen (Hexadecan als Ölphase) herzustellen, wobei die Tensidkonzentration konstant bei 4 Gew.-% ge-halten wurde. Als der Ölgehalt auf 40 und 50 % erhöht wurde, stieg der Tröpfchenra-dius auf 188 bzw. 297 nm. Darüber hinaus stieg der Polydispersitätsindex auf 0,95. Diese Systeme wurden so instabil, dass sie innerhalb weniger Stunden eine Aufrah-mung zeigten. Dies ist nicht überraschend, da die Tensidkonzentration nicht aus-reicht, um Nanoemulsionströpfchen mit großer Oberfläche zu erzeugen. Ähnliche Ergebnisse wurden mit Isohexadecan erzielt. Mit einem O/W-Verhältnis von 30:70 konnten jedoch Nanoemulsionen hergestellt werden (Tröpfchengröße 81 nm), aller-dings mit einem hohen Polydispersitätsindex (0,28). Die Nanoemulsionen zeigten eine signifikante Ostwald-Reifung.

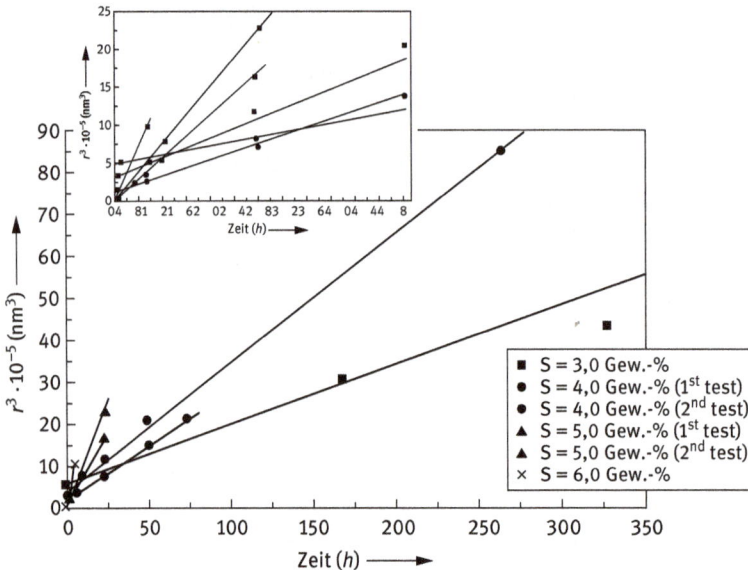

Abb. 8.7: Kubus der Tröpfchengröße r^3 aufgetragen gegen die Zeit bei 25 °C für das System Wasser-$C_{12}EO_4$-Isohexadecan bei verschiedenen Tensidkonzentrationen; O/W-Verhältnis 20:80.

Die Auswirkung einer Änderung der Alkylkettenlänge und -verzweigung wurde mit Decan, Dodecan, Tetradecan, Hexadecan und Isohexadecan untersucht. Die Diagramme von r^3 gegen die Zeit sind in Abb. 8.8 für ein O/W-Verhältnis von 20:80 und eine Tensidkonzentration von 4 Gew.-% dargestellt. Wie erwartet, verringert sich durch die Verringerung der Öllöslichkeit von Decan zu Hexadecan die Ostwald-Reifung. Das verzweigte Öl Isohexadecan zeigt ebenfalls eine höhere Ostwald-Reifungsrate im Vergleich zu Hexadecan. Eine Zusammenfassung der Ergebnisse findet sich in Tab. 8.3, aus der auch die Löslichkeit des Öls C(∞) hervorgeht.

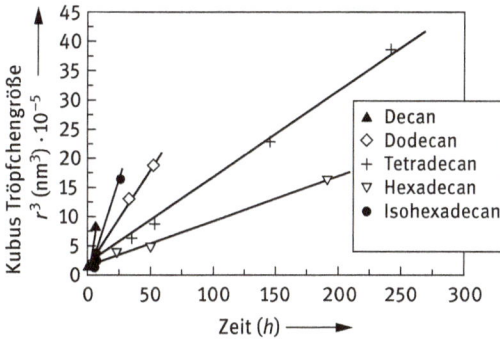

Abb. 8.8: Kubus der Tröpfchengröße r^3 gegen Zeit (bei 25 °C) für Nanoemulsionen (O/W-Verhältnis 20:80) mit Kohlenwasserstoffen verschiedener Alkylkettenlängen. System Wasser-$C_{12}EO_4$-Kohlenwasserstoff (4 Gew.-% Tensid).

Tab. 8.3: HLB-Temperatur (T_{HLB}), Tröpfchenradius r, Ostwald-Reifungsrate ω und Öllöslichkeit für Nanoemulsionen, die unter Verwendung von Kohlenwasserstoffen mit unterschiedlicher Alkylkettenlänge hergestellt wurden.

Öl	T_{HLB} (°C)	r (nm)	$\omega \cdot 10^{27}$ (m^3s^{-1})	C(∞) ($ml \cdot ml^{-1}$)
Decan	38,5	59	20,9	710,0
Dodecan	45,5	62	9,3	52,0
Tetradecan	49,5	64	4,0	3,7
Hexadecan	49,8	66	2,3	0,3
Isohexadecan	43,0	60	8,0	–

Wie nach der Ostwald-Reifungstheorie (LSW-Theorie, Gleichung (8.17)) zu erwarten, nimmt die Rate der Ostwald-Reifung mit abnehmender Öllöslichkeit ab. Isohexadecan hat eine ähnliche Ostwald-Reifungsrate wie Dodecan.

Wie bereits erörtert, würde man erwarten, dass die Ostwald-Reifung eines beliebigen Öls bei Zugabe eines zweiten Öls mit wesentlich geringerer Löslichkeit abnehmen sollte. Um diese Hypothese zu testen, wurden Nanoemulsionen mit Hexadecan oder Isohexadecan hergestellt, denen verschiedene Anteile eines weniger löslichen Öls, nämlich Squalen, zugesetzt wurden. Die Ergebnisse mit Hexadecan zeigten eine signifikante Abnahme der Stabilität bei Zugabe von 10 % Squalen. Man vermutete, dass dies eher auf Koaleszenz als auf eine Erhöhung der Ostwald-Reifungsrate zurückzuführen war. In einigen Fällen kann die Zugabe eines Kohlenwasserstoffs mit einer langen Alkylkette zu Instabilität führen, da sich die Adsorption und Konformation des Tensids an der O/W-Grenzfläche ändert. Im Gegensatz zu den Ergebnissen, die mit Hexadecan erzielt wurden, zeigte die Zugabe von Squalen zu dem O/W-Nanoemulsionssystem auf der Basis von Isohexadecan eine systematische Abnahme der Ostwald-Reifungsrate, wenn der Squalengehalt erhöht wurde. Die Zugabe von Squalen bis zu 20 % auf Basis der Ölphase zeigte eine systematische Verringerung der Rate (von $8{,}0 \times 10^{27}$ auf $4{,}1 \times 10^{27}$ m^{3}s^{-1}). Es ist anzumerken, dass bei der Verwendung von Squalen allein als Ölphase das System sehr instabil war und innerhalb einer Stunde eine Aufrahmung zeigte. Dies zeigt, dass das verwendete Tensid nicht für die Emulgierung von Squalen geeignet ist.

Die Auswirkung des HLB-Werts auf die Bildung und Stabilität von Nanoemulsionen wurde anhand von Mischungen aus $C_{12}EO_4$ (HLB = 9,7) und $C_{12}EO_6$ (HLB = 11,7) untersucht. Es wurden zwei Tensidkonzentrationen (4 und 8 Gew.-%) verwendet und das O/W-Verhältnis wurde bei 20:80 gehalten. Der Tröpfchenradius bleibt im HLB-Bereich von 9,7 bis 11,0 praktisch konstant, danach nimmt der Tröpfchenradius mit steigendem HLB-Wert der Tensidmischung allmählich zu. Alle Nanoemulsionen zeigten eine Zunahme des Tröpfchenradius mit der Zeit, mit Ausnahme der Probe, die mit 8 Gew.-% Tensid und einem HLB-Wert von 9,7 hergestellt wurde (100 % $C_{12}EO_4$). Abbildung 8.9 zeigt die Variation der Ostwald-Reifungsrate ω mit dem HLB-Wert des Tensids. Die Rate scheint mit zunehmendem HLB-Wert des Tensids zu sinken, und wenn letzterer > 10,5 ist, erreicht die Rate einen niedrigen Wert (< 4×10^{-27} m^{3}s^{-1}).

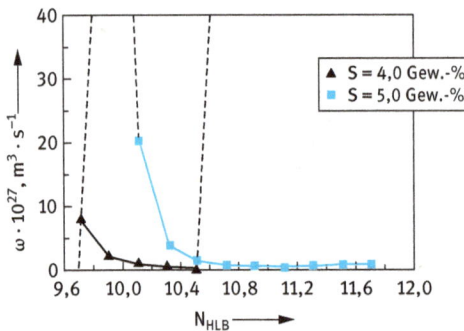

Abb. 8.9: Ostwald-Reifungsrate ω gegen HLB-Werte in den Systemen Wasser-$C_{12}EO_4$-$C_{12}EO_6$-Isohexadecan bei zwei Tensidkonzentrationen.

Wie bereits erwähnt, würde die Einbindung eines öllöslichen polymeren Tensids, das stark an der O/W-Grenzfläche adsorbiert, zu einer Verringerung der Ostwald-Reifungsrate führen. Um diese Hypothese zu testen, wurde ein A-B-A-Blockcopolymer aus Polyhroxystearinsäure (PHS, die A-Ketten) und Polyethylenoxid (PEO, die B-Ketten) PHS-PEO-PHS (Arlacel P135) in geringen Konzentrationen in die Ölphase eingebracht (das Verhältnis von Tensid zu Arlacel wurde zwischen 99:1 und 92:8 variiert). Im Hexadecan-System nahm die Ostwald-Reifungsrate bei Zugabe des Tensids Arlacel P135 bei einem Verhältnis von weniger als 94:6 ab. Ähnliche Ergebnisse wurden mit Isohexadecan erzielt. Bei höheren Konzentrationen an polymeren Tensiden wurde die Nanoemulsion jedoch instabil.

Wie bereits erwähnt, sind die mit der PIT-Methode hergestellten Nanoemulsionen relativ polydispers und weisen im Vergleich zu den mit Hochdruckhomogenisierungsverfahren hergestellten Nanoemulsionen im Allgemeinen höhere Ostwald-Reifungsraten auf. Um diese Hypothese zu testen, wurden mehrere Nanoemulsionen mit einem Mikrofluidisator (der Drücke im Bereich von 5000 bis 15000 psi oder 350 bis 1000 bar erzeugen kann) hergestellt. Bei einem Öl/Tensid-Verhältnis von 4:8 und O/W-Verhältnissen von 20:80 und 50:50 wurden die Emulsionen zunächst mit dem Ultra-Turrax® hergestellt und anschließend unter hohem Druck homogenisiert (zwischen 1500 und 15000 psi). Wie erwartet wiesen die mit Hochdruckhomogenisierung hergestellten Nanoemulsionen eine geringere Ostwald-Reifungsrate auf als die mit der PIT-Methode hergestellten Systeme. Dies wird in Abb. 8.10 veranschaulicht, die Diagramme von r^3 gegen die Zeit für die beiden Systeme zeigt.

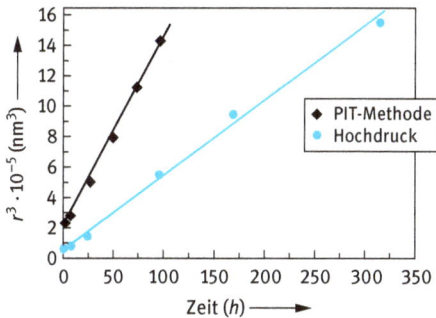

Abb. 8.10: r^3 versus Zeit für Nanoemulsionssysteme, die mit der PIT-Methode oder einem Hochdruckhomogenisator hergestellt wurden (20:80 O/W und 4 Gew.-% Tensid).

Literatur

[1]   H. Nakajima, S. Tomomossa und M. Okabe, First Emulsion Conference, Paris (1993).
[2]   H. Nakajima, in „Industrial Applications of Microemulsions", C. Solans and H. Konieda (eds.), Marcel Dekker (1997).

[3]   J. Ugelstadt, M. S. El-Aassar und J. W. Vanderhoff, J. Polym. Sci., **11**, 503 (1973).

[4]   M. El-Aasser, in „Polymeric Dispersions", J. M. Asua (ed.), Kluwer Academic Publications, The Netherlands (1997).

[5]   A. Forgiarini, J. Esquena, J. Gonzalez and C. Solans, Prog. Colloid Polym. Sci., 115, 36 (2000).

[6]   K. Shinoda and H. Kunieda, in „Encyclopedia of Emulsion Technology", P. Becher (ed.), Marcel Dekker, N. Y. (1983).

[7]   S. Benita and M. Y. Levy, J. Pharm. Sci., **82**, 1069 (1993).

[8]   P. Walstra, in „Encyclopedia of Emulsion Technology", P. Becher (ed.), Marcel Dekker, N. Y. (1983).

[9]   P. N. Pusey, in „Industrial Polymers: Characterisation by Molecular Weights", J. H. S. Green and R. Dietz (eds.), Transcripta Books, London (1973).

[10] P. Walstra and P. E. A. Smoulders, in „Modern Aspects of Emulsion Science", B. P. Binks (ed.) The Royal Society of Chemistry, Cambridge (1998).

[11] K. Shinoda and H. Saito, J. Colloid Interface Sci., **30**, 258 (1969).

[12] K. Shinoda and H. Saito, J. Colloid Interface Sci., **26**, 70 (1968).

[13] B. W. Brooks, H. N. Richmond and M. Zerfa, in „Modern Aspects of Emulsion Science", B. P. Binks (ed.) Royal Society of Chemistry Publication, Cambridge (1998).

[14] T. Sottman and R. Strey, J. Chem. Phys., **108**, 8606 (1997).

[15] D. H. Napper, „Polymeric Stabilisation of Colloidal Dispersions", Academic Press, London (1983).

[16] Th. F. Tadros, „Polymer Adsorption and Colloid Stability", in „The Effect of Polymers on Dispersion Properties", Th. F. Tadros (ed.) Academic Press, London (1982).

[17] W. Thompson (Lord Kelvin), Phil. Mag., **42**, 448 (1871).

[18] I. M. Lifshitz and V. V. Slesov, Sov. Phys. JETP, **35**, 331 (1959).

[19] C., Z. Electrochem. **35**, 581 (1961).

[20] A. S. Kabalnov and E. D. Shchukin, Adv. Colloid Interface Sci., **38**, 69 (1992).

[21] A. S. Kabalnov, Langmuir, **10**, 680 (1994).

[22] J. G. Weers, in „Modern Aspects of Emulsion Science", B. P Binks (ed.) Royal Society of Chemistry Publication, Cambridge (1998).

[23] P. Walstra, Chem. Eng. Sci., 48, 333 (1993).

[24] P. Izquierdo, „Studies on Nano-Emulsion Formation and Stability", Thesis, University of Barcelona, Spain (2002).

9 Tenside in Mikroemulsionen

9.1 Einführung

Mikroemulsionen sind eine besondere Klasse von „Dispersionen" (transparent oder durchscheinend), die auch als „gequollene Mizellen" bezeichnet werden können. Der Begriff Mikroemulsion wurde erstmals von Hoar und Schulman [1, 2] eingeführt, die entdeckten, dass durch Titration einer milchigen Emulsion (stabilisiert durch Seife wie Kaliumoleat) mit einem mittelkettigen Alkohol wie Pentanol oder Hexanol ein transparentes oder durchscheinendes System entsteht. Das fertige transparente oder durchscheinende System ist eine W/O-Mikroemulsion.

Mikroemulsionen lassen sich am besten durch einen Vergleich mit Mizellen beschreiben. Mizellen, die thermodynamisch stabil sind, können aus kugelförmigen Einheiten mit einem Radius von normalerweise weniger als 5 nm bestehen. Es gibt zwei Arten von Mizellen: normale Mizellen, bei denen die Kohlenwasserstoffschwänze den Kern bilden und die polaren Kopfgruppen mit dem wässrigen Medium in Kontakt stehen; und inverse Mizellen (die in unpolaren Medien gebildet werden), bei denen der Wasserkern die polaren Kopfgruppen enthält und die Kohlenwasserstoffschwänze nun mit dem Öl in Kontakt stehen. Die normalen Mizellen können Öl im Kohlenwasserstoffkern solubilisieren und so O/W-Mikroemulsionen bilden, während die inversen Mizellen Wasser solubilisieren und eine W/O-Mikroemulsion bilden können.

Eine schematische Darstellung dieser Systeme ist in Abb. 9.1 zu sehen. Ein grober Anhaltspunkt für die Abmessungen von Mizellen, mizellaren Lösungen und Makroemulsionen ist wie folgt: Mizellen, R < 5 nm (sie streuen wenig Licht und sind transparent); mizellare Lösungen oder Mikroemulsionen, 5 bis 50 nm (5–10 nm, transparent/durchsichtig; 10–50 nm, transluzent/durchscheinend); Makroemulsionen, R > 50 nm (undurchsichtig und milchig).

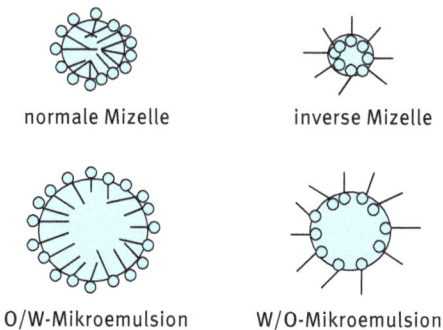

normale Mizelle   inverse Mizelle

O/W-Mikroemulsion   W/O-Mikroemulsion

Abb. 9.1: Schematische Darstellung von Mikroemulsionen.

https://doi.org/10.1515/9783110798579-009

Die Klassifizierung von Mikroemulsionen anhand ihrer Größe ist nicht ausreichend. Ob ein System transparent oder transluzent ist, hängt nicht nur von der Größe ab, sondern auch von der Differenz im Brechungsindex zwischen der Öl- und der Wasserphase. Eine Mikroemulsion mit geringer Größe (im Bereich von 10 nm) kann durchscheinend sein, wenn der Unterschied im Brechungsindex zwischen dem Öl und dem Wasser groß ist (beachten Sie, dass die Intensität des gestreuten Lichts von der Größe und einer optischen Konstante abhängt, die durch den Unterschied im Brechungsindex zwischen Öl und Wasser gegeben ist). Relativ große Mikroemulsionströpfchen (im Bereich von 50 nm) können transparent erscheinen, wenn der Unterschied im Brechungsindex sehr gering ist. Die beste Definition von Mikroemulsionen basiert auf der Anwendung der Thermodynamik, die im Folgenden erläutert wird.

9.2 Thermodynamische Definition von Mikroemulsionen

Die thermodynamische Definition von Mikroemulsionen ergibt sich aus der Betrachtung der Energie- und Entropieterme für die Bildung von Mikroemulsionen. Abbildung 9.2 zeigt den Prozess der Herstellung einer Mikroemulsion aus einer Ölphase (für eine O/W-Mikroemulsion) oder einer Wasserphase (für eine W/O-Mikroemulsion) schematisch.

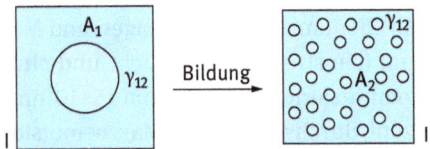

Abb. 9.2: Schematische Darstellung der Bildung einer Mikroemulsion.

A_1 ist die Oberfläche der Hauptölphase und A_2 ist die Gesamtoberfläche aller Mikroemulsionströpfchen. γ_{12} ist die O/W-Grenzflächenspannung.

Die Vergrößerung der Oberfläche beim Übergang von Zustand I zu Zustand II ist ΔA (= $A_2 - A_1$) und die Vergrößerung der Oberflächenenergie ist gleich $\Delta A \gamma_{12}$. Die Zunahme der Entropie beim Übergang von Zustand I zu Zustand II ist $T\Delta S^{conf}$ (man beachte, dass Zustand II eine höhere Entropie hat, da sich eine große Anzahl von Tropfen auf verschiedene Weise anordnen kann, während Zustand I mit einem einzigen Öltropfen eine viel geringere Entropie hat).

Nach dem zweiten Hauptsatz der Thermodynamik ist die freie Bildungsenergie von Mikroemulsionen ΔG_m durch den folgenden Ausdruck gegeben:

$$\Delta G_m = \Delta A \gamma_{12} - T \Delta S^{conf}. \tag{9.1}$$

Bei Makroemulsionen und Nanoemulsionen gilt: $\Delta A \gamma_{12} \gg T\Delta S^{conf}$ und $\Delta G_m > 0$. Das System ist nicht spontan (es benötigt Energie für die Bildung der Emulsionstropfen) und thermodynamisch instabil. Bei Mikroemulsionen gilt: $\Delta A \gamma_{12} \leq T\Delta S^{conf}$ (dies ist auf die ultraniedrige Grenzflächenspannung zurückzuführen, die mit der Bildung der Mikroemulsion einhergeht) und $\Delta G_m \leq 0$. Das System entsteht spontan und ist thermodynamisch stabil.

Die obige Analyse zeigt den Unterschied zwischen Emulsionen, Nanoemulsionen und Mikroemulsionen: Bei Emulsionen und Nanoemulsionen führen die Erhöhung der mechanischen Energie und die Erhöhung der Tensidkonzentration in der Regel zur Bildung kleinerer Tröpfchen, die kinetisch stabiler werden. Bei Mikroemulsionen können weder mechanische Energie noch eine Erhöhung der Tensidkonzentration zu ihrer Bildung führen. Letztere beruhen auf einer spezifischen Kombination von Tensiden und einer spezifischen Wechselwirkung mit der Öl- und der Wasserphase, und das System wird in optimaler Zusammensetzung hergestellt.

Mikroemulsionen haben also nichts mit Makroemulsionen und Nanoemulsionen gemein, und in vielen Fällen ist es besser, das System als „gequollene Mizellen" zu bezeichnen. Die beste Definition von Mikroemulsionen lautet wie folgt [3]: „System aus Wasser + Öl + amphiphiler Substanz, das eine optisch isotrope und thermodynamisch stabile flüssige Lösung darstellt". Als amphiphil werden alle Moleküle, die aus einem hydrophoben und einem hydrophilen Teil bestehen (z. B. Tenside, Alkohole usw.), bezeichnet.

Die treibende Kraft für die Bildung von Mikroemulsionen ist die niedrige Grenzflächenenergie, die durch die negative Entropie des Dispersionsterms überkompensiert wird. Die niedrige (ultraniedrige) Grenzflächenspannung wird in den meisten Fällen durch die Kombination von zwei Molekülen erzeugt, die als Tensid und Co-Tensid (z. B. mittelkettiger Alkohol) bezeichnet werden.

9.3 Beschreibung von Mikroemulsionen anhand von Phasendiagrammen

Betrachten wir das Phasendiagramm eines Dreikomponenten-Systems aus Wasser, ionischem Tensid und mittelkettigem Alkohol, wie in Abb. 9.3 gezeigt.

An der Wasserecke und bei niedriger Alkoholkonzentration bilden sich normale Mizellen (L_1), da in diesem Bereich mehr Tensid- als Alkoholmoleküle vorhanden sind. An der Alkoholecke (Co-Tensid-Ecke) bilden sich inverse Mizellen (L_2), da sich in diesem Bereich mehr Alkohol- als Tensidmoleküle befinden. Die Bereiche L_1 und L_2 befinden sich nicht im Gleichgewicht, sondern sind durch einen flüssigkristallinen Bereich getrennt (lamellare Struktur mit gleicher Anzahl von Tensid- und Alkoholmolekülen). Der Bereich L_1 kann als O/W-Mikroemulsion betrachtet werden, während der Bereich L_2 als W/O-Mikroemulsion betrachtet werden kann.

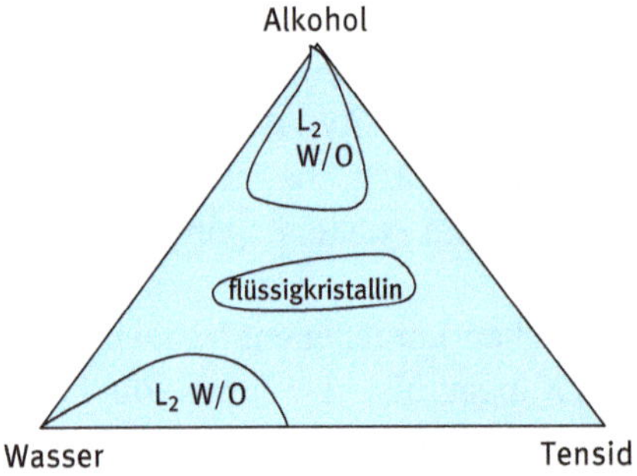

Abb. 9.3: Schematische Darstellung des Phasendiagramms eines Dreikomponenten-Systems.

Die Zugabe einer kleinen Menge Öl, die mit dem Co-Tensid, aber nicht mit dem Tensid und Wasser mischbar ist, verändert das Phasendiagramm nur geringfügig. Das Öl kann einfach im Kohlenwasserstoffkern der Mizellen solubilisiert werden. Die Zugabe von mehr Öl führt zu einer grundlegenden Änderung des Phasendiagramms, wie in Abb. 9.4 zu sehen, wobei ein Verhältnis 50:50 von O:W verwendet wird. Zur Vereinfachung des Phasendiagramms werden die 50O:50W in einer Ecke des Phasendiagramms dargestellt.

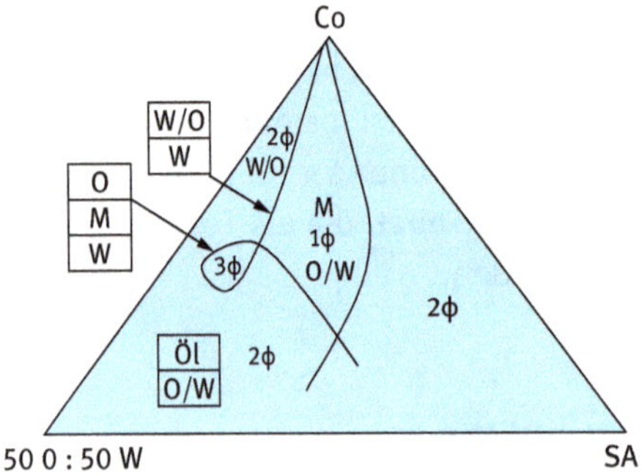

Abb. 9.4: Schematische Darstellung des Phasendiagramms eines pseudo-ternären Systems aus Öl/Wasser/Tensid/Co-Tensid.

In der Nähe der Co-Tensid-Ecke (Co) sind die Veränderungen im Vergleich zum Dreikomponenten-Phasendiagramm (Abb. 9.3) gering. Die O/W-Mikroemulsion in der Nähe der Wasser-Tensid-Achse (SA) befindet sich nicht im Gleichgewicht mit der lamellaren Phase, sondern mit einer nicht-kolloidalen Öl- und Co-Tensid-Phase. Wird einem solchen Zweiphasen-Gleichgewicht bei relativ hoher Tensidkonzentration Co zugesetzt, wird das gesamte Öl aufgenommen und es entsteht eine einphasige Mikroemulsion. Die Zugabe von Co bei niedriger SA-Konzentration kann zur Abtrennung einer überschüssigen wässrigen Phase führen, bevor das gesamte Öl in die Mikroemulsion aufgenommen wurde. Es bildet sich ein dreiphasiges System, das eine Mikroemulsion enthält, die nicht eindeutig als W/O oder O/W identifiziert werden kann und die vermutlich der mit Öl gequollenen lamellaren Phase oder einer unregelmäßigeren Verflechtung von wässrigen und öligen Bereichen ähnelt (bikontinuierliche oder mittelphasige Mikroemulsion).

Die Grenzflächenspannungen zwischen den drei Phasen sind sehr niedrig (0,1 bis 10^{-4} mNm^{-1}). Die weitere Zugabe von Co zu dem Dreiphasensystem lässt die Öl-phase verschwinden und hinterlässt eine W/O-Mikroemulsion im Gleichgewicht mit einer verdünnten wässrigen SA-Lösung.

Im großen Einphasenbereich finden sich kontinuierliche Übergänge von O/W- zu Mittelphasen- zu W/O-Mikroemulsionen.

Mikroemulsionen können auch anhand der Phasendiagramme nichtionischer Tenside mit Poly(ethylenoxid)-Kopfgruppen veranschaulicht werden, wie sie von Shinoda und Friberg [4] diskutiert wurden. Solche Tenside benötigen im Allgemeinen kein Co-Tensid zur Bildung von Mikroemulsionen. Eine schematische Darstellung des Phasenverhaltens nichtionischer Tenside findet sich in Abb. 9.5.

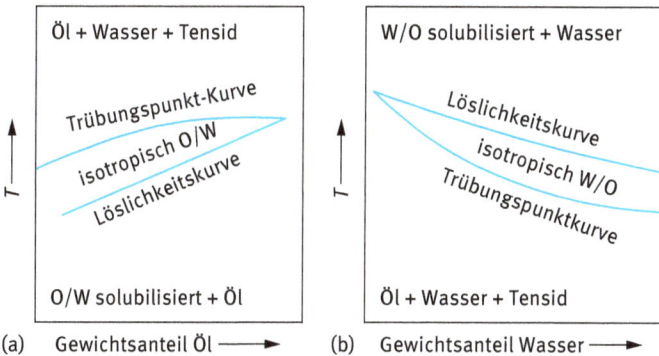

Abb. 9.5: Schematische Darstellung des Phasenverhaltens nichtionischer Tenside: (a) Öl solubilisiert in einer Lösung von nichtionischem Tensid; (b) Wasser solubilisiert in einer Öl-Lösung von nichtionischem Tensid.

Bei niedrigen Temperaturen ist das ethoxylierte Tensid in Wasser löslich und kann bei einer bestimmten Konzentration eine bestimmte Menge Öl solubilisieren. Die Öl-löslichkeit nimmt mit steigender Temperatur in der Nähe des Trübungspunkts des Tensids rasch zu – dies wird in Abb. 9.5a veranschaulicht, wo die Löslichkeits- und Trübungspunktkurven des Tensids gezeigt werden. Zwischen diesen beiden Kurven liegt ein isotroper Bereich des O/W-Solubilisierungssystems. Bei jeder beliebigen Temperatur führt jede Erhöhung des Ölgewichtsanteils über die Solubilisierungs-grenze hinaus zu einer Ölabscheidung (O/W solubilisiert + Öl). Bei jeder gegebenen Tensidkonzentration führt jeder Temperaturanstieg über dem Trübungspunkt zu einer Trennung in Öl, Wasser und Tensid.

Wenn man von der Ölphase mit gelöstem Tensid ausgeht und Wasser hinzu-fügt, findet eine Solubilisierung des letzteren statt und die Solubilisierung nimmt mit der Senkung der Temperatur in der Nähe des Trübungspunkts zu. Zwischen der Solubilisierungs- und der Trübungspunktkurve liegt ein isotroper Bereich des W/O-solubilisierten Systems. Bei jeder gegebenen Temperatur führt jede Erhöhung des Wassergewichtsanteils über die Solubilisierungsgrenze hinaus zu einer Wasserab-scheidung (W/O solubilisiert + Wasser). Bei jeder gegebenen Tensidkonzentration führt jede Temperatursenkung unter den Trübungspunkt zu einer Trennung in Was-ser, Öl und Tensid.

Mit nichtionischen Tensiden können je nach den Bedingungen beide Arten von Mikroemulsionen gebildet werden. Bei solchen Systemen ist die Temperatur der wichtigste Faktor, da die Löslichkeit des Tensids in Wasser oder Öl von der Tempe-ratur abhängt. Mikroemulsionen, die mit nichtionischen Tensiden hergestellt wer-den, haben einen begrenzten Temperaturbereich.

9.4 Thermodynamische Theorie der Bildung von Mikroemulsionen

Die spontane Bildung der Mikroemulsion mit Abnahme der freien Energie ist nur dann zu erwarten, wenn die Grenzflächenspannung so niedrig ist, dass die verblei-bende freie Energie der Grenzfläche durch die Dispersionsentropie der Tröpfchen im Medium überkompensiert wird [5, 6]. Dieses Konzept bildet die Grundlage der von Ruckenstein and Chi und Overbeek [5, 6] vorgeschlagenen thermodynamischen Theorie. Die extrem niedrige Grenzflächenspannung wird in den meisten Fällen durch die Verwendung von zwei Tensiden unterschiedlicher Art erzeugt. Einzelne Tenside senken die Grenzflächenspannung γ, aber in den meisten Fällen wird die kritische Mizellbildungskonzentration (CMC) erreicht, bevor γ nahe null ist. Die Zu-gabe eines zweiten Tensids ganz anderer Art (d. h. überwiegend öllöslich, wie z. B. ein Alkohol) senkt dann γ weiter und es können sehr kleine, sogar vorübergehend negative Werte erreicht werden [7]. Dies wird in Abb. 9.6 veranschaulicht, die die Auswirkungen der Zugabe des Co-Tensids auf die Kurve γ-logC_{sa} zeigt. Es ist zu er-kennen, dass die Zugabe des Co-Tensids die gesamte Kurve zu niedrigen γ-Werten verschiebt und dass die CMC zu niedrigeren Werten verschoben wird.

Der Grund für die Verringerung von γ bei Verwendung von zwei Tensidmole-külen lässt sich aus der Betrachtung der Gibbsschen Adsorptionsgleichung für Mehrkomponentensysteme [7] ableiten. Für ein Mehrkomponentensystem i, das je-weils eine Adsorption Γ_i (mol m^{-2}, bezeichnet als Oberflächenüberschuss) aufweist, ist die Verringerung von γ, d. h. dγ, durch den folgenden Ausdruck gegeben:

$$d\gamma = - \sum \Gamma_i d\mu_i = - \sum \Gamma_i RT d\ln C_i, \qquad (9.2)$$

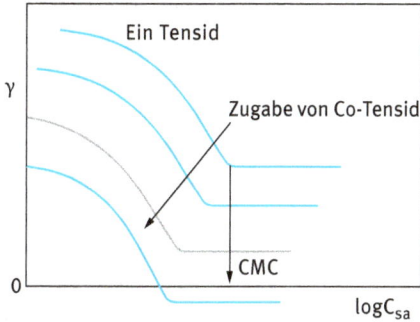

Abb. 9.6: Diagramm von γ aufgetragen gegen $\log C_{sa}$ für Tensid und zugegebenes Co-Tensid.

wobei μ_i das chemische Potenzial der Komponente i, R die Gaskonstante, T die absolute Temperatur und C_i die Konzentration (mol dm^{-3}) der einzelnen Tensidkomponenten ist.

Für zwei Komponenten sa (Tensid) und co (Co-Tensid) ergibt sich:

$$d\gamma = -\Gamma_{sa}RT\,d\ln C_{sa} - \Gamma_{co}RT\,d\ln C_{co}. \tag{9.3}$$

Die Integration von Gleichung (3.3) ergibt:

$$\gamma = \gamma_0 - \int_0^{C_{sa}} \Gamma_{sa}RT\,d\ln C_{sa} - \int_0^{C_{co}} \Gamma_{co}RT\,d\ln C_{co}, \tag{9.4}$$

was deutlich zeigt, dass γ_0 durch zwei Terme gesenkt wird, die beide von Tensiden und Co-Tensiden herrühren.

Die beiden Tensidmoleküle sollten gleichzeitig adsorbieren und nicht miteinander wechselwirken, da sie sonst ihre jeweiligen Aktivitäten verringern. Daher sollten die Tensid- und Co-Tensid-Moleküle von unterschiedlicher Beschaffenheit sein, wobei eines überwiegend wasserlöslich sein sollte (z. B. ein anionisches Tensid) und das andere überwiegend öllöslich (z. B. ein mittelkettiger Alkohol). In einigen Fällen kann ein einziges Tensid ausreichen, um γ so weit zu senken, dass die Bildung einer Mikroemulsion möglich wird, z. B. Aerosol OT (Natriumdiethylhexylsulfosuccinat) und viele nichtionische Tenside.

9.5 Charakterisierung von Mikroemulsionen mit Hilfe von Streuungstechniken

Streuungstechniken sind die naheliegendsten Methoden, um Informationen über die Größe, Form und Struktur von Mikroemulsionen zu erhalten. Die Streuung von Strahlung (z. B. Licht, Neutronen, Röntgenstrahlen usw.) an Partikeln wurde erfolgreich für die Untersuchung vieler Systeme wie Polymerlösungen, Mizellen und kolloidale Partikel eingesetzt. Bei all diesen Methoden können die Messungen bei ausreichend niedriger Konzentration durchgeführt werden, um Komplikationen aufgrund von Teilchen/Teilchen-Wechselwirkungen zu vermeiden. Die erhaltenen Ergebnisse werden auf unendliche Verdünnung extrapoliert, um die gewünschte Eigenschaft zu erhalten, wie z. B. das Molekulargewicht und den Trägheitsradius einer Polymerspirale, die Größe und Form von Mizellen usw. Leider lässt sich die oben beschriebene Verdünnungsmethode nicht auf Mikroemulsionen anwenden, die von einer spezifischen Zusammensetzung aus Öl, Wasser und Tensiden abhängen. Die Mikroemulsionen können nicht durch die kontinuierliche Phase verdünnt werden, da diese Verdünnung zu einem Zerfall der Mikroemulsion führt. Daher müssen bei der Anwendung der Streuungstechniken auf Mikroemulsionen Messungen bei endlichen Konzentrationen durchgeführt und die erhaltenen Ergebnisse mit Hilfe theoretischer Verfahren analysiert werden, um die Wechselwirkungen zwischen Tröpfchen zu berücksichtigen.

Im Folgenden werden zwei Streuungsmethoden erörtert: die zeitlich gemittelte (statische) Lichtstreuung und die dynamische (quasi-elastische) Lichtstreuung, die als Photonenkorrelationsspektroskopie bezeichnet wird.

9.5.1 Zeitlich gemittelte Lichtstreuung (statische Lichtstreuung)

Die Intensität des gestreuten Lichts I(Q) wird als Funktion des Streuvektors Q gemessen:

$$Q = \left(\frac{4\pi n}{\lambda}\right)\sin\left(\frac{\theta}{2}\right), \tag{9.5}$$

wobei n der Brechungsindex des Mediums ist, λ die Wellenlänge des Lichts und θ der Winkel, unter dem das gestreute Licht gemessen wird.

Für ein ziemlich verdünntes System ist I(Q) proportional zur Anzahl der Teilchen N, zum Quadrat der einzelnen Streuungseinheiten V_p und zu einer Eigenschaft des Systems (Materialkonstante) wie seinem Brechungsindex sowie einer Gerätekonstante:

$$I(Q) = [(\text{Materialkonstante})(\text{Gerätekonstante})]\, N\, V_p^2. \tag{9.6}$$

Die Gerätekonstante hängt von der Geometrie des Geräts ab (Länge des Lichtwegs und Konstante der Streuzelle).

Bei stärker konzentrierten Systemen hängt I(Q) auch noch von den Interferenzeffekten ab, die sich aus der Teilchen/Teilchen-Wechselwirkung ergeben:

$$I(Q) = [(\text{Gerätekonstante})(\text{Materialkonstante})]\, N\, V_p^2\, P(Q)\, S(Q), \tag{9.7}$$

wobei P(Q) der Partikelformfaktor ist, mit dem die Streuung eines einzelnen Partikels bekannter Größe und Form als Funktion von Q vorhergesagt werden kann. Für ein kugelförmiges Partikel mit dem Radius R ergibt sich:

$$P(Q) = \left[\frac{(3 \sin QR - QR \cos QR)}{(QR)^3} \right]^2 . \tag{9.8}$$

S(Q) ist der so genannte „Strukturfaktor", der die Teilchen/Teilchen-Wechselwirkung berücksichtigt. S(Q) steht im Zusammenhang mit der radialen Verteilungsfunktion g(r) (die die Anzahl der Teilchen in Schalen um ein zentrales Teilchen angibt) [8]:

$$S(Q) = 1 - \frac{4\pi N}{Q} \int_0^\infty [g(r) - 1] \, r \sin QR \, dr. \tag{9.9}$$

Für eine Dispersion fester Kugeln (engl. hard spheres) mit dem Radius R_{HS} (der gleich R + t ist, wobei t die Dicke der adsorbierten Schicht ist) gilt:

$$S(Q) = \frac{1}{[1 - NC(2QR_{HS})]} , \tag{9.10}$$

wobei C eine Konstante ist.

Üblicherweise misst man I(Q) bei verschiedenen Streuwinkeln θ und stellt dann die Intensität bei einem bestimmten Winkel (in der Regel 90°), i_{90}, als Funktion des Volumenanteils ϕ der Dispersion dar. Alternativ können die Ergebnisse auch durch das Rayleigh-Verhältnis R_{90} ausgedrückt werden:

$$R_{90} = \left(\frac{i_{90}}{I_0} \right) r_s^2 , \tag{9.11}$$

wobei I_0 die Intensität des einfallenden Strahls ist und r_s der Abstand zum Detektor,

$$R_{90} = K_0 M C P(90) S(90), \tag{9.12}$$

K_0 ist eine optische Konstante (bezogen auf den Brechungsindex-Unterschied zwischen den Partikeln und dem Medium); M ist die Molekularmasse der streuenden Einheiten mit dem Gewichtsanteil C.

Für kleine Partikel (wie bei Mikroemulsionen) ist $P(90) \approx 1$ und

$$M = \frac{4}{3} \pi R_c^3 N_A , \tag{9.13}$$

wobei N_A die Avogadro-Konstante ist.

$$C = \phi_c \rho_c , \tag{9.14}$$

wobei ϕ_c der Volumenanteil des Partikelkerns und ρ_c die Dichte der Partikel ist.

Gleichung (9.12) kann in der einfachen Form geschrieben werden:

$$R_{90} = K_1 \phi_c R_c^3 S(90),$$ (9.15)

wobei $K_1 = K_o (4/3) N_A \rho_c^2$.

Gleichung (9.15) zeigt, dass man zur Berechnung von R_c aus R_{90} den Strukturfaktor $S(90)$ kennen muss. Letzterer kann mit den Gleichungen (9.9) und (9.10) berechnet werden.

Die obigen Berechnungen wurden mit einer W/O-Mikroemulsion aus Wasser/Xylol/Natriumdodecylbenzolsulfonat (NaDBS)/Hexanol durchgeführt [9]. Die Mikroemulsionsregion wurde anhand des quaternären Phasendiagramms bestimmt. W/O-Mikroemulsionen wurden bei verschiedenen Wasservolumenanteilen mit steigenden NaDBS-Mengen hergestellt: 5 %, 10,9 %, 15 % und 20 %.

Die Ergebnisse für die Variation von R_{90} mit dem Volumenanteil der Wasserkerntropfen bei verschiedenen NaDBS-Konzentrationen sind in Abb. 9.7 dargestellt. Mit Ausnahme der 5%igen NaDBS-Ergebnisse zeigen alle anderen einen anfänglichen Anstieg von R_{90} mit der Erhöhung von ϕ und erreichen ein Maximum bei einem bestimmten ϕ-Wert, wonach R_{90} mit einer weiteren Erhöhung von ϕ abnimmt.

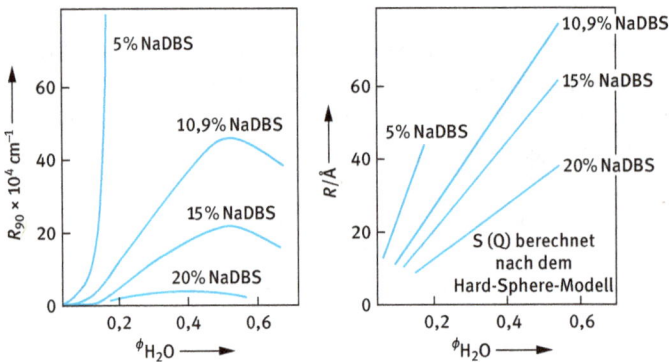

Abb. 9.7: Variation von R_{90} und R mit dem Wasservolumenanteil für eine W/O-Mikroemulsion auf Basis von Xylol-Wasser-NaDBS-Hexanol.

Die obigen Ergebnisse wurden zur Berechnung von R in Abhängigkeit von ϕ unter Verwendung des oben beschriebenen Hard-Sphere-Modells verwendet. Dies ist auch in Abb. 9.7 dargestellt. Es ist zu erkennen, dass R bei konstanter Tensidkonzentration mit einem Anstieg von ϕ zunimmt (das Verhältnis von Tensid zu Wasser nimmt mit einem Anstieg von ϕ ab). Bei jedem Volumenanteil von Wasser führt eine Erhöhung der Tensidkonzentration zu einer Verringerung der Tröpfchengröße der Mikroemulsion (das Verhältnis von Tensid zu Wasser nimmt zu).

9.5.1.1 Berechnung der Tröpfchengröße aus der Größe der Grenzfläche

Wenn man davon ausgeht, dass alle Tensid- und Co-Tensid-Moleküle an der Grenzfläche adsorbiert sind, lässt sich die gesamte Grenzfläche der Mikroemulsion aus der Kenntnis der von Tensid- und Co-Tensid-Molekülen belegten Fläche berechnen:

Gesamtgrenzfläche = Gesamtzahl der Tensidmoleküle x Fläche pro Tensidmolekül A_s + Gesamtzahl der Co-Tensid-Moleküle x Fläche pro Co-Tensid-Molekül A_{co}.

Die gesamte Grenzfläche A pro kg Mikroemulsion wird durch den folgenden Ausdruck angegeben:

$$A = \frac{(n_s N_A A_s + n_{co} N_A A_{co})}{\phi},$$
(9.16)

wobei n_s und n_{co} die Anzahl der Mole von Tensid und Co-Tensid sind.

A ist mit dem Tröpfchenradius R (unter der Annahme, dass alle Tröpfchen die gleiche Größe haben) wie folgt verbunden:

$$A = \frac{3}{R\rho}.$$
(9.17)

Unter Verwendung angemessener Werte für A_s und A_{co} (30 Å^2 für NaDBS und 20 Å^2 für Hexanol) wurde R berechnet, und die Ergebnisse wurden mit denen verglichen, die anhand von Lichtstreuungsergebnissen erhalten wurden. Es wurde eine gute Übereinstimmung zwischen den beiden Gruppen von Ergebnissen erzielt.

9.5.2 Dynamische Lichtstreuung (Photonenkorrelationsspektroskopie, PCS)

Bei dieser Technik wird die Intensitätsfluktuation des von den Tröpfchen gestreuten Lichts gemessen, wenn diese eine Brownsche Bewegung ausführen [10]. Wenn ein Lichtstrahl eine kolloidale Dispersion durchläuft, wird in den Teilchen eine oszillierende Dipolbewegung induziert, wodurch das Licht abgestrahlt wird. Aufgrund der zufälligen Position der Teilchen erscheint die Intensität des gestreuten Lichts zu jedem Zeitpunkt als zufällige Beugung („Speckle"-Muster). Da die Teilchen einer Brownschen Bewegung unterliegen, schwankt die zufällige Konfiguration des Musters, so dass die Zeit, die ein Intensitätsmaximum benötigt, um in ein Minimum überzugehen (die Kohärenzzeit), ungefähr der Zeit entspricht, die ein Teilchen benötigt, um sich um eine Wellenlänge λ zu bewegen. Das analoge Ausgangssignal wird digitalisiert (mit Hilfe eines digitalen Korrelators), der die Photocount-Korrelationsfunktion (oder Intensitäts-Korrelationsfunktion) des gestreuten Lichts misst.

Die Photocount-Korrelationsfunktion $g^{(2)}(\tau)$ ist gegeben durch:

$$g^{(2)} = B[1 + \gamma^2 g^{(1)}(\tau)]^2,$$
(9.18)

wobei τ die Korrelationsverzögerungszeit ist. B ist der Hintergrundwert, auf den $g^{(2)}(\tau)$ bei langen Verzögerungszeiten abfällt. $g^{(2)}(\tau)$ ist die normierte Korrelationsfunktion des gestreuten elektrischen Feldes und γ ist eine Konstante (≈ 1).

Der Korrelator vergleicht $g^{(2)}(\tau)$ für viele Werte von τ. Für monodisperse, nicht interagierende Teilchen ergibt sich:

$$g^{(1)}(\tau) = \exp(-\Gamma\gamma). \tag{9.19}$$

Γ ist die Zerfallsrate oder inverse Kohärenzzeit, die mit dem translatorischen Diffusionskoeffizienten D folgendermaßen zusammenhängt:

$$\Gamma = DK^2, \tag{9.20}$$

wobei K der Streuungsvektor ist:

$$K = \left(\frac{4\pi n}{\lambda_0}\right)\sin\left(\frac{\theta}{2}\right). \tag{9.21}$$

Der Teilchenradius R lässt sich aus D mithilfe der Stokes-Einstein-Gleichung berechnen:

$$D = \frac{kT}{6\pi\eta_0 R}, \tag{9.22}$$

wobei η_0 die Viskosität des Mediums ist.

Die obige Analyse gilt nur für sehr verdünnte Dispersionen. Bei Mikroemulsionen, die konzentrierte Dispersionen sind, sind Korrekturen erforderlich, um die Tröpfchen/Tröpfchen-Wechselwirkung zu berücksichtigen. Dies spiegelt sich in den Diagrammen von $\ln g^{(1)}(\tau)$ gegen τ wider, die nichtlinear werden, was bedeutet, dass die beobachteten Korrelationsfunktionen nicht einfach exponentiell sind.

Wie bei der zeitlich gemittelten Lichtstreuung muss man bei der Berechnung des durchschnittlichen Diffusionskoeffizienten einen Strukturfaktor einführen. Zu Vergleichszwecken berechnet man den kollektiven Diffusionskoeffizienten D, der mit seinem Wert bei unendlicher Verdünnung D_0 nach [11] folgendermaßen in Beziehung gesetzt werden kann:

$$D = D_0(1 + \alpha\phi), \tag{9.23}$$

wobei α eine Konstante ist, die für harte Kugeln mit abstoßender Wechselwirkung gleich 1,5 ist.

9.6 Charakterisierung von Mikroemulsionen mittels Leitfähigkeit

Leitfähigkeitsmessungen können wertvolle Informationen über das strukturelle Verhalten von Mikroemulsionen liefern. Bei den ersten Anwendungen von Leitfähigkeitsmessungen wurde die Technik zur Bestimmung der Art der kontinuierlichen Phase eingesetzt. O/W-Mikroemulsionen sollten eine relativ hohe Leitfähigkeit aufweisen (die von der kontinuierlichen wässrigen Phase bestimmt wird), während W/O-Mikroemulsionen eine relativ niedrige Leitfähigkeit aufweisen sollten (die von der kontinuierlichen Ölphase bestimmt wird).

Zur Veranschaulichung zeigt Abb. 9.8 die Änderung des elektrischen Widerstands (Kehrwert der Leitfähigkeit) mit dem Verhältnis von Wasser zu Öl (V_w/V_o) für ein Mikroemulsionssystem, das mit der Inversionsmethode hergestellt wurde [2]. Abbildung 9.8 zeigt auch die Veränderung der optischen Klarheit bzw. die Doppelbrechung (Birefringenz) abhängig vom Verhältnis von Wasser zu Öl.

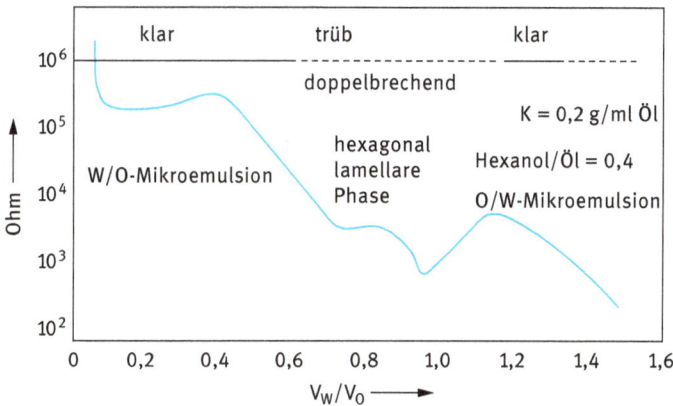

Abb. 9.8: Elektrischer Widerstand einer W/O- bzw. O/W-Mikroemulsion abhängig vom Volumenverhältnis Wasser/Öl (V_w/V_o).

Bei niedrigem V_w/V_o entsteht eine klare W/O-Mikroemulsion mit hohem Widerstand (kontinuierliches Öl). Mit steigendem V_w/V_o nimmt der Widerstand ab, und in der trüben Region werden Hexanol und lamellare Mizellen gebildet. Oberhalb eines kritischen Verhältnisses kommt es zur Inversion und der Widerstand nimmt ab, so dass eine O/W-Mikroemulsion entsteht.

Leitfähigkeitsmessungen wurden auch zur Untersuchung der Struktur der Mikroemulsion verwendet, die durch die Art des Co-Tensids beeinflusst wird. Eine systematische Studie über den Einfluss der Kettenlänge des Co-Tensids auf das Leitfähigkeitsverhalten von W/O-Mikroemulsionen wurde von Clausse und seinen Mitarbeitern durchgeführt [12, 13]. Die Kettenlänge der Co-Tenside wurde schrittweise von C_2 (Ethanol) bis C_7 (Heptanol) erhöht. Die Ergebnisse für die Variation der elektrischen Leitfähigkeit κ mit ϕ_w sind in Abb. 9.9 dargestellt.

Bei den kurzkettigen Alkoholen (C < 5) steigt die Leitfähigkeit oberhalb eines kritischen ϕ-Werts rasch an. Bei längerkettigen Alkoholen, nämlich Hexanol und Heptanol, bleibt die Leitfähigkeit bis zu einem hohen Wasservolumenanteil sehr niedrig.

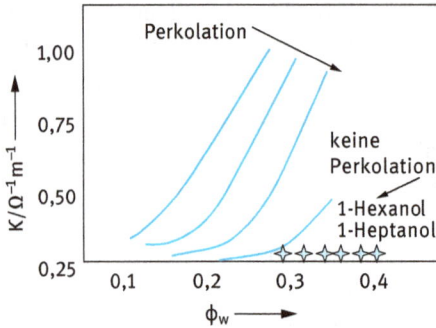

Abb. 9.9: Veränderung der elektrischen Leitfähigkeit in Abhängigkeit vom Volumenanteil des Wassers für verschiedene Co-Tenside.

Bei den kurzkettigen Alkoholen zeigt das System oberhalb eines kritischen Wasservolumenanteils Perkolation. Unter diesen Bedingungen ist die Mikroemulsion „bikontinuierlich". Bei den längerkettigen Alkoholen ist das System nicht perkolierend und man kann eindeutige Wasserkerne definieren. Dies wird manchmal als „echte" Mikroemulsion bezeichnet.

9.7 NMR-Messungen

Lindman und Mitarbeiter [14–16] haben gezeigt, dass die Organisation und Struktur von Mikroemulsionen durch Messungen der Selbstdiffusion aller Komponenten (unter Verwendung von Pulsgradienten- oder Spin-Eco-NMR-Techniken) aufgeklärt werden kann. Innerhalb einer Mizelle ist die molekulare Bewegung der Kohlenwasserstoffschwänze (Translation, Umorientierung und Kettenflexibilität) fast so schnell wie in einem flüssigen Kohlenwasserstoff. In einer inversen Mizelle sind auch die Wassermoleküle und die Gegenionen sehr mobil. Bei vielen Tensid-Wasser-Systemen gibt es eine deutliche räumliche Trennung zwischen hydrophoben und hydrophilen Bereichen. Der Übergang von Spezies zwischen verschiedenen Regionen ist ein unwahrscheinliches Ereignis und erfolgt sehr langsam.

So sollte die Selbstdiffusion, wenn sie über makroskopische Entfernungen untersucht wird, zeigen, ob der Prozess je nach den geometrischen Eigenschaften der inneren Struktur schnell oder langsam verläuft. Beispielsweise sollte eine Phase mit kontinuierlichem Wasser und diskontinuierlichem Öl eine schnelle Diffusion der hydrophilen Komponenten aufweisen, während die hdyrophoben Komponenten langsam diffundieren sollten. Ein ölkontinuierliches, aber wasserdiskontinuierliches System sollte eine schnelle Diffusion der hydrophoben Komponenten aufweisen. Man würde erwarten, dass eine bikontinuierliche Struktur eine schnelle Diffusion aller Komponenten ermöglicht.

Unter Anwendung des oben genannten Prinzips haben Lindman und Mitarbeiter [14–16] die Selbstdiffusionskoeffizienten aller Komponenten gemessen, die aus verschiedenen Bestandteilen bestehen, wobei die Rolle des Co-Tensids besonders hervorgehoben wurde. Für Mikroemulsionen, die aus Wasser, Kohlenwasserstoff, einem anionischen Tensid und einem kurzkettigen Alkohol (C_4 oder C_5) bestehen, war der Selbstdiffusionskoeffizient von Wasser, Kohlenwasserstoff und Co-Tensid recht hoch, in der Größenordnung von 10^{-9} m^2s^{-1}, d. h. zwei Größenordnungen höher als der für ein diskontinuierliches Medium erwartete Wert (10^{-11} m^2s^{-1}). Dieser hohe Diffusionskoeffizient wurde auf drei Haupteffekte zurückgeführt: bikontinuierliche Lösungen, leicht verformbare und flexible Grenzflächen und das Fehlen von großen Aggregaten. Bei Mikroemulsionen auf der Basis langkettiger Alkohole (z. B. Decanol) war der Selbstdiffusionskoeffizient für Wasser niedrig, was auf das Vorhandensein von eindeutigen (geschlossenen) Wassertröpfchen hinweist, die von Tensidanionen im Kohlenwasserstoffmedium umgeben sind. Somit konnten die NMR-Messungen eindeutig zwischen den beiden Arten von Mikroemulsionssystemen unterscheiden.

9.8 Formulierung von Mikroemulsionen

Die Formulierung von Mikroemulsionen oder mizellaren Lösungen ist ebenso wie die herkömmlicher Makroemulsionen immer noch eine Kunst. Trotz genauer Theorien, die die Bildung von Mikroemulsionen und ihre thermodynamische Stabilität erklären, ist die Wissenschaft der Mikroemulsionsformulierung noch nicht so weit fortgeschritten, dass man genau vorhersagen kann, was passiert, wenn die verschiedenen Komponenten gemischt werden. Das sehr viel höhere Verhältnis von Emulgator zu disperser Phase, das die Mikroemulsionen von den Makroemulsionen unterscheidet, scheint auf den ersten Blick die Anwendung verschiedener Formulierungstechniken weniger kritisch zu machen. In den letzten Stadien der Formulierung wird jedoch sofort klar, dass die Anforderungen aufgrund der größeren Anzahl der beteiligten Parameter sehr kritisch sind.

Die Mechanismen zur Herstellung von Mikroemulsionen unterscheiden sich von denen zur Herstellung von Makroemulsionen. Der wichtigste Unterschied besteht darin, dass sich die Stabilität einer Makroemulsion in der Regel verbessert, wenn mehr Arbeit in sie gesteckt oder der Emulgatoranteil erhöht wird. Dies ist bei Mikroemulsionen nicht der Fall. Die Bildung einer Mikroemulsion hängt von spezifischen Wechselwirkungen zwischen den Molekülen von Öl, Wasser und Emulgatoren ab. Diese Wechselwirkungen sind nicht genau bekannt. Wenn diese spezifischen Wechselwirkungen nicht zustande kommen, kann weder viel Arbeit noch ein Überschuss an Emulgator die Mikroemulsion erzeugen. Wenn die Chemie stimmt, erfolgt die Mikroemulgierung spontan.

Man sollte bedenken, dass bei Mikroemulsionen das Verhältnis von Emulgator zu Öl viel höher ist als bei Makroemulsionen. Der verwendete Emulgator beträgt mindestens 10 %, bezogen auf das Öl, und in den meisten Fällen kann er 20 bis 30 % betragen. Die W/O-Systeme werden durch Mischen von Öl und Emulgator hergestellt, wobei gegebenenfalls eine gewisse Erwärmung erforderlich ist. Der Öl/Emulgator-Mischung wird Wasser zugesetzt, um die Mikroemulsionströpfchen zu erzeugen, und das resultierende System sollte transparent oder durchscheinend erscheinen. Wenn die maximale Menge an Wasser, die mikroemulgiert werden kann, für die jeweilige Anwendung nicht ausreicht, sollte man andere Emulgatoren ausprobieren, um die gewünschte Zusammensetzung zu erreichen. Die einfachste Methode zur Herstellung einer O/W-Mikroemulsion besteht darin, Öl und Emulgator zu mischen und das Gemisch unter leichtem Rühren in Wasser zu gießen. Bei Wachsen müssen sowohl das Öl/Emulgator-Gemisch als auch das Wasser eine höhere Temperatur haben (über dem Schmelzpunkt des Wachses). Liegt der Schmelzpunkt des Wachses über der Siedetemperatur des Wassers, kann der Prozess unter hohem Druck durchgeführt werden. Eine andere Technik zum Mischen der Bestandteile ist die Herstellung einer groben Makroemulsion aus dem Öl und einem der Emulgatoren. Durch die Verwendung geringer Wassermengen wird ein Gel gebildet, und das System kann dann mit dem Co-Emulgator titriert werden, bis ein transparentes System entstanden ist. Das obige System kann weiter mit Wasser verdünnt werden, um eine durchsichtige Mikroemulsion herzustellen.

Für die Formulierung von Mikroemulsionen können drei verschiedene Methoden zur Auswahl des Emulgators angewandt werden: (1) das Prinzip des hydrophil-lipophilen Gleichgewichts (hydrophilic-lipohilic balance; HLB). (2) die Methode der Phaseninversionstemperatur (PIT). (3) Partitionierung von Co-Tensiden zwischen der Öl- und der Wasserphase. Die ersten beiden Methoden sind im Wesentlichen dieselben, die auch für die Auswahl von Emulgatoren für Makroemulsionen verwendet werden und die in Kapitel 6 beschrieben wurden. Bei Mikroemulsionen sollte man jedoch versuchen, den chemischen Typ des Emulgators auf den des Öls abzustimmen.

Nach der thermodynamischen Theorie der Mikroemulsionsbildung muss die Gesamtgrenzflächenspannung des gemischten Films aus Tensid und Co-Tensid gegen null gehen. Die Gesamtgrenzflächenspannung ist durch die folgende Gleichung gegeben:

$$\gamma_i = (\gamma_{O/W})_a - \pi. \tag{9.24}$$

Dabei ist $(\gamma_{O/W})_a$ die Grenzflächenspannung des Öls in Anwesenheit von Alkohol-Co-Tensid und π ist der Oberflächendruck. $(\gamma_{O/W})_a$ scheint unabhängig vom ursprünglichen Wert von $\gamma_{O/W}$ einen Wert von 15 mNm^{-1} zu erreichen. Es scheint, dass das Co-Tensid, das überwiegend öllöslich ist, sich zwischen dem Öl und der Grenzfläche verteilt und dies eine Änderung der Zusammensetzung bewirkt, die zur Reduzierung auf 15 mNm^{-1} führt.

Die Messung der Verteilung des Co-Tensids zwischen dem Öl und der Grenzfläche ist nicht einfach. Ein einfaches Verfahren zur Auswahl des effizientesten Co-Tensids ist die Messung der Grenzflächenspannung zwischen Öl und Wasser $\gamma_{O/W}$ in Abhängigkeit von der Konzentration des Co-Tensids. Je geringer der Prozentsatz des Co-Tensids ist, der erforderlich ist, um $\gamma_{O/W}$ auf 15 mNm^{-1} zu senken, desto besser ist der Kandidat.

Literatur

[1]   T. P. Hoar and J. H. Schulman, Nature (London) 152, 102 (1943).
[2]   L. M. Prince, „Microemulsion Theory and Practice", Academic Press, N. Y. (1977).
[3]   I. Danielsson and B. Lindman, Colloids and Surfaces, 3, 391 (1983).
[4]   K. Shinoda and S. Friberg, Adv. Colloid Interface Sci., 4, 281 (1975).
[5]   E. Ruckenstein and J. C. Chi, J. Chem. Soc. Faraday Trans. II, 71, 1690 (1975).
[6]   J. Th. G. Overbeek, Faraday Disc. Chem. Soc., 65, 7 (1978).
[7]   J. T. G. Overbeek, P. L. de Bruyn and F. Verhoeckx, in „Surfactants", Th. F. Tadros (ed.), Academic Press (London), pp. 111–132 (1984).
[8]   R. C. Baker, A. T. Florence, R. H. Ottewill and Th. F. Tadros, J. Colloid Interface Sci., 100, 332 (1984).
[9]   N. W. Ashcroft and J. Lekner, Phys. Rev., 45, 33 (1966).
[10] P. N. Pusey, in „Industrial Polymers: Characterisation by Molecular Weights", J. H. S. Green and R. Dietz (eds.), Transcripta Books, London (1973).
[11] A. N. Cazabat and D. Langevin, J. Chem. Phys., 74, 3148 (1981).
[12] B. Lagourette, J. Peyerlasse, C. Boned and M. Clausse, Nature, 281, 60 (1969).
[13] M. Clausse, J. Peyerlasse, C. Boned, J. Heil, L. Nicolas-Margantine and A. Zrabda, in „Solution Properties of Surfactants", K. L. Mittal and B. Lindman (eds.), Plenum Press (1984), Vol. 3, p. 1583.
[14] B. Lindman and H. Winnerstrom, in „Topics in Current Chemistry", F. L. Borschke (ed.), Springer-Verlag, Heidelberg, 87 (1980), 1–83.
[15] H. Winnerstrom and B. Lindman, Phys. rep., 52, 1 (1970).
[16] B. Lindman, P. Stilbs and M. E. Moseley, J. Colloid Interface Sci., 83, 569 (1981).

10 Tenside als Benetzungsmittel

10.1 Einführung

Die Benetzung ist in vielen industriellen Prozessen wichtig, und in vielen Fällen ist die vollständige Benetzung eine Voraussetzung für die Anwendung – z. B. beim Auftragen von Farben, wo die Farbe den Untergrund vollständig benetzen muss, um eine gleichmäßige Farbschicht zu bilden. Bei Pflanzenschutzmitteln, die auf Pflanzen oder Unkraut ausgebracht werden, ist es wichtig, dass die Sprühlösung das Substrat vollständig benetzt, und in vielen Fällen kann eine schnelle Ausbringung erforderlich sein. In diesem Fall ist die Dynamik der Benetzung ein sehr wichtiger Faktor. In Körperpflegeformulierungen wie Cremes und Lotionen ist eine gute Benetzung des Substrats (der Haut) erforderlich. Auch bei Haarsprays sind Tröpfchenimprägnierung und -adhäsion wichtig, und auch eine Benetzung und Verteilung auf der Haaroberfläche sollte folgen. Bei pharmazeutischen Anwendungen ist die Befeuchtung von Tabletten für deren Zerfall und Dispersion unerlässlich.

Die Befeuchtung von Pulvern ist eine wichtige Voraussetzung für die Dispersion von Pulvern in Flüssigkeiten, d. h. die Herstellung von Suspensionen. Es ist unerlässlich, sowohl die äußeren als auch die inneren Oberflächen der Pulveraggregate und Agglomerate zu benetzen. Suspensionen werden in vielen Industriezweigen eingesetzt, z. B. in Farben, Farbstoffen, Druckfarben, Agrochemikalien, Arzneimitteln, Papierbeschichtungen, Reinigungsmitteln usw.

Bei allen oben genannten Prozessen müssen sowohl die Gleichgewichts- als auch die dynamischen Aspekte des Benetzungsprozesses berücksichtigt werden [1]. Die Gleichgewichtsaspekte der Benetzung können mit Hilfe der Grenzflächenthermodynamik auf einer grundlegenden Ebene untersucht werden. Im Gleichgewicht erzeugt ein Flüssigkeitstropfen auf einem Substrat einen Kontaktwinkel θ, d. h. den Winkel zwischen den Ebenen, die die Oberflächen von Festkörper und Flüssigkeit am Benetzungsrand tangieren. Dies wird in Abb. 10.1 veranschaulicht, die das Profil eines Flüssigkeitstropfens auf einem flachen festen Substrat zeigt. Ein Gleichgewicht zwischen Dampf, Flüssigkeit und Festkörper stellt sich bei einem Kontaktwinkel θ ein (der kleiner als 90° ist).

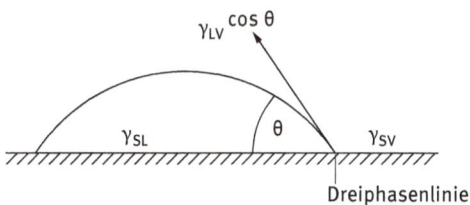

Abb. 10.1: Schematische Darstellung des Kontaktwinkels und der Dreiphasenlinie.

https://doi.org/10.1515/9783110798579-010

Im Zusammenhang mit der Benetzung wird häufig die Dreiphasenlinie (Feststoff/ Flüssigkeit/Dampf) – auch Kontaktlinie genannt – betrachtet. Die meisten Studien zur Gleichgewichtsbenetzung konzentrieren sich auf die Messung des Kontaktwinkels; je kleiner der Winkel, desto besser benetzt die Flüssigkeit den Festkörper. Typische Beispiele sind in Tab. 10.1 für Wasser mit einer Oberflächenspannung von $72 \, \text{mNm}^{-1}$ auf verschiedenen Substraten angegeben.

Tab. 10.1: Typische Kontaktwinkelwerte für einen Wassertropfen auf verschiedenen Substraten.

Substrat	Kontaktwinkel $\theta/°$
PTFE (Teflon)	112
Paraffinwachs	110
Polyethylen	103
menschliche Haut	75–90
Glas	0

Die oben genannten Werte können grob als Maß für die Benetzung des Substrats durch Wasser verwendet werden (Glas wird vollständig benetzt, PTFE ist sehr schwer zu benetzen).

Die Ausbreitung von Flüssigkeiten auf Substraten ist auch ein wichtiges industrielles Phänomen, wie z. B. bei Pflanzenschutzmitteln, die sich spontan auf den Blattoberflächen ausbreiten müssen, um eine maximale biologische Wirkung zu erzielen. Ein nützliches Konzept ist der Ausbreitungskoeffizient, der im Folgenden beschrieben wird.

10.2 Das Konzept des Kontaktwinkels

Die Benetzung ist ein grundlegendes Grenzflächenphänomen, bei dem eine flüssige Phase ganz oder teilweise von einer anderen flüssigen Phase von der Oberfläche eines Festkörpers oder einer Flüssigkeit verdrängt wird. Der nützlichste Parameter, der die Benetzung beschreiben kann, ist der Kontaktwinkel einer Flüssigkeit auf einem Substrat. Wird ein Tropfen einer Flüssigkeit auf einen Festkörper aufgebracht, breitet sich die Flüssigkeit entweder zu einem dünnen (gleichmäßigen) Film aus oder bleibt als einzelner Tropfen zurück. Dies wird in Abb. 10.2 schematisch dargestellt.

Der Kontaktwinkel θ ist der Winkel zwischen den Ebenen, die die Oberflächen des Festkörpers und der Flüssigkeit am Benetzungsrand tangieren. Wie bereits erwähnt, wird die Benetzungsgrenze als Dreiphasenlinie (fest/flüssig/dampfförmig) oder einfach als Kontaktlinie bezeichnet. Der Nutzen von Kontaktwinkelmessungen hängt von thermodynamischen Gleichgewichtsargumenten ab (statische Messungen). In praktischen Systemen, wie z. B. bei Sprühanwendungen, muss ein Fluid

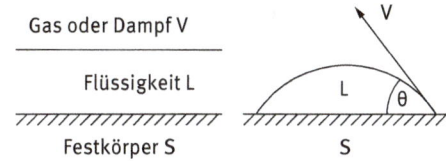

Abb. 10.2: Darstellung von vollständiger oder partieller Benetzung.

(Luft) so schnell und effizient wie möglich durch ein anderes (Flüssigkeit) verdrängt werden. Dynamische Kontaktwinkelmessungen (in Verbindung mit einer sich bewegenden Kontaktlinie) sind in vielen praktischen Anwendungen von größerer Bedeutung. Selbst unter statischen Bedingungen sind Kontaktwinkelmessungen alles andere als einfach, da sie meist von Hysterese begleitet werden. Der Wert von θ hängt von der Geschichte des Systems ab und davon, ob die Flüssigkeit dazu neigt, sich über die feste Oberfläche zu bewegen oder sich von ihr zurückzuziehen. Die Grenzwinkel, die kurz vor der Bewegung der Kontaktlinie (bzw. kurz nach dem Ende der Bewegung) erreicht werden, werden als fortschreitender und zurückweichender Kontaktwinkel θ_A bzw. θ_R bezeichnet. Für ein gegebenes System ist $\theta_A > \theta_R$, und θ kann in der Regel jeden beliebigen Wert zwischen diesen beiden Grenzwerten annehmen, ohne dass eine Bewegung der Kontaktlinie erkennbar ist.

Der Flüssigkeitstropfen nimmt die Form an, die die freie Energie des Systems minimiert. Betrachten wir ein einfaches System aus einem Flüssigkeitstropfen (L) auf einer festen Oberfläche (S) im Gleichgewicht mit dem Dampf der Flüssigkeit (V), wie in Abb. 10.1 dargestellt. Die Summe $(\gamma_{SV}A_{SV} + \gamma_{SL}A_{SL} + \gamma_{LV}A_{LV})$ sollte im Gleichgewicht minimal sein, was zu der folgenden Young-Gleichung führt [2]:

$$\gamma_{SV} = \gamma_{SL} + \gamma_{LV}\cos\theta. \qquad (10.1)$$

In der obigen Gleichung ist θ der Gleichgewichts-Kontaktwinkel. Der Winkel, der sich bei einem Tropfen auf einer festen Oberfläche bildet, ist das Ergebnis des Gleichgewichts zwischen der Kohäsionskraft in der Flüssigkeit und der Adhäsionskraft zwischen der Flüssigkeit und dem Festkörper, d. h.:

$$\gamma_{LV}\cos\theta = \gamma_{SV} - \gamma_{SL}, \qquad (10.2)$$

oder

$$\cos\theta = \frac{\gamma_{SV} - \gamma_{SL}}{\gamma_{LV}}. \qquad (10.3)$$

Wenn es keine Wechselwirkung zwischen Feststoff und Flüssigkeit gibt, dann gilt:

$$\gamma_{SL} = \gamma_{SV} + \gamma_{LV}, \tag{10.4}$$

d. h. $\theta = 180°$ $(\cos\theta = -1)$

Bei starker Wechselwirkung zwischen Feststoff und Flüssigkeit (maximale Benetzung) breitet sich letztere aus, bis die Youngsche Gleichung erfüllt ist $(\theta = 0)$ und

$$\gamma_{LV} = \gamma_{SV} - \gamma_{SL}. \tag{10.5}$$

Die Flüssigkeit breitet sich somit spontan auf der festen Oberfläche aus.

Wenn sich die Oberfläche des Festkörpers im Gleichgewicht mit dem Flüssigkeitsdampf befindet, muss man den Ausbreitungsdruck π_e berücksichtigen. Infolge der Adsorption des Dampfes an der Festkörperoberfläche wird seine Oberflächenspannung γ_s um π_e verringert, d. h.

$$\gamma_{SV} = \gamma_s - \pi_e \tag{10.6}$$

und die Youngsche Gleichung kann wie folgt geschrieben werden:

$$\gamma_{LV} \cos\theta = \gamma_s - \gamma_{SL} - \pi_e. \tag{10.7}$$

Im Allgemeinen liefert die Youngsche Gleichung eine präzise thermodynamische Definition des Kontaktwinkels. Sie leidet jedoch unter dem Mangel einer direkten experimentellen Überprüfung, da sowohl γ_{SV} als auch γ_{SL} nicht direkt gemessen werden können. Ein wichtiges Kriterium für die Anwendung der Youngschen Gleichung ist eine gemeinsame Tangente an der Kontaktlinie zwischen den beiden Grenzflächen.

10.3 Benetzungsspannung – Haftspannung

Es gibt keine direkte Methode, mit der γ_{SV} oder γ_{SL} gemessen werden können. Die Differenz zwischen γ_{SV} und γ_{SL} kann durch Kontaktwinkelmessungen ermittelt werden. Dieser Unterschied wird als „Benetzungsspannung" oder „Haftspannung" bezeichnet:

$$\text{Haftspannung} = \gamma_{SV} - \gamma_{SL} = \gamma_{LV} \cos\theta. \tag{10.8}$$

Die Haftspannung hängt also von den messbaren Größen γ_{LV} und θ ab. Solange $\theta < 90°$, ist die Haftspannung positiv.

10.4 Adhäsionsarbeit W_a

Man betrachte einen Flüssigkeitstropfen mit der Oberflächenspannung γ_{LV} und eine feste Oberfläche mit der Oberflächenspannung γ_{SV}. Wenn der Flüssigkeitstropfen an der festen Oberfläche haftet, bildet er eine Oberflächenspannung γ_{SL}. Die Adhäsionsarbeit [3, 4] ist einfach die Differenz zwischen den Oberflächenspannungen von Flüssigkeit/Dampf und Festkörper/Dampf und derjenigen von Festkörper/Flüssigkeit:

$$W_a = \gamma_{SV} + \gamma_{LV} - \gamma_{SL}. \tag{10.9}$$

Verwendung der Youngschen Gleichung ergibt:

$$W_a = \gamma_{LV}(\cos\theta + 1). \tag{10.10}$$

10.5 Kohäsionsarbeit

Die Kohäsionsarbeit W_c ist die Arbeit der Adhäsion, wenn die beiden Phasen gleich sind. Betrachten wir einen Flüssigkeitszylinder mit einheitlicher Querschnittsfläche. Wenn diese Flüssigkeit in zwei Zylinder unterteilt wird, entstehen zwei neue Oberflächen. Die beiden neuen Flächen haben eine Oberflächenspannung von $2\gamma_{LV}$ und die Kohäsionsarbeit ist:

$$W_c = 2\gamma_{LV}. \tag{10.11}$$

Somit ist die Kohäsionsarbeit einfach gleich dem Doppelten der Oberflächenspannung der Flüssigkeit. Eine wichtige Schlussfolgerung kann gezogen werden, wenn man die Adhäsionsarbeit gemäß Gleichung (10.10) und die Kohäsionsarbeit gemäß Gleichung (10.11) betrachtet: Wenn $W_c = W_a$, $\theta = 0°$. Dies ist die Bedingung für eine vollständige Benetzung. Wenn $W_c = 2W_a$, $\theta = 90°$ und die Flüssigkeit bildet einen diskreten Tropfen auf der Substratoberfläche. Der Wettbewerb zwischen der Kohäsion der Flüssigkeit mit sich selbst und ihrer Adhäsion an einem Festkörper führt also zu einem konstanten und für ein bestimmtes System im Gleichgewicht spezifischen Kontaktwinkel. Dies zeigt, wie wichtig die Youngsche Gleichung für die Definition der Benetzung ist.

10.6 Spreitkoeffizient S

Harkins [5, 6] definierte den anfänglichen Ausbreitungskoeffizienten als die Arbeit, die erforderlich ist, um eine Flächeneinheit aus Feststoff/Flüssigkeit (SL) und Flüssigkeit/Dampf (LV) zu zerstören und eine reine Flächeneinheit Feststoff (SV) zu hinterlassen.

$$S = \gamma_{SV} - (\gamma_{SL} + \gamma_{LV}) \tag{10.12}$$

$$S = \gamma_{LV}(\cos\theta - 1). \tag{10.13}$$

Wenn S positiv ist, breitet sich die Flüssigkeit aus, bis sie den Festkörper vollständig benetzt, so dass $\theta = 0°$. Wenn S negativ ist ($\theta > 0°$), findet nur eine teilweise Benetzung statt. Alternativ kann man auch den Gleichgewichts- oder Endausbreitungskoeffizienten verwenden.

10.7 Kontaktwinkel-Hysterese

Für eine Flüssigkeit, die sich auf einem gleichmäßigen, nicht verformbaren Festkörper ausbreitet (idealisierter Fall), gibt es nur einen Kontaktwinkel (den Gleichgewichtswert). Bei realen Oberflächen (praktischen Systemen) kann eine Reihe von stabilen Winkeln gemessen werden. Zwei relativ reproduzierbare Winkel können gemessen werden: der größte, vorrückende Winkel θ_A und der kleinste, zurückweichende Winkel θ_R. θ_A wird gemessen, indem man den Rand des Tropfens über die Oberfläche vorrückt (z. B. indem man dem Tropfen mehr Flüssigkeit zufügt). θ_R wird gemessen, indem man die Flüssigkeit zurückzieht (z. B. indem man dem Tropfen etwas Flüssigkeit entzieht). Die Differenz zwischen θ_A und θ_R wird als „Kontaktwinkel-Hysterese" bezeichnet.

Für die Kontaktwinkel-Hysterese kommen mehrere Faktoren in Betracht, z. B. das Eindringen der benetzenden Flüssigkeit in die Poren während der Messung des Kontaktwinkels und die Oberflächenrauigkeit.

Wenzel [7] betrachtete die tatsächliche Fläche einer rauen Oberfläche A (die die gesamte Oberflächentopographie, Spitzen und Täler berücksichtigt) und die projizierte Fläche A' (die makroskopische oder scheinbare Fläche). Ein Rauheitsfaktor r kann definiert werden als:

$$r = \frac{A}{A'}, \tag{10.14}$$

wobei $r > 1$, und je höher der Wert von r, desto größer die Rauheit der Oberfläche.

Der gemessene Kontaktwinkel θ (der makroskopische Winkel) kann durch r mit dem intrinsischen Kontaktwinkel θ_o in Beziehung gesetzt werden:

$$\cos\theta = r\cos\theta_o. \tag{10.15}$$

Unter Verwendung der Youngschen Gleichung erhält man:

$$\cos\theta = r\left(\frac{\gamma_{SV} - \gamma_{SL}}{\gamma_{LV}}\right). \tag{10.16}$$

Wenn cosθ auf einer glatten Oberfläche negativ ist (θ > 90°), wird er auf einer rauen Oberfläche negativer; θ wird größer und die Oberflächenrauigkeit verringert die Benetzung. Wenn cos θ auf einer glatten Oberfläche positiv ist (θ < 90°), wird er auf einer rauen Oberfläche positiver; θ wird kleiner und die Oberflächenrauigkeit verstärkt die Benetzung.

Ein weiterer Faktor, der Hysterese verursachen kann, ist die Heterogenität der Oberfläche. Die meisten realen Oberflächen sind heterogen und bestehen aus Flecken (Inseln), die sich in ihrem Grad der Hydrophilie/Hydrophobie unterscheiden. Wenn sich der Tropfen auf einer solchen heterogenen Oberfläche fortbewegt, neigt der Rand des Tropfens dazu, an der Grenze der Insel anzuhalten. Der Annäherungswinkel steht im Zusammenhang mit dem Eigenwinkel des Bereichs mit hohem Kontaktwinkel (den hydrophoberen Flecken oder Inseln). Der zurückweichende Winkel wird mit dem Bereich mit niedrigem Kontaktwinkel, d. h. den hydrophileren Flecken oder Inseln, in Verbindung gebracht.

Wenn die Heterogenitäten im Vergleich zu den Abmessungen des Flüssigkeitstropfens klein sind, kann man einen zusammengesetzten Kontaktwinkel definieren. Cassie [8, 9] betrachtete die maximalen und minimalen Werte der Kontaktwinkel und verwendete den folgenden einfachen Ausdruck:

$$\cos \theta = Q_1 \cos \theta_1 + Q_2 \cos \theta_2, \tag{10.17}$$

Q_1 ist der Anteil der Oberfläche mit dem Kontaktwinkel θ_1 und Q_2 ist der Anteil der Oberfläche mit dem Kontaktwinkel θ_2. θ_1 und θ_2 sind der maximale bzw. minimale Kontaktwinkel.

10.8 Kritische Oberflächenspannung der Benetzung

Eine systematische Methode zur Charakterisierung der „Benetzbarkeit" einer Oberfläche wurde von Fox und Zisman [10] eingeführt. Der Kontaktwinkel, den eine Flüssigkeit auf einer Oberfläche mit niedriger Energie aufweist, hängt weitgehend von der Oberflächenspannung γ_{LV} der Flüssigkeit ab. Für ein bestimmtes Substrat und eine Reihe verwandter Flüssigkeiten (wie n-Alkane, Siloxane oder Dialkylether) ist cosθ eine lineare Funktion der Oberflächenspannung der Flüssigkeit γ_{LV}. Dies wird in Abb. 10.3 für eine Reihe verwandter Flüssigkeiten auf Polytetrafluorethylen (PTFE) veranschaulicht. Die Abbildung zeigt auch die Ergebnisse für nicht-verwandte Flüssigkeiten mit sehr unterschiedlichen Oberflächenspannungen; die Linie verbreitert sich zu einem Band, das bei polaren Flüssigkeiten mit hoher Oberflächenspannung tendenziell gekrümmt ist.

Die Oberflächenspannung an dem Punkt, an dem die Linie die Achse cosθ = 1 schneidet, wird als kritische Oberflächenspannung der Benetzung γ_c bezeichnet. γ_c ist die Oberflächenspannung einer Flüssigkeit, die sich gerade auf dem Substrat ausbreiten würde, um eine vollständige Benetzung zu erreichen.

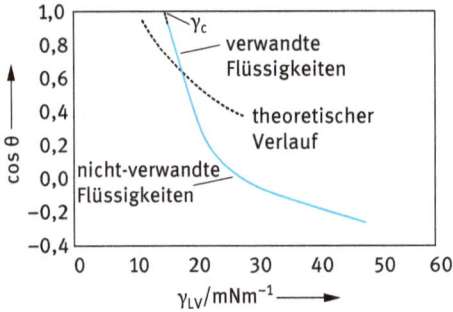

Abb. 10.3: Veränderung von cosθ abhängig von γ_{LV} für verwandte oder nicht-verwandte Flüssigkeiten auf PTFE.

Die obige lineare Beziehung kann durch die folgende empirische Gleichung dargestellt werden:

$$\cos\theta = 1 + b(\gamma_{LV} - \gamma_c). \tag{10.18}$$

Hochenergetische Feststoffe wie Glas und Polyethylenterephthalat haben eine hohe kritische Oberflächenspannung ($\gamma_c > 40$ mNm^{-1}). Niederenergetische Feststoffe wie Polyethylen haben niedrigere γ_c-Werte (≈ 31 mNm^{-1}). Das Gleiche gilt für Kohlenwasserstoffoberflächen wie Paraffinwachs. Sehr niederenergetische Feststoffe wie PTFE (Polytetrafluorethylen) haben niedrigere γ_c-Werte in der Größenordnung von 18 mNm^{-1}. Der niedrigste bekannte Wert ist ≈ 6 mNm^{-1}, der mit kondensierten Monoschichten aus Perfluorlaurinsäure ermittelt wurde.

10.9 Wirkung der Adsorption von Tensiden

Tenside senken die Oberflächenspannung der Flüssigkeit γ_{LV} und sie adsorbieren auch an der Fest/flüssig-Grenzfläche, wodurch γ_{SL} gesenkt wird. Die Adsorption von Tensiden an der Grenzfläche zwischen Flüssigkeit und Luft kann leicht durch die Gibbssche Adsorptionsgleichung beschrieben werden [11]:

$$\frac{d\gamma_{LV}}{dC} = -2{,}303\Gamma\,RT, \tag{10.19}$$

wobei C die Tensidkonzentration (mol dm^{-3}) und Γ der Oberflächenexzess (Menge der Adsorption in mol m^{-2}) ist.

Γ kann aus Messungen der Oberflächenspannung von Lösungen mit verschiedenen molaren Konzentrationen (C) gewonnen werden. Aus einem Diagramm von

γ_{LV} gegen logC kann man Γ aus der Steigung des linearen Teils der Kurve knapp unterhalb der kritischen Mizellbildungskonzentration (CMC) erhalten.

Die Adsorption von Tensiden an der Fest/flüssig-Grenzfläche senkt auch die Oberflächenspannung γ_{SL}. Aus der Youngschen Gleichung ergibt sich:

$$\cos\theta = \frac{\gamma_{SV} - \gamma_{SL}}{\gamma_{LV}}. \tag{10.20}$$

Tenside verringern θ, wenn entweder γ_{SL} oder γ_{LV} oder beide verringert werden (wenn γ_{SV} konstant bleibt). Smolders [12] erhielt eine Gleichung für die Änderung des Kontaktwinkels mit der Tensidkonzentration, indem er die Youngsche Gleichung in Bezug auf lnC bei konstanter Temperatur differenzierte:

$$\frac{d(\gamma_{LV}\cos\theta)}{d\ln C} = \frac{d\gamma_{SV}}{d\ln C} - \frac{d\gamma_{SL}}{d\ln C}. \tag{10.21}$$

Anwendung der Gibbs-Gleichung ergibt:

$$\sin\theta \left(\frac{d\theta}{d\ln C}\right) = RT(\Gamma_{SV} - \Gamma_{SL} - \Gamma_{LV}\cos\theta). \tag{10.22}$$

Da $\sin\theta$ immer positiv ist, hat ($d\theta/d\ln C$) immer das gleiche Vorzeichen wie die rechte Seite von Gleichung (10.22), und es lassen sich drei Fälle unterscheiden:
1. ($d\theta/d\ln C$) < 0; $\Gamma_{SV} < \Gamma_{SL} + \Gamma_{LV}\cos\theta$. Die Zugabe von Tensiden verbessert die Benetzung.
2. ($d\theta/d\ln C$) = 0; $\Gamma_{SV} = \Gamma_{SL} + \Gamma_{LV}\cos\theta$ (keine Wirkung)
3. ($d\theta/d\ln C$) > 0; $\Gamma_{SV} > \Gamma_{SL} + \Gamma_{LV}\cos\theta$. Die Zugabe von Tensiden führt zur Entnetzung.

10.10 Messung von Kontaktwinkeln

Die gebräuchlichste Methode zur Messung des Kontaktwinkels ist das Verfahren des liegenden Tropfens (Sessile-drop-Methode) oder der anhaftenden Gasblase. Eine schematische Darstellung eines liegenden Tropfens auf einer ebenen Oberfläche und einer Gasblase, die auf einer festen Oberfläche ruht, ist in Abb. 10.4 zu sehen.

Der Kontaktwinkel kann mit einem Teleskop gemessen werden, das mit einem Goniometer-Okular ausgestattet ist (Kontaktwinkel-Goniometer). Die Messgenauigkeit beträgt ± 2° für θ-Werte zwischen 10° und 160°. Für $\theta < 10°$ oder $\theta > 160°$ ist die Unsicherheit höher und θ kann aus dem Tropfenprofil berechnet werden (gilt für Tropfen $< 10^{-4}$ ml). Dies ist in Abb. 10.5 schematisch dargestellt.

(a) liegender Tropfen

(b) Gasblase auf Oberfläche ruhend

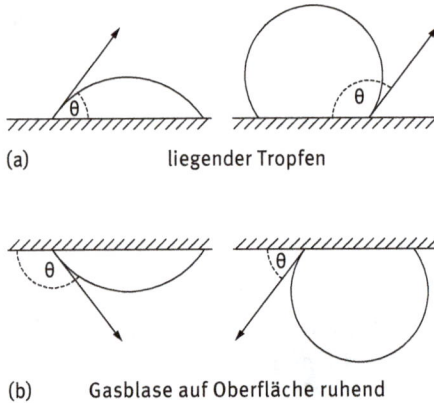

Abb. 10.4: Schematische Darstellung eines liegenden Tropfens (a) bzw. einer Gasblase, die auf einer Oberfläche ruht.

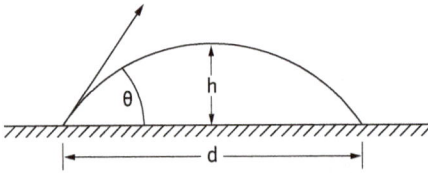

Abb. 10.5: Profilansicht eines Tropfens zur Berechnung des Kontaktwinkels.

Es gilt:

$$\tan\left(\frac{\theta}{2}\right) = \frac{2\,h}{d}, \tag{10.23}$$

$$\frac{d^3}{V} = \frac{24\sin^3\theta}{\pi\,(2 - 3\cos\theta + \cos^3\theta)}. \tag{10.24}$$

Kinetische Effekte und Verdunstung müssen ebenfalls berücksichtigt werden.

Literatur

[1]   T. B. Blake, in „Surfactants", Th. F. Tadros (ed.) Academic Press, London (1984).
[2]   T. Young, Phil. Trans. Royal Soc. (London), 95, 65 (1805).
[3]   D. H. Everett, Pure and Appl. Chemistry, 52, 1279 (1980).
[4]   R. E. Johnson, J. Phys. Chem, 63, 1655 (1959).
[5]   W. D. Harkins, J. Phys. Chem., 5, 135 (1937).
[6]   W. D. Harkins, „The Physical Chemistry of Surface Films", Reinhold, New York (1952).
[7]   R. N. Wenzel, Ind. Eng. Chem., 28, 988 (1936).

[8]   A. B. D. Cassie and S. Dexter, Trans. Faraday Soc., 40, 546 (1944).

[9]   A. B. D. Cassie, Disc. Faraday Soc., **3**, 361 (1948).

[10] H. W. Fox and W. A. Zisman, J. Colloid Sci. 7, 109, 428 (1952).

[11] J. W. Gibbs, „The Collected Work of J. Willard Gibbs", Vol. 1, Longman-Green, New York (1928).

[12] C. A. Smolders, Rec. Trav. Chim., 80, 650 (1960).

11 Industrielle Anwendungen von Tensiden

11.1 Tenside in Haushalts-, Körperpflege- und Kosmetikprodukten [1, 2]

Tenside, die in Haushalts-, Körperpflege- und Kosmetikprodukten verwendet werden, müssen völlig frei von Allergenen, Sensibilisatoren und Reizstoffen sein. Für diese Formulierungen werden herkömmliche Tenside des anionischen, kationischen, amphoteren und nichtionischen Typs verwendet. Neben den synthetischen Tensiden, die bei der Herstellung vieler Systeme wie Emulsionen, Cremes, Suspensionen usw. verwendet werden, sind verschiedene andere natürlich vorkommende Stoffe eingeführt worden. Und in den letzten Jahren gibt es einen Trend, solche natürlichen Produkte in größerem Umfang zu verwenden, da man davon ausgeht, dass sie in der Anwendung sicherer sind.

Es gibt einige synthetische Tenside, die in Haushalts-, Körperpflege- und Kosmetikformulierungen verwendet werden, wie z. B. Carboxylate, Ethersulfate, Sulfate, Sulfonate, quartäre Amine, Betaine, Sarkosinate usw. Die ethoxylierten Tenside sind vielleicht die in diesen Formulierungen am häufigsten verwendeten Emulgatoren. Da diese Moleküle ungeladen sind, haben sie ein geringes Hautsensibilisierungspotenzial. Dies ist auf ihre geringe Bindung an Proteine zurückzuführen. Leider besteht eines der Probleme bei nichtionischen Tensiden in der Bildung von Dioxan, das sich aus dem verbleibenden freien Ethylenoxid bildet und selbst in kleinen Mengen aufgrund seiner Karzinogenität nicht akzeptabel ist. Bei der Verwendung ethoxylierter Tenside muss daher sichergestellt werden, dass die Konzentration des freien Monomers sehr niedrig gehalten wird, um Nebenwirkungen zu vermeiden. Ein weiterer Nachteil von ethoxylierten Tensiden ist ihr Abbau durch Oxidation oder Photooxidation. Diese Probleme werden durch die Verwendung von Saccharoseestern verringert, die durch Veresterung der Zuckerhydroxylgruppen mit Fettsäuren wie Laurin- und Stearinsäure gewonnen werden. In diesem Fall besteht keine Gefahr einer Dioxan-Kontamination, und die Ester sind dennoch hautverträglich, da sie nicht in nennenswertem Umfang mit Proteinen interagieren.

Eine weitere Klasse von Tensiden, die in Körperpflege- und Kosmetikformulierungen verwendet werden, sind die Phosphorsäureester. Diese Moleküle sind den Phospholipiden ähnlich, die die natürlichen Bausteine des Stratum corneum (oberste Schicht der Haut) bilden. Glycerinester, insbesondere die Triglyceride, werden ebenfalls in vielen kosmetischen Formulierungen verwendet. Diese Tenside sind wichtige Bestandteile des Talgs, des natürlichen Schmiermittels der Haut. Da sie in der Natur vorkommen, gelten sie als sehr sicher und stellen praktisch keine medizinische Gefahr dar. Darüber hinaus können diese Triglyceride mit einer Vielzahl von Substituenten hergestellt werden, so dass ihr hydrophil-lipophiles Gleichgewicht (HLB) in einem weiten Bereich variiert werden kann.

https://doi.org/10.1515/9783110798579-011

Die makromolekularen Tenside haben erhebliche Vorteile für die Verwendung in kosmetischen Inhaltsstoffen. Die am häufigsten verwendeten Materialien sind die ABA-Blockcopolymere (Pluronics), wobei A Poly(ethylenoxid) und B Poly(propylenoxid) ist. Insgesamt haben polymere Tenside ein wesentlich geringeres Toxizitäts-, Sensibilisierungs- und Reizungspotenzial, wenn sie nicht mit Spuren der Ausgangsmonomere verunreinigt sind.

In kosmetischen Formulierungen werden mehrere natürliche Tenside verwendet. Zum Beispiel finden aus Lanolin (Wollfett), aus Phytosteroiden verschiedener Pflanzen und aus Bienenwachs gewonnene Tenside Verwendung. Leider werden diese natürlich vorkommenden Tenside aufgrund ihrer im Vergleich zu den synthetischen Molekülen relativ schlechten physikalisch-chemischen Eigenschaften in Kosmetika nicht in großem Umfang benutzt.

Eine weitere wichtige Klasse natürlicher Tenside sind die Proteine, z. B. das Casein der Milch. Wie makromolekulare Tenside adsorbieren auch Proteine stark und irreversibel an der Öl/Wasser-Grenzfläche und können daher Emulsionen wirksam stabilisieren. Das hohe Molekulargewicht der Proteine und ihre kompakte Struktur machen sie jedoch für die Herstellung von Emulsionen mit kleinen Tröpfchengrößen ungeeignet. Aus diesem Grund werden viele Proteine durch Hydrolyse modifiziert, um Proteinfragmente mit geringerem Molekulargewicht, z. B. Polypeptide, herzustellen, oder sie werden durch chemische Veränderung der reaktiven Proteinseitenketten verändert. Protein-Zucker-Kondensate werden manchmal in Hautpflegeformulierungen verwendet. Darüber hinaus verleihen diese Proteine der Haut ein geschmeidiges Gefühl und können als Feuchtigkeitsspender verwendet werden.

In den letzten Jahren ist ein großer Trend zur Verwendung von Silikonölen für viele kosmetische Formulierungen zu verzeichnen. Insbesondere flüchtige Silikonöle werden in vielen kosmetischen Produkten verwendet, da sie ein angenehmes, trockenes Gefühl auf der Haut vermitteln. Diese flüchtigen Silikone verdunsten ohne unangenehmen Kühleffekt und ohne Rückstände zu hinterlassen. Aufgrund ihrer geringen Oberflächenenergie tragen Silikone dazu bei, dass sich die verschiedenen Wirkstoffe auf der Oberfläche von Haaren und Haut verteilen. Die chemische Struktur der in kosmetischen Zubereitungen verwendeten Silikonverbindungen variiert je nach Anwendung. Die Grundgerüste können verschiedene „funktionelle" Gruppen tragen, z. B. Carboxyl, Amin, Sulfhydryl usw. Während die meisten Silikonöle mit herkömmlichen Kohlenwasserstoff-Tensiden emulgiert werden können, ist in den letzten Jahren ein Trend zur Verwendung von Silikon-Tensiden für die Emulsionsherstellung festzustellen. Die Oberflächenaktivität dieser Blockcopolymere hängt von der relativen Länge des hydrophoben Silikongerüsts und der hydrophilen Ketten (z. B. PEO) ab. Der Reiz der Verwendung von Silikonölen und Silikon-Copolymeren liegt darin, dass sie im Vergleich zu ihren Kohlenwasserstoff-Gegenstücken relativ geringe medizinische und ökologische Gefahren bergen.

Es gibt mehrere Beispiele für Körperpflege- und Kosmetikformulierungen, in denen Tenside in großem Umfang verwendet werden. Die wohl häufigsten Systeme sind

Handcremes und Lotionen. Beide werden als Öl-in-Wasser-Systeme (O/W) oder Wasser-in-Öl-Systeme (W/O) unter Verwendung von Tensidmischungen formuliert, die sowohl für den Emulgierprozess als auch für die Bildung von flüssigkristallinen Phasen (meist vom lamellaren Typ) verwendet werden, die sich um die Tröpfchen wickeln und/oder „Gel"-Netzwerke bilden, in die die Öltröpfchen eingebunden sind. Diese lamellaren Phasen können in Emulsionssystemen durch die Kombination von Tensiden mit verschiedenen HLB-Werten und die Wahl des richtigen Öls (Emolliens) erzeugt werden. In vielen Fällen werden auch Liposomen und Vesikel durch Verwendung von Lipiden unterschiedlicher Zusammensetzung hergestellt. Es können zwei Haupttypen von lamellaren flüssigkristallinen Strukturen hergestellt werden: „Oleosome" und „Hydrosome" (Abb. 11.1).

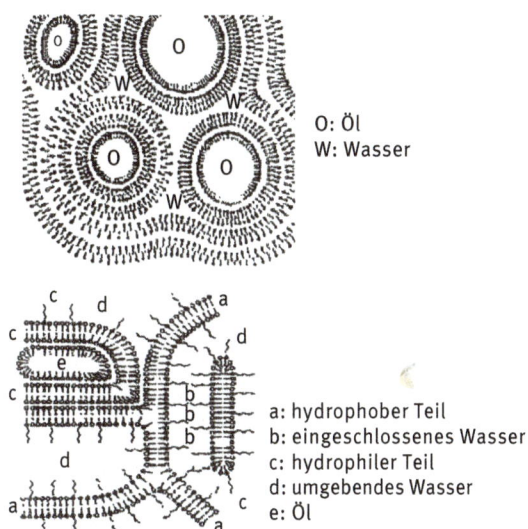

O: Öl
W: Wasser

a: hydrophober Teil
b: eingeschlossenes Wasser
c: hydrophiler Teil
d: umgebendes Wasser
e: Öl

Abb. 11.1: Schematische Darstellung von „Oleosomen" und „Hydrosomen".

Für lamellare flüssigkristalline Phasen in Kosmetika lassen sich mehrere Vorteile anführen:

1. Sie bilden eine wirksame Barriere gegen Koaleszenz.
2. Sie können „Gel-Netzwerke" bilden, die die richtige Konsistenz für die Anwendung bieten und ein Aufrahmen oder Absetzen verhindern.
3. Sie können die Abgabe von Wirkstoffen sowohl der lipophilen als auch der hydrophilen Art beeinflussen.
4. Da sie die Hautstruktur (insbesondere das Stratum corneum) nachahmen, können sie ein längeres Hydratationspotenzial bieten.

Die zweite wichtige Klasse von Emulsionen sind solche, die den Größenbereich von 20 bis 200 nm abdecken (siehe Kapitel 8). Wie in Kapitel 8 erwähnt, ist die Attraktivität von Nanoemulsionen für die Anwendung in der Körperpflege und in Kosmetika auf die folgenden Vorteile zurückzuführen:

1. Die sehr geringe Tröpfchengröße bewirkt eine starke Verringerung der Schwerkraft, und die Brownsche Bewegung kann zur Überwindung der Schwerkraft ausreichen. Dies bedeutet, dass es bei der Lagerung nicht zu Schaumbildung oder Sedimentation kommt.

2. Die geringe Tröpfchengröße verhindert auch jegliche Ausflockung der Tröpfchen. Eine schwache Ausflockung wird verhindert, so dass das System dispergiert bleibt, ohne sich zu trennen.

3. Die kleinen Tröpfchen verhindern auch ihre Koaleszenz, da diese Tröpfchen nicht verformbar sind und somit Oberflächenschwankungen verhindert werden. Darüber hinaus verhindert die beträchtliche Dicke des Tensidfilms (im Verhältnis zum Tröpfchenradius) eine Ausdünnung oder Unterbrechung des Flüssigkeitsfilms zwischen den Tröpfchen.

4. Nanoemulsionen eignen sich für die effiziente Abgabe von Wirkstoffen über die Haut. Die große Oberfläche des Emulsionssystems ermöglicht eine schnelle Penetration der Wirkstoffe.

5. Aufgrund ihrer geringen Größe können Nanoemulsionen die „raue" Hautoberfläche durchdringen, was die Penetration von Wirkstoffen verbessert.

6. Die transparente Beschaffenheit des Systems, ihre Fließfähigkeit (bei angemessenen Ölkonzentrationen) sowie das Fehlen jeglicher Verdickungsmittel können ihnen einen angenehmen ästhetischen Charakter und ein angenehmes Hautgefühl verleihen.

7. Im Gegensatz zu Mikroemulsionen (die eine hohe Tensidkonzentration erfordern, in der Regel im Bereich von 20 % und mehr) können Nanoemulsionen mit einer angemessenen Tensidkonzentration hergestellt werden. Für eine 20%ige O/W-Nanoemulsion kann eine Tensidkonzentration im Bereich von 5 bis 10 % ausreichend sein.

8. Die geringe Größe der Tröpfchen ermöglicht es ihnen, sich gleichmäßig auf Substraten abzusetzen. Die Benetzung, Ausbreitung und Penetration kann auch durch die niedrige Oberflächenspannung des gesamten Systems und die niedrige Grenzflächenspannung der O/W-Tröpfchen verbessert werden.

9. Nanoemulsionen können für die Abgabe von Duftstoffen verwendet werden, die in vielen Körperpflegeprodukten enthalten sein können. Dies könnte auch bei Parfüms angewandt werden, bei denen eine alkoholfreie Formulierung wünschenswert ist.

10. Nanoemulsionen können als Ersatz für Liposomen und Vesikel (die viel weniger stabil sind) verwendet werden, und in einigen Fällen ist es möglich, lamellare flüssigkristalline Phasen um die Nanoemulsionströpfchen herum aufzubauen.

Eine dritte Klasse von Emulsionen, die in der Körperpflege und Kosmetik verwendet wird, sind die Mehrfachemulsionen. Mehrfachemulsionen sind komplexe Systeme von „Emulsionen von Emulsionen": Wasser-in-Öl-in-Wasser (W/O/W); Öl-in-Wasser-in-Öl (O/W/O). Die W/O/W-Mehrfachemulsionen sind die am häufigsten verwendeten Systeme in Körperpflegeprodukten.

Mehrfachmulsionen sind ideale Systeme für die Anwendung in Kosmetika:
1. Man kann Wirkstoffe in drei verschiedenen Kompartimenten auflösen.
2. Sie können für eine kontrollierte und anhaltende Freisetzung verwendet werden.
3. Durch die Verwendung von Verdickungsmitteln in der äußeren kontinuierlichen Phase können sie als Cremes verwendet werden.

Mehrfachemulsionen werden bequem in einem zweistufigen Verfahren hergestellt. Für W/O/W wird zunächst eine W/O-Emulsion mit einem polymeren Tensid mit niedrigem HLB-Wert unter Verwendung eines Hochgeschwindigkeitsrührers hergestellt, um Tröpfchen mit einer Größe von $\approx 1\ \mu m$ zu erzeugen.

Zur Herstellung einer stabilen Mehrfachemulsion müssen folgende Kriterien erfüllt sein:
1. Zwei Emulgatoren mit niedrigem und hohem HLB-Wert zur Herstellung der primären W/O-Emulsion und der endgültigen W/O/W-Mehrfachemulsion.
2. Polymere Emulgatoren, die für eine sterische Stabilisierung sorgen, sind erforderlich, um die langfristige physikalische Stabilität zu erhalten.
3. Optimales osmotisches Gleichgewicht für W/O/W zwischen den inneren Wassertröpfchen und der äußeren kontinuierlichen Phase. Dies kann durch die Verwendung von Elektrolyten oder Nichtelektrolyten erreicht werden.

Wie bereits erwähnt, werden Mehrfachemulsionen in einem zweistufigen Verfahren hergestellt: Zunächst wird ein W/O-System durch Emulgieren der wässrigen Phase (die einen Elektrolyten zur Kontrolle des osmotischen Drucks enthalten kann) in einer Öllösung des polymeren Tensids mit dem niedrigen HLB-Wert hergestellt. Mit einem Hochgeschwindigkeitsrührer werden Tröpfchen mit einer Größe von $\approx 1\ \mu m$ erzeugt. Die Tröpfchengröße der Primäremulsion kann durch dynamische Lichtstreuung bestimmt werden. Die primäre W/O-Emulsion wird dann in einer wässrigen Lösung (eines Elektrolyten zur Kontrolle des osmotischen Drucks) emulgiert, die das polymere Tensid mit hohem HLB-Wert enthält. Dazu wird ein Rührer mit niedriger Drehzahl verwendet, um multiple Emulsionströpfchen im Bereich von 10 bis 100 μm zu erzeugen. Die Tröpfchengröße der multiplen Emulsion kann mit Hilfe der optischen Mikroskopie (mit Bildanalyse) oder mit Lichtbeugungstechniken (z. B. Malvern Mastersizer) bestimmt werden. Eine schematische Darstellung der Herstellung von W/O/W-Mehrfachemulsionen ist in Abb. 11.2 zu sehen.

Eine weitere wichtige Anwendung von Tensiden in der Körperpflege und Kosmetik ist die Herstellung von Liposomen und Vesikeln. Liposomen sind multilamellare Strukturen, die aus mehreren Lipiddoppelschichten (mehrere μm) bestehen.

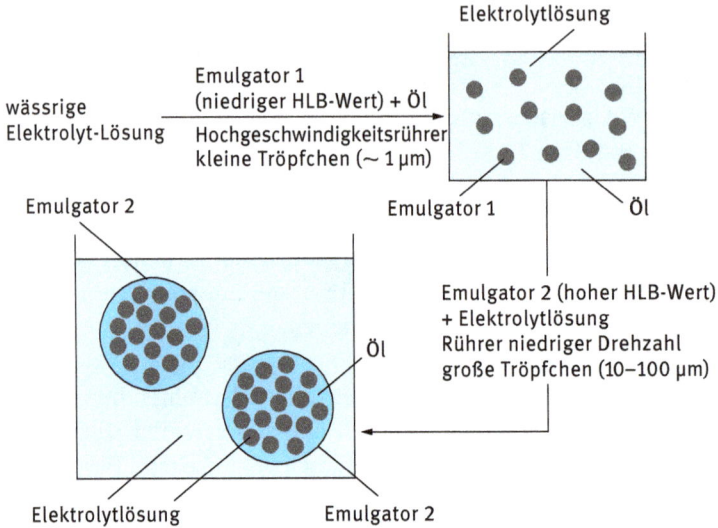

Abb. 11.2: Schema für die Herstellung einer W/O/W-Mehrfachemulsion.

Sie werden durch einfaches Schütteln einer wässrigen Lösung von Phospholipiden, z. B. Eilecithin, hergestellt. Wenn diese mehrschichtigen Strukturen beschallt werden, entstehen unilamellare Strukturen (mit einer Größe von 25 bis 50 nm), die als Vesikel bezeichnet werden. Eine schematische Darstellung von Liposomen und Vesikeln ist in Abb. 11.3 zu sehen.

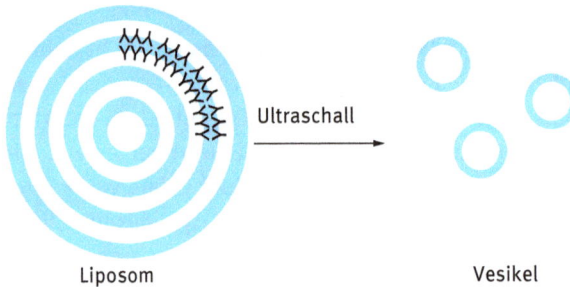

Abb. 11.3: Schematische Darstellung von Liposomen und Vesikeln.

Zur Herstellung von Liposomen und Vesikeln werden Glycerin-haltige Phospholipide verwendet: Phosphatidylcholin; Phosphatidylserin; Phosphatidylethanolamin; Phosphatidylanisitol; Phosphatidylglycerin; Phosphatidsäure; Cholesterin. In den meisten Präparaten wird eine Mischung von Lipiden verwendet, um eine möglichst optimale Struktur zu erhalten. Liposomen und Vesikel sind ideale Systeme für kosmetische Anwendungen. Sie bieten eine bequeme Methode zur Solubilisierung unpolarer Wirkstoffe im Kohlenwasserstoffkern der Doppelschicht. Polare Substanzen können auch in die wässrige Schicht zwischen den Doppelschichten eingelagert werden. Sie bilden dann ebenfalls lamellare flüssigkristalline Phasen und stören das Stratum corneum nicht. Es ist kein erleichterter Transport durch die Haut möglich, so dass Hautreizungen ausgeschlossen sind. Phospholipid-Liposomen können als In-vitro-Indikatoren für die Untersuchung von Hautreizungen durch Tenside verwendet werden.

Es lassen sich mehrere andere Beispiele für Körperpflegeformulierungen, in denen Tenside verwendet werden, anführen. Sie sollen im Folgenden zusammengefasst werden.

11.1.1 Rasiermittel-Formulierungen

Es lassen sich drei Haupttypen von Rasiermitteln unterscheiden: (1) Nassrasiermittel, (2) Trockenrasiermittel und (3) Aftershave-Mittel. Die Hauptanforderungen an ein Nassrasierpräparat bestehen darin, den Bart weich zu machen, das Gleiten des Rasiermessers über das Gesicht zu erleichtern und das Barthaar zu stützen. Das Haar eines typischen Bartes ist sehr grob und schwer zu schneiden. Daher ist es wichtig, das Haar für eine leichtere Rasur aufzuweichen, was die Anwendung von Seife und Wasser erfordert. Die Seife macht das Haar hydrophil, so dass es leicht mit Wasser benetzt werden kann, was auch zum Anschwellen des Haares führen kann. Die meisten in Rasiermitteln verwendeten Seifen sind Natrium- oder Kaliumsalze von langkettigen Fettsäuren (Natrium- oder Kaliumstearat oder -palmitat). Manchmal wird die Fettsäure mit Triethanolamin neutralisiert. Andere Tenside wie Ethersulfate und Natriumlaurylsulfat sind in der Formulierung enthalten, um einen stabilen Schaum zu erzeugen. Auch Feuchthaltemittel wie Glycerin können enthalten sein, um die Feuchtigkeit zu halten und ein Austrocknen des Schaums während der Rasur zu verhindern. Die Trockenrasur ist ein Verfahren, bei dem elektrische Rasierapparate verwendet werden. Im Gegensatz zur Nassrasur sollte das Haar bei der Verwendung eines Elektrorasierers trocken und steif bleiben. Dazu müssen der Feuchtigkeitsfilm und der Talg im Gesicht entfernt werden. Dies kann durch die Verwendung einer Lotion auf der Basis einer Alkohollösung erreicht werden. Der Lotion kann ein Gleitmittel wie ein Fettsäureester oder Isopropylmyristat zugesetzt werden. Alternativ kann auch ein trockener Talkumstift verwendet werden, der die Feuchtigkeit und den Talg aus dem Gesicht absorbieren kann. Eine weitere wichtige Formulierung, die nach der Rasur verwendet wird, ist diejenige, die Hautreizungen reduziert und ein angenehmes Gefühl vermittelt. Dies kann erreicht werden, indem die Haut geschmeidig gemacht wird und gleichzeitig ein Kühleffekt eintritt. In einigen Fällen wird ein antiseptischer Wirkstoff hinzugefügt, um die Haut vor bakteriellen Infektionen zu schützen. Die meisten dieser Aftershave-Formulierungen sind

Gele auf wässriger Basis, die nicht fetten und sich leicht in die Haut einreiben lassen sollten.

11.1.2 Seifenstücke

Sie gehören zu den ältesten Körperpflegeprodukten, die seit Jahrhunderten verwendet werden. Die frühesten Formulierungen basierten auf einfachen Fettsäuresalzen, wie Natrium- oder Kaliumpalmitat. Diese einfachen Seifen leiden jedoch unter dem Problem der Ausfällung von Calciumseife in hartem Wasser. Aus diesem Grund enthalten die meisten Seifenstücke andere Tenside wie Cocomonoglyceridsulfat oder Natriumcocoglycerylethersulfonat, die die Ausfällung von Calciumionen verhindern. Weitere in Seifenstücken verwendete Tenside sind Natriumcocoylisethionat, Natriumdodecylbenzolsulfonat und Natriumstearylsulfat.

11.1.3 Flüssige Handseifen

Flüssige Handseifen sind konzentrierte Tensidlösungen, die einfach aus einer Kunststoff-Spritzflasche oder einem einfachen Pumpbehälter appliziert werden können. Die Formulierung besteht aus einer Mischung verschiedener Tenside wie Alpha-Olefinsulfonate, Laurylsulfate oder Laurylethersulfate. Der Formulierung werden Schaumverstärker wie z. B. Cocoamide zugesetzt. Auch ein Feuchthaltemittel wie Glycerin wird meist zugesetzt. Ein Polymer wie Polyquaternium-7 wird hinzugefügt, um die Feuchtigkeit zu halten und ein gutes Hautgefühl zu vermitteln. In jüngerer Zeit verwenden einige Hersteller Alkylpolyglucoside in ihren Formulierungen. Die Formulierung kann auch andere Inhaltsstoffe wie Proteine, Mineralöl, Silikone, Lanolin usw. enthalten. In vielen Fällen wird ein Duftstoff hinzugefügt, um der Flüssigseife einen angenehmen Geruch zu verleihen.

11.1.4 Badeöle

Es lassen sich drei Arten von Badeölen unterscheiden: fließende oder spreitende Öle, dispergierbare, emulgierende oder ausblühende Öle und milchige Öle. Die fließenden oder spreitenden Badeöle (in der Regel Mineral- oder Pflanzenöle oder kosmetische Ester wie Isopropylmyristat) sind am wirksamsten, um die trockene Haut geschmeidig zu machen und den Duft zu transportieren. Allerdings leiden sie unter der „Fettigkeit" und der Bildung von Ablagerungen rund um die Badewanne. Diese Probleme werden durch die Verwendung selbstemulgierender Öle gelöst, die mit Tensidmischungen formuliert sind. Bei Zugabe zu Wasser emulgieren sie spontan und bilden kleine Öltröpfchen, die sich auf der Hautoberfläche absetzen. Diese selbstemulgierenden Öle sind jedoch im Vergleich zu den schwimmenden Ölen weniger geschmeidig. Diese Badeöle enthalten in der Regel einen hohen Anteil an Duftstoffen, da sie in einer großen Menge Wasser verwendet werden.

11.1.5 Schaumbäder

Diese können in Form von Flüssigkeiten, Cremes, Gelen, Pulvern oder Granulaten (Perlen) hergestellt werden. Ihre Hauptfunktion besteht darin, in fließendem Wasser maximalen Schaum zu erzeugen. Die in Schaumbadformulierungen verwendeten Basis-Tenside sind anionische, nichtionische oder amphotere Tenside zusammen mit einigen Schaumstabilisatoren, Duftstoffen und geeigneten Lösungsvermittlern. Diese Formulierungen sollten mit Seife verträglich sein und können weitere Inhaltsstoffe zur Verbesserung der Hautpflegeeigenschaften enthalten.

11.1.6 After-Bath-Präparate

Hierbei handelt es sich um Formulierungen, die den schädlichen Wirkungen nach dem Baden entgegenwirken sollen, z. B. dem Austrocknen der Haut durch den Entzug natürlicher Fette und Öle aus der Haut. Es können verschiedene Formulierungen verwendet werden, z. B. Lotionen und Cremes, Flüssigprodukte, Ölsprays, Puder oder Talkum usw. Die Lotionen und Cremes, die am häufigsten verwendet werden, sind einfache O/W-Emulsionen mit Haut-Conditionern und Weichmachern. Die Flüssigprodukte sind hydroalkoholische Produkte, die etwas Öl enthalten, um die Haut zu pflegen. Sie können als Flüssigkeit auf die Haut aufgetragen oder aufgesprüht werden.

11.1.7 Hautpflegeprodukte

Die Haut bildet eine wirksame Permeabilitätsbarriere mit folgenden wesentlichen Funktionen:
1. Schutz vor körperlichen Verletzungen, Abnutzung und Verschleiß sowie Schutz vor ultravioletter Strahlung;
2. Schutz vor dem Eindringen schädlicher Fremdstoffe, einschließlich Wasser und Mikroorganismen;
3. Kontrolle des Verlusts von Flüssigkeiten, Salzen, Hormonen und anderen körpereigenen Stoffen aus dem Körperinneren;
4. Wärmeregulierung des Körpers durch Wasserverdunstung (über Schweißdrüsen).

Aus diesen Gründen sind Hautpflegeprodukte unverzichtbare Mittel zum Schutz vor Hautschäden. Ein Hautpflegeprodukt sollte zwei Hauptbestandteile haben: einen Feuchtigkeitsspender (Feuchthaltemittel), der den Wasserverlust der Haut verhindert, und einen Weichmacher (die Ölphase in der Formulierung), der für eine glättende, verteilende, okkludierende und feuchtigkeitsspendende Wirkung sorgt. Der Begriff Emollient wird manchmal verwendet, um sowohl Feuchthaltemittel als auch Öle zu umfassen. Das Feuchthaltemittel soll die Feuchtigkeit in der Formulierung binden (Verringerung der Wasseraktivität), die Haut feucht halten und und sie vor dem Austrocknen schützen. Der Begriff Wassergehalt bezieht sich auf die Gesamtmenge an Wasser in der Formulierung (sowohl freies als auch gebundenes), während die Wasseraktivität nur ein Maß für das freie (verfügbare) Wasser ist. Der Wassergehalt der tieferen, lebenden Epidermisschichten liegt in der Größenordnung von 70 % (wie der Wassergehalt in lebenden Zellen). Für die Austrocknung der Haut kommen mehrere Faktoren in Frage. Man muss zwischen dem Wassergehalt der Dermis, der lebensfähigen Epidermis und der Hornschicht (Stratum corneum) unterscheiden. Während der Alterung der Dermis nimmt die Menge der Mucopolysaccharide ab, was zu einer Verringerung des Wassergehalts führt. Dieser Alterungsprozess wird durch UV-Strahlung beschleunigt (insbesondere durch das tief eindringende UVA; siehe Abschnitt 11.1.9 über Sonnenschutzmittel). Chemische oder physikalische Veränderungen während der Alterung der Epidermis führen ebenfalls zu trockener Haut. Das strukturierte Lipid-Wasser-Doppelschichtsystem im Stratum corneum bildet eine Barriere gegen den Wasserverlust und schützt die lebensfähige Epidermis vor dem Eindringen von exogenen Reizstoffen. Die Hautbarriere kann durch Extraktion von Lipiden durch Lösungsmittel oder Tenside geschädigt werden, und der Wasserverlust kann auch durch eine niedrige relative Luftfeuchtigkeit verursacht werden. Trockene Haut, die durch einen Verlust der Hornschicht verursacht wird, kann durch Formulierungen geheilt werden, die Lipidextrakte aus den Hornschichten von Menschen oder Tieren enthalten. Aufgrund des Wasserverlusts aus den lamellaren flüssigkristallinen Lipiddoppelschichten der Hornschicht kann es zu einem Phasenübergang zu kristallinen Strukturen kommen, was eine Kontraktion der interzellulären Bereiche verursacht. Die trockene Haut wird unflexibel und unelastisch, und sie kann auch reißen.

Aus den oben genannten Gründen ist es wichtig, Hautpflegeformulierungen zu verwenden, die Feuchtigkeitsspender (z. B. Glycerin) enthalten, die Wasser anziehen und stark binden, so dass das Wasser auf der Hautoberfläche eingeschlossen wird. Formulierungen, die mit unpolaren Ölen (z. B. Paraffinöl) hergestellt werden, tragen ebenfalls zur Wasserbindung bei. Durch die Okklusion von Öltröpfchen auf der Hautoberfläche wird der transepidermale Wasserverlust verringert. Es können verschiedene Weichmacher verwendet werden, z. B. Petrolatum, Mineralöle, Pflanzenöle, Lanolin und seine Ersatzstoffe sowie Silikonöle. Neben Glycerin, dem am häufigsten verwendeten Feuchthaltemittel, können auch andere Feuchthaltemittel verwendet werden, z. B. Sorbitol, Propylenglykol und Polyethylenglykole (mit Molekulargewichten zwischen 200 und 600). Wie bereits erwähnt, können auch Liposomen oder Vesikel als Hautbefeuchter verwendet werden.

Im Allgemeinen können Weichmacher als Produkte bezeichnet werden, die weichmachende und glättende Eigenschaften haben. Dabei kann es sich um hydrophile Stoffe wie Glycerin, Sorbitol usw. (siehe oben) und lipophile Öle wie Paraffinöl, Rizinusöl, Triglyceride usw. handeln. Bei der Formulierung stabiler O/W- oder W/O-Emulsionen für die Hautpflege muss das Emulgatorsystem entsprechend der Polarität des Weichmachers ausgewählt werden. Die Polarität eines organischen Moleküls lässt sich durch seine Dielektrizitätskonstante oder sein Dipolmoment beschreiben. Die Polarität eines Öls kann auch mit der Grenzflächenspannung zwischen Öl und Wasser γ_{OW} in Verbindung gebracht werden. Eine unpolare Substanz wie ein isoparaffinisches Öl ergibt beispielsweise eine Grenzflächenspannung im Bereich von 50 mNm^{-1}, während ein polares Öl wie Cyclomethicon eine γ_{OW} im Bereich von 20 mNm^{-1} ergibt. Die physikalisch-chemische Beschaffenheit der Ölphase bestimmt ihre Fähigkeit, sich auf der Haut zu verteilen, den Grad der Okklusivität und den Hautschutz. Das optimale Emulgatorsystem hängt auch von der Eigenschaft des Öls (seinem HLB-Wert; siehe auch Kapitel 5 zu Emulgatoren) ab.

Die Wahl eines Weichmachers für eine Hautpflegeformulierung basiert meist auf der sensorischen Bewertung durch geschulte Gremien. Die sensorischen Eigenschaften werden in verschiedene Kategorien eingeteilt: leichte Verteilbarkeit, Hautgefühl direkt nach dem Auftragen und 10 Minuten später, Weichheit usw. Außerdem wird ein Schmierfähigkeitstest durchgeführt, um den Reibungsfaktor zu ermitteln. Die Verteilbarkeit eines Weichmachers kann auch durch Messung des Verteilungskoeffizienten bewertet werden (siehe Kapitel 10).

11.1.8 Haarpflegeformulierungen

Die Haarpflege umfasst zwei Hauptvorgänge:
1. Pflege und Stimulierung des stoffwechselaktiven Kopfhautgewebes und seiner Anhängsel (engl. pilosibaceous units). Dieser Vorgang wird normalerweise von Dermatologen oder spezialisierten Friseursalons durchgeführt.
2. Schutz und Pflege des Haarschafts, wenn er die Hautoberfläche verlässt.

Letzteres ist Gegenstand von kosmetischen Zubereitungen, die eine oder mehrere der folgenden Funktionen erfüllen sollten:
1. Konditionierung des Haares zur Erleichterung der Kämmbarkeit. Dazu gehören Formulierungen, die leichtes Frisieren, Kämmen und Bürsten ermöglichen und die Fähigkeit haben, das Haar eine Zeit lang zu halten. Schwierigkeiten beim Frisieren des Haares sind auf die statische elektrische Aufladung zurückzuführen, die durch die Haarkonditionierung beseitigt werden kann.

2. Erzeugen von „Haarkörper", d. h. das scheinbare Volumen einer Haarpartie, wie es durch Sehen und Tasten beurteilt wird.

Eine weitere wichtige Art von kosmetischen Formulierungen ist die zum Färben von Haaren, d. h. zur Veränderung der natürlichen Haarfarbe. Auch auf dieses Thema wird in diesem Abschnitt kurz eingegangen. Das Haar ist eine komplexe Multikomponentenfaser mit hydrophilen und hydrophoben Eigenschaften. Es besteht zu 65 bis 95 Gew.-% aus Proteinen und zu etwa 32 % aus Wasser, Lipiden, Pigmenten und Spurenelementen. Die Proteine bestehen aus strukturiertem, hartem α-Keratin, das in eine amorphe, proteinhaltige Matrix eingebettet ist. Das menschliche Haar ist eine modifizierte epidermale Struktur, die ihren Ursprung in kleinen Säckchen hat, die Follikel genannt werden und sich an der Grenzlinie zwischen Dermis und Hypodermis befinden. Ein Querschnitt durch das menschliche Haar zeigt drei morphologische Bereiche, die Medulla (innerer Kern), den Kortex, der aus faserigen Proteinen (α-Keratin und amorphes Protein) besteht, und eine äußere Schicht, die Kutikula. Die Hauptbestandteile des Kortex und der Kutikula des Haares sind Proteine oder Polypeptide (mit mehreren Aminosäureeinheiten). Das Keratin hat eine α-Helix-Struktur (Molekulargewicht im Bereich von 40.000 bis 70.000 Dalton, d. h. 363 bis 636 Aminosäureeinheiten).

Die Haaroberfläche weist sowohl saure als auch basische Gruppen auf (d. h. sie ist amphoter). Bei unbehandeltem menschlichem Haar beträgt die maximale Säurebindungskapazität etwa 0,75 mmol/g Salz-, Phosphor- oder Ethylschwefelsäure. Dieser Wert entspricht der Anzahl der zweibasigen Aminosäurereste (Arginin, Lysin oder Histidin). Die maximale Alkalibindungskapazität für unbehandeltes Haar beträgt 0,44 mmol/g Kaliumhydroxid. Dieser Wert entspricht der Anzahl der sauren Reste, d. h. der Asparagin- und Glutaminseitenketten. Der isoelektrische Punkt des Haarkeratins (d. h. der pH-Wert, bei dem eine gleiche Anzahl positiver $-NH^+$ und negativer $-COO^-$ Gruppen vorhanden ist) liegt bei ca. pH = 6,0. Bei unbehandeltem Haar liegt der isoelektrische Punkt jedoch bei pH = 3,67.

Die oben genannten Ladungen auf dem menschlichen Haar spielen eine wichtige Rolle bei der Reaktion des Haares auf kosmetische Inhaltsstoffe in einer Haarpflegeformulierung. Die elektrostatische Wechselwirkung zwischen anionischen oder kationischen Tensiden in jeder Haarpflegeformulierung erfolgt mit diesen geladenen Gruppen. Ein weiterer wichtiger Faktor bei der Anwendung von Haarpflegeprodukten ist der Wassergehalt des Haares, der von der relativen Luftfeuchtigkeit abhängt. Bei niedriger Luftfeuchtigkeit (< 25 %) ist das Wasser durch Wasserstoffbrückenbindungen stark an hydrophile Stellen gebunden (manchmal wird dies als „immobiles" Wasser bezeichnet). Bei hoher Luftfeuchtigkeit (> 80 %) ist die Bindungsenergie für Wassermoleküle aufgrund der multimolekularen Wasser/Wasser-Wechselwirkungen geringer (dies wird manchmal als „mobiles" oder „freies" Wasser bezeichnet). Mit zunehmender relativer Luftfeuchtigkeit schwillt das Haar an; bei einem Anstieg der relativen Luftfeuchtigkeit von 0 auf 100 % nimmt der Haardurchmesser um etwa 14 %

zu. Wenn das wassergetränkte Haar beim Trocknen in eine bestimmte Form gebracht wird, behält es vorübergehend seine Form bei. Jede Änderung der relativen Luftfeuchtigkeit kann jedoch zu einem Verlust der Verfestigung führen.

Im Haar gibt es sowohl Oberflächenlipide als auch innere Lipide. Die Oberflächenlipide lassen sich leicht durch Shampoonieren mit einer Formulierung auf der Basis eines anionischen Tensids entfernen. Zwei aufeinanderfolgende Schritte sind ausreichend, um die Oberflächenlipide zu entfernen. Die inneren Lipide lassen sich jedoch aufgrund der langsamen Penetration von Tensiden nur schwer durch Shampoonieren entfernen.

Die Analyse der Haarlipide zeigt, dass sie sehr komplex sind und aus gesättigten und ungesättigten, geraden und verzweigten Fettsäuren mit einer Kettenlänge von 5 bis 22 Kohlenstoffatomen bestehen. Der Unterschied in der Zusammensetzung der Lipide zwischen Personen mit „trockenem" und „fettigem" Haar ist nur qualitativ. Feines, glattes Haar neigt eher zu „Fettigkeit" als lockiges, grobes Haar.

Aus der obigen Diskussion wird deutlich, dass die Haarbehandlung Formulierungen für die Reinigung und Konditionierung der Haare erfordert, und dies wird meist durch die Verwendung von Shampoos erreicht. Letztere werden heute von den meisten Menschen verwendet, und es sind verschiedene kommerzielle Produkte mit unterschiedlichen Eigenschaften erhältlich. Die Hauptfunktion eines Shampoos besteht darin, sowohl das Haar als auch die Kopfhaut von Schmutz und Verunreinigungen zu befreien. Moderne Shampoos erfüllen aber auch andere Zwecke, z. B. Pflege, Schuppenbekämpfung und Sonnenschutz.

Die wichtigsten Anforderungen an ein Haarshampoo sind:
1. sichere Inhaltsstoffe (geringe Toxizität, geringe Sensibilisierung und geringe Augenreizung);
2. geringe Substantivität der Tenside
3. Abwesenheit von Inhaltsstoffen, die das Haar schädigen können.

Die wichtigsten Wechselwirkungen zwischen den Tensiden und den Conditionern im Shampoo finden in den ersten Mikrometern der Haaroberfläche statt. Konditionierende Shampoos (manchmal auch als 2-in-1-Shampoos bezeichnet) lagern das Konditionierungsmittel auf der Haaroberfläche ab. Diese Conditioner neutralisieren die Ladung an der Haaroberfläche und verringern so die Reibung des Haares, wodurch es sich leichter kämmen lässt. Die Adsorption der Inhaltsstoffe eines Haarshampoos (Tenside und Polymere) erfolgt sowohl durch elektrostatische als auch durch hydrophobe Kräfte. Die Haaroberfläche ist bei dem pH-Wert, bei dem ein Shampoo formuliert wird, negativ geladen. Jede positiv geladene Spezies, wie ein kationisches Tensid oder ein kationisches Polyelektrolyt, wird durch elektrostatische Wechselwirkung zwischen den negativen Gruppen auf der Haaroberfläche und der positiven Kopfgruppe des Tensids adsorbiert. Die Adsorption von hydrophoben Stoffen wie Silikon- oder Mineralölen erfolgt durch hydrophobe Wechselwirkung.

In Shampooformulierungen werden verschiedene Haarkonditionierer verwendet, z. B. kationische Tenside wie Stearylbenzyldimethylammoniumchlorid, Cetyltrimethylammoniumchlorid, Distearyldimethylammoniumchlorid oder Stearamidopropyldimethylamin. Wie bereits erwähnt, bewirken diese kationischen Tenside eine Ableitung statischer Aufladungen auf der Haaroberfläche und ermöglichen so ein leichteres Kämmen, indem sie die Reibung der Haare verringern. Manchmal werden auch langkettige Alkohole wie Cetylalkohol, Stearylalkohol und Cetostearylalkohol zugesetzt, die eine synergistische Wirkung auf die Haarkonditionierung haben sollen. Verdickungsmittel wie Hydroxyethylcellulose oder Xanthangummi werden zugesetzt, die als Rheologiemodifikatoren für das Shampoo wirken und auch die Ablagerung auf der Haaroberfläche verbessern können. Die meisten Shampoos enthalten auch lipophile Öle wie Dimethicone oder Mineralöle, die in die wässrige Tensidlösung emulgiert werden. Verschiedene andere Inhaltsstoffe wie Duftstoffe, Konservierungsmittel und Proteine sind ebenfalls in der Formulierung enthalten. Eine Shampooformulierung enthält also mehrere Inhaltsstoffe, und die Wechselwirkung zwischen den verschiedenen Bestandteilen sollte sowohl für die langfristige physikalische Stabilität der Formulierung als auch für ihre Wirksamkeit bei der Reinigung und Konditionierung des Haares berücksichtigt werden.

Weitere Haarpflegeformulierung werden z. B. für Dauerwellen, Glätten und Enthaarung verwendet. Die Schritte bei der Haarwellung umfassen Reduktion, Formung und Härtung der Haarfasern. Die Reduktion von Cystinbindungen (Disulfidbindungen) ist die wichtigste Reaktion beim Erzeugen von Dauerwellen, beim Glätten oder Enthaaren von menschlichem Haar. Der am häufigsten verwendete Enthaarungswirkstoff ist Calciumthioglykolat, das bei einem pH-Wert von 11 bis 12 angewendet wird. Harnstoff wird hinzugefügt, um die Quellung der Haarfasern zu erhöhen. Bei der Dauerwelle folgt auf diese Reduktion eine molekulare Verschiebung durch Belastung des Haares auf Rollen (Lockenwickler) und schließlich eine Neutralisierung mit einem Oxidationsmittel, bei der die Cystinbindungen neu gebildet werden. In jüngster Zeit haben bessere „kalte Wellen" die „heißen Wellen" ersetzt, indem Thioglykolsäure bei einem pH-Wert von 9 bis 9,5 verwendet wird. Glycerylmonothioglykolat wird ebenfalls für die Haarwellung verwendet. Ein alternatives Reduktionsmittel ist Sulfit, das bei einem pH-Wert von 6 angewendet werden kann, gefolgt von Wasserstoffperoxid als Neutralisationsmittel.

Ein weiteres Verfahren, das auch in der Kosmetikindustrie angewandt wird, ist das Bleichen der Haare, dessen Hauptzweck die Aufhellung der Haare ist. Wasserstoffperoxid wird als primäres Oxidationsmittel verwendet, und Persulfatsalze werden als „Beschleuniger" hinzugefügt. Das System wird bei einem pH-Wert von 9 bis 11 angewendet. Das alkalische Wasserstoffperoxid bewirkt eine Zersetzung der Melaninkörnchen, die Hauptquelle der Haarfarbe sind, mit anschließender Zerstörung des Chromophors. Um die Zersetzungsgeschwindigkeit des Wasserstoffperoxids zu verringern, werden Schwermetallkomplexe zugesetzt. Es ist zu erwähnen, dass beim Bleichen der Haare das Haarkeratin angegriffen wird und Cysteinsäure entsteht.

Eine weitere wichtige Formulierung in der kosmetischen Industrie dient der Haarfärbung. Bei diesem Verfahren können drei Hauptschritte zum Einsatz kommen: Bleichen; Bleichen und Färben in Kombination; sowie Färben mit künstlichen Farben. Haarfärbemittel können in mehrere Kategorien eingeteilt werden: permanente oder oxidative Färbemittel; semipermanente Färbemittel; und temporäre Färbemittel oder Farbspülungen. Der Farbstoff für Haarfärbemittel kann aus einem oxidativen Farbstoff, einem ionischen Farbstoff, einem metallischen Farbstoff oder einem Reaktivfarbstoff bestehen. Die permanenten oder oxidativen Farbstoffe sind die kommerziell wichtigsten Systeme und bestehen aus Farbstoffvorläufern wie p-Phenylendiamin, das durch Wasserstoffperoxid zu einem Diiminiumion oxidiert wird. Das aktive Zwischenprodukt kondensiert in der Haarfaser mit einem elektronenreichen Farbstoffkuppler wie Resorcin und mit möglicherweise elektronenreichen Seitenkettengruppen des Haares und bildet ein zwei-, drei- oder mehrkerniges Produkt, das zu einem Indo-Farbstoff oxidiert wird.

Semipermanente Färbemittel beruhen auf Formulierungen, die das Haar ohne Wasserstoffperoxid zu einer Farbe färben, die erst nach 4 bis 6 Haarwäschen erhalten bleibt.

11.1.9 Sonnenschutzmittel

Die schädigende Wirkung des Sonnenlichts (insbesondere des ultravioletten Lichts) ist seit mehreren Jahrzehnten bekannt, was zu einer erheblichen Nachfrage nach einem verbesserten Lichtschutz durch die Anwendung von Sonnenschutzmitteln führte. Es werden drei Hauptwellenlängen der ultravioletten Strahlung (UV-Strahlung) unterschieden: UV-A (Wellenlänge 320 bis 400 nm, manchmal unterteilt in UV-A1 (340–360) und UV-A2 (320–340)), UV-B (Wellenlänge 290 bis 320 nm) und UV-C (Wellenlängenbereich 200 bis 290 nm). UV-C-Strahlung ist von geringer praktischer Bedeutung, da sie von der Ozonschicht in der Stratosphäre absorbiert wird. UV-B ist sehr energiereich und verursacht intensive kurz- und langfristige pathophysiologische Schäden an der Haut (Sonnenbrand). Etwa 70 % werden von der Hornschicht (Stratum corneum) reflektiert, 20 % dringen in die tieferen Schichten der Epidermis ein und 10 % erreichen die Dermis. UV-A hat eine geringere Energie, aber seine photobiologischen Wirkungen sind kumulativ und haben langfristige Auswirkungen. UV-A dringt tief in die Dermis und darüber hinaus ein, d. h. 20–30 % erreichen die Dermis. Da es eine photoaugmentierende (verstärkende) Wirkung auf UV-B hat, trägt es zu etwa 8 % zum UV-B-Erythem bei.

Mehrere Studien haben gezeigt, dass Sonnenschutzmittel nicht nur vor UV-induzierten Erythemen in der menschlichen und tierischen Haut schützen, sondern auch die Photokarzinogenese in der Haut hemmen können. Die verstärkende schädliche Wirkung von UV-A auf UV-B hat zur Suche nach Sonnenschutzmitteln geführt, die UV-A absorbieren, mit dem Ziel, die direkten dermalen Auswirkungen von UV-A zu verringern, das die Hautalterung und verschiedene andere lichtempfindliche Reaktionen verursacht. Sonnenschutzmittel werden mit einem Lichtschutzfaktor (LSF) versehen, der ein Maß für die Fähigkeit eines Sonnenschutzmittels ist, vor Sonnenbrand im Bereich der UV-B-Wellenlänge (290 bis 320 nm) zu schützen. Die Formulierung von Sonnenschutzmitteln mit hohem Lichtschutzfaktor (> 50) war das Ziel vieler Kosmetikhersteller.

Ein ideales Sonnenschutzmittel sollte sowohl vor UV-B als auch vor UV-A schützen. Wiederholte Exposition gegenüber UV-B beschleunigt die Hautalterung und kann zu Hautkrebs führen. UV-B kann zu einer Verdickung der Hornschicht führen (wodurch die Haut „dick" wird). UV-B kann auch Schäden an DNA und RNA verursachen. Menschen mit heller Haut können keine schützende Bräune entwickeln und müssen sich besonders vor UV-B schützen.

UV-A kann auch mehrere Auswirkungen haben:

1. Große Mengen an UV-A-Strahlung dringen tief in die Haut ein und erreichen die Dermis, wodurch Blutgefäße, Kollagen und elastische Fasern geschädigt werden.
2. Längere UV-A-Bestrahlung kann zu Hautentzündungen und Rötungen führen.
3. UV-A trägt zur Lichtalterung und zu Hautkrebs bei. Es verstärkt die biologische Wirkung von UV-B.
4. UV-A kann Phytotoxizität und Photoallergie hervorrufen und eine sofortige Pigmentverdunkelung (sofortige Bräunung) bewirken, was für einige ethnische Gruppen unerwünscht sein kann.

Aus den obigen Ausführungen wird deutlich, dass die Formulierung wirksamer Sonnenschutzmittel folgende Anforderungen erfüllen muss:

1. maximale Absorption im UV-B- und/oder UV-A-Bereich;
2. hohe Wirksamkeit bei niedriger Dosierung;
3. nicht-flüchtige Wirkstoffe mit chemischer und physikalischer Stabilität;
4. Kompatibilität mit anderen Bestandteilen der Formulierung;
5. ausreichend löslich oder dispergierbar in kosmetischen Ölen, Emollienzien oder in der Wasserphase;
6. Abwesenheit jeglicher dermatotoxikologischer Wirkungen bei minimaler Hautpenetration;
7. widerstandsfähig gegen Entfernung durch Perisperation (Hautatmung).

Sonnenschutzmittel lassen sich in organische Lichtfilter synthetischen oder natürlichen Ursprungs und Barrierestoffe oder physikalische Sonnenschutzmittel unterteilen. Beispiele für UV-B-Filter sind Cinnamate, Benzophenone, p-Aminobenzoesäure, Salicylate, Kampferderivate und Phenylbenzimidazosulfonate. Beispiele für UV-A-Filter sind Dibenzoylmethane, Anthranilate und Kampferderivate. Es gibt mehrere natürliche Sonnenschutzmittel, z. B. Kamillen- oder Aleoextrakte, Kaffeesäure, ungesättigte pflanzliche oder tierische Öle. Diese natürlichen Sonnenschutzmittel sind jedoch weniger wirksam und werden in der Praxis nur selten verwendet.

Bei den Barrierestoffen oder physikalischen Sonnenschutzmitteln handelt es sich im Wesentlichen um mikronisierte unlösliche organische Moleküle wie Gaunin oder mikronisierte anorganische Pigmente wie Titandioxid und Zinkoxid. Mikropigmente wirken durch Reflexion, Beugung und/oder Absorption der UV-Strahlung. Die maximale Reflexion tritt auf, wenn die Teilchengröße des Pigments etwa die Hälfte der Wellenlänge der Strahlung beträgt. Für eine maximale Reflexion der UV-Strahlung sollte der Teilchenradius also im Bereich von 140 bis 200 nm liegen. Unbeschichtete Materialien wie Titan- und Zinkoxid können aber die Photozersetzung von kosmetischen Inhaltsstoffen wie Sonnenschutzmitteln, Vitaminen, Antioxidantien und Duftstoffen katalysieren. Diese Probleme können durch eine spezielle Beschichtung oder Oberflächenbehandlung der Oxidpartikel gelöst werden, z. B. mit Aluminiumstearat, Lecithinen, Fettsäuren, Silikonen und anderen anorganischen Pigmenten. Die meisten dieser Pigmente werden als Dispersionen geliefert, die in die kosmetische Formulierung eingemischt werden können. Es muss jedoch vermieden werden, dass die Pigmentteilchen ausflocken oder mit anderen Inhaltsstoffen in der Formulierung in Wechselwirkung treten, was zu einer starken Verringerung ihrer Sonnenschutzwirkung führt.

Ein topisches (örtlich anwendbares) Sonnenschutzmittel wird formuliert, indem ein oder mehrere Sonnenschutzmittel (als UV-Filter bezeichnet) in ein geeignetes Vehikel, meist eine O/W- oder W/O-Emulsion, eingebracht werden. Es werden auch verschiedene andere Formulierungen hergestellt, z. B. Gele, Stifte, Mousse (Schaum), Sprühformulierungen oder eine wasserfreie Salbe. Zusätzlich zu den üblichen Anforderungen an eine kosmetische Formulierung, z. B. einfache Anwendung, angenehmes Aussehen, Farbe oder Haptik, sollte eine Sonnenschutzformulierung auch die folgenden Eigenschaften aufweisen:
1. wirksam in dünnen Filmen, stark absorbierend sowohl im UV-B- als auch im UV-A-Bereich;
2. dringt nicht ein und lässt sich beim Auftragen leicht verteilen;
3. feuchtigkeitsspendende Wirkung und wasser- und schweißfest;
4. frei von phototoxischen und allergischen Wirkungen.

Die meisten auf dem Markt befindlichen Sonnenschutzmittel sind Cremes oder Lotionen (Milch), und in den letzten Jahren wurden Fortschritte erzielt, um einen hohen Lichtschutzfaktor bei geringer Menge an Sonnenschutzmittel zu erreichen.

11.1.10 Make-up-Produkte

Zu den Make-up-Produkten gehören viele Formulierungen wie Lippenstift, Lippenfarbe, Grundierung, Nagellack, Wimperntusche usw. Alle diese Produkte enthalten einen Farbstoff, bei dem es sich um einen löslichen Farbstoff oder ein (organisches oder anorganisches) Pigment handeln kann. Zu den anorganischen Pigmenten gehören Titandioxid, Glimmer, Zinkoxid, Talkum, Eisenoxid (rot, gelb und schwarz), Ultramarin, Chromoxid usw. Die meisten Pigmente werden durch Oberflächenbehandlung mit Aminosäuren, Chitin, Lecithin, Metallseifen, Naturwachs, Polyacrylaten, Polyethylen, Silikonen usw. modifiziert.

Zu den dekorativen Kosmetika gehören Grundierung, Rouge, Wimperntusche, Eyeliner, Lidschatten, Lippenfarbe und Nagellack. Ihre Hauptfunktion besteht darin, das Aussehen zu verbessern, Farbe zu verleihen, Hauttöne auszugleichen, Unvollkommenheiten zu verbergen und einen gewissen Schutz zu bieten. Es werden verschiedene Arten von Formulierungen hergestellt, von wässrigen und nichtwässrigen Suspensionen über Öl-in-Wasser- und Wasser-in-Öl-Emulsionen bis hin zu Pulvern (gepresst oder lose).

Die Schminkprodukte müssen eine Reihe von Kriterien erfüllen, damit sie vom Verbraucher akzeptiert werden:
1. verbesserte Benetzung, Verteilung und Haftung der Farbkomponenten;
2. ausgezeichnetes Hautgefühl;
3. Haut- und UV-Schutz und Abwesenheit jeglicher Hautreizung.

Zu diesen Zwecken muss die Formulierung optimiert werden, um die gewünschte Eigenschaft zu erreichen. Dies wird durch die Verwendung von Tensiden und Polymeren sowie durch die Verwendung modifizierter Pigmente (durch Oberflächenbehandlung) erreicht. Die Teilchengröße und -form der Pigmente sollte ebenfalls optimiert werden, damit sie sich auf der Haut gut anfühlen und gut haften.

Die gepressten Puder erfordern besondere Aufmerksamkeit, um ein gutes Hautgefühl und eine gute Haftung zu erreichen. Um diese Ziele zu erreichen, müssen die Füllstoffe und Pigmente oberflächenbehandelt werden. Um einen geeigneten gepressten Puder zu erhalten, werden auch Bindemittel und Verdichtungshilfen zugesetzt. Bei diesen Bindemitteln kann es sich um trockene Pulver, Flüssigkeiten oder Wachse handeln. Weitere Bestandteile, die hinzugefügt werden können, sind Sonnenschutzmittel und Konservierungsstoffe. Diese gepressten Pulver werden auf einfache Weise durch einfaches „Aufnehmen", Auflegen und gleichmäßiges Bedecken aufgetragen. Das Aussehen des gepressten Puderfilms ist sehr wichtig, und es sollte sehr darauf geachtet werden, dass der Auftrag gleichmäßig erfolgt. Ein typisches gepresstes Pulver kann 40 bis 80 % Füllstoffe, 10 bis 40 spezielle Füllstoffe, 0 bis 5 % Bindemittel, 5 bis 10 % Farbstoffe, 0 bis 10 % Perlen und 3 bis 8 % Nassbindemittel enthalten.

Als Alternative zu gepressten Pudern haben flüssige Grundierungen in den letzten Jahren besondere Aufmerksamkeit auf sich gezogen. Die meisten Make-up-Grundierungen bestehen aus O/W- oder W/O-Emulsionen, in denen die Pigmente entweder in der wässrigen oder der Ölphase dispergiert sind. Es handelt sich um komplexe Systeme, die aus einer Suspensions-/Emulsionsformulierung (Suspoemulsion) bestehen. Besonderes Augenmerk sollte auf die Stabilität der Emulsion (keine Ausflockung oder Koaleszenz) und der Suspension (keine Ausflockung) gelegt werden. Dies wird durch die Verwendung spezieller Tensidsysteme wie Silikonpolyole oder Blockcopolymere von Poly(ethylenoxid) und Poly(propylenoxid) erreicht. Einige Verdickungsmittel können auch hinzugefügt werden, um die Konsistenz (Rheologie) der Formulierung zu steuern.

Der Hauptzweck einer Make-up-Grundierung besteht darin, die Farbe gleichmäßig zu verteilen, Hauttöne auszugleichen und das Erscheinungsbild von Hautunreinheiten zu minimieren. Außerdem werden Feuchthaltemittel hinzugefügt, um eine feuchtigkeitsspendende Wirkung zu erzielen. Das verwendete Öl sollte so gewählt werden, dass es ein gutes Emolliens ist. Außerdem werden Netzmittel zugesetzt, um eine gute Verteilung und gleichmäßige Deckkraft zu erreichen. Die Ölphase könnte ein Mineralöl, ein Ester wie Isopropylmyristat oder ein flüchtiges Silikonöl (z. B. Cyclomethicon) sein. Es kann ein Emulgatorsystem aus einer Mischung aus Fettsäuren und nichtionischen Tensiden verwendet werden. Die wässrige Phase enthält ein Feuchthaltemittel aus Glycerin, Propylenglykol oder Polyethylenglykol. Netzmittel wie Lecithin, Tenside mit niedrigem HLB-Wert oder Phosphatester können ebenfalls zugesetzt werden. Der wässrigen Phase kann auch ein Tensid mit hohem HLB-Wert zugesetzt werden, um in Kombination mit dem Ölemulgatorsystem eine bessere Stabilität zu erreichen. Es können verschiedene Suspensionsmittel (Verdickungsmittel) verwendet werden, z. B. Magnesiumaluminiumsilikat, Cellulosegummi, Xanthangummi, Hydroxyethylcellulose oder hydrophob modifiziertes Polyethylenoxid. Ein Konservierungsmittel wie Methylparaben kann ebenfalls enthalten sein. Die oberflächenbehandelten Pigmente werden entweder in der Ölphase oder in der wässrigen Phase dispergiert. Andere Zusatzstoffe wie Duftstoffe, Vitamine und Lichtdiffusoren können ebenfalls zugesetzt werden.

Aus den obigen Ausführungen wird deutlich, dass flüssige Grundierungen aufgrund der großen Anzahl der verwendeten Komponenten und der Wechselwirkungen zwischen den verschiedenen Bestandteilen eine Herausforderung für den Formulierungschemiker darstellen. Besonderes Augenmerk sollte auf die Wechselwirkung zwischen den Emulsionströpfchen und den Pigmentteilchen gelegt werden (ein Phänomen, das als Heteroflokkulation bezeichnet wird), die sich nachteilig auf die endgültigen Eigenschaften des auf der Haut aufgebrachten Films auswirken kann. Eine gleichmäßige Abdeckung ist die wünschenswerteste Eigenschaft, und die optischen Eigenschaften des Films, z. B. seine Lichtreflexion, -adsorption und -streuung, spielen eine wichtige Rolle für das endgültige Aussehen des Grundierungsfilms.

Mehrere wasserfreie flüssige (oder „halbfeste") Grundierungen werden ebenfalls von Kosmetikfirmen vermarktet. Diese können als Cremepulver beschrieben werden, die aus einem hohen Gehalt an Pigmenten/Füllstoffen (40 bis 50 %), einem Benetzungsmittel mit niedrigem HLB-Wert (z. B. Polysorbat 85), einem Weichmacher wie Dimethicon in Kombination mit flüssigen Fettalkoholen und einigen Estern (z. B. Octylpalmitat) bestehen. Einige Wachse wie Stearyldimethicon oder mikrokristallines Wachs oder Carnaubawachs können ebenfalls in der Formulierung enthalten sein.

Eines der wichtigsten Make-up-Systeme sind die Lippenstifte, die einfach auf einer reinen Fettbasis formuliert sind und einen hohen Glanz und eine ausgezeichnete Deckkraft haben können. Allerdings neigen diese einfachen Lippenstifte dazu, sich zu leicht von der Haut zu lösen. In den letzten Jahren gab es eine starke Tendenz zur Herstellung „dauerhafter" Lippenstifte, die hydrophile Lösungsmittel wie Glykole oder Tetrahydrofurfurylalkohol enthalten. Zu den Rohstoffen für eine Lippenstiftbasis gehören: Ozokerit (gutes Ölabsorptionsmittel, das auch die Kristallisation verhindert), mikrokristallines Ceresinwachs (ebenfalls ein gutes Ölabsorptionsmittel), Vaseline (bildet einen undurchlässigen Film), Bienenwachs (erhöht die Bruchsicherheit), Myristylmyristat (verbessert die Übertragung auf die Haut), Cetyl- und Myristyllactat (bildet eine Emulsion mit Feuchtigkeit auf der Lippe und ist nicht klebrig), Carnaubawachs (ein Ölbindemittel, das den Schmelzpunkt der Basis erhöht und der Oberfläche einen gewissen Glanz verleiht), Lanolinderivate, Oleylalkohol und Isopropylmyristat. Dies zeigt, wie komplex eine Lippenstiftbasis ist, und dass mehrere Modifikationen der Basis einige wünschenswerte Effekte erzielen können, die eine gute Vermarktung des Produkts unterstützen.

Wimperntusche und Eyeliner sind ebenfalls komplexe Formulierungen, die sorgfältig auf die Wimpern und den Wimpernrand aufgetragen werden müssen. Einige der bevorzugten Kriterien für Wimperntusche sind eine gute Verteilung, eine leichte Trennung und ein Schwung der Wimpern. Das Erscheinungsbild der Wimperntusche sollte so natürlich wie möglich sein. Wimpernverlängerung und -verdichtung sind ebenfalls erwünscht. Außerdem sollte das Produkt ausreichend lange halten und sich trotzdem leicht entfernen lassen. Es lassen sich drei Arten von Formulierungen unterscheiden: wasserfreie Suspension auf Lösungsmittelbasis, Wasser-in-Öl-Emulsion und Öl-in-Wasser-Emulsion. Wasserbeständigkeit kann durch den Zusatz von Emulsionspolymeren, z. B. Polyvinylacetat, erreicht werden.

11.2 Tenside in der Pharmazie [1, 3]

Tenside werden in allen Dispersionssystemen verwendet, die in pharmazeutischen Formulierungen eingesetzt werden. In der Pharmazie lassen sich mehrere Arten von Dispersionssystemen unterscheiden, von denen Suspensionen, Emulsionen und Gele am häufigsten verwendet werden. Diese dispersen Systeme decken einen breiten Größenbereich ab: kolloidal (1 nm bis 1 μm) und nicht-kolloidal (> 1 μm). In der Pharmazie werden mehrere Klassen von Tensiden verwendet:

1. Anionische Tenside wie Alkaliseifen, RCOOX, wobei X für Natrium, Kalium oder Ammonium steht. R liegt im Allgemeinen zwischen C_{10} und C_{20}.
2. Sulfatierte Fettalkohole, die Ester der Schwefelsäure sind. Die am häufigsten verwendete Verbindung ist Natriumlaurylsulfat (SDS, Natriumdodecylsulfat,

$C_{12}H_{25}$–O–SO_3^- Na^+). Es wird pharmazeutisch als präoperatives Hautreinigungs-mittel mit bakteriostatischer Wirkung gegen gram-positive Bakterien verwendet. Es wird auch in medizinischen Shampoos und Zahnpasta (als Schaumbildner) verwendet.

3. Ethersulfate (sulfatierte polyoxyethylierte Alkohole), R–$(OCH_2$–$CH_2)_n$–O–SO_3^- M^+ (n < 6). Diese haben eine bessere Wasserlöslichkeit als die Alkylsulfate, eine bessere Beständigkeit gegenüber Elektrolyten und eine geringere Reizung der Augen und der Haut.

4. Sulfatierte Öle, z. B. sulfatiertes Rizinusöl (Triglycerid der Fettsäure 12-Hydroxyo-leinsäure). Es wird als Emulgator für Öl-in-Wasser-Cremes und -Salben verwendet (nicht reizend).

5. Kationische Tenside wie Cetrimid B.P., ein Gemisch aus Tetradecyl- (≈ 68 %), Do-decyl- (≈ 22 %) und Hexadecyl- (≈ 7 %) Trimethylammoniumbromid. Lösungen, die 0,1 bis 1 % Cetrimid enthalten, werden zur Reinigung von Haut, Wunden und Verbrennungen verwendet; Cetrimid ist auch in Shampoos zur Entfernung von Seborrhoe-Schuppen und in Cetavlon-Creme enthalten.

6. Banzalkoniumchlorid, eine Mischung von Alkylbenzylammoniumchloriden. In verdünnten Lösungen (0,1 bis 0,2 %) wird es zur präoperativen Desinfektion von Haut und Schleimhäuten und als Konservierungsmittel für Augentropfen verwendet.

7. Zwitterionische Tenside wie Lecithin (Phosphatidylcholin), das als Öl-in-Wasser-Emulgator verwendet wird.

8. Nichtionische Tenside, die gegenüber ionischen Tensiden den Vorteil haben, dass sie mit den meisten anderen Arten von Tensiden kompatibel sind und durch mo-derate pH-Änderungen und moderate Elektrolytkonzentrationen kaum beein-trächtigt werden. Eine nützliche Skala zur Beschreibung nichtionischer Tenside ist das hydrophil-lipophile Gleichgewicht (HLB), das einfach das relative Verhält-nis von hydrophilen zu lipophilen Komponenten angibt. Für ein einfaches nich-tionisches Tensid wie ein Alkoholethoxylat ergibt sich der HLB-Wert einfach aus dem prozentualen Anteil der hydrophilen Komponenten (PEO) geteilt durch 5.

9. Sorbitan-Ester, bei denen es sich um Gemische der Partialester von Sorbit und seinen Mono- und Dianhydriden handelt.

10. Polysorbate, die die ethoxylierten Derivate der Sorbitan-Ester sind. Bei den im Handel erhältlichen Produkten handelt es sich um komplexe Gemische aus Par-tialestern von Sorbitol und seinen Mono- und Dianhydriden, die mit Ethylen-oxid kondensiert sind. Sie haben hohe HLB-Werte, sind wasserlöslich und werden als Öl-in-Wasser-Emulgatoren verwendet.

11. Polyoxyethylierte Glykolmonoether. Diese haben die allgemeine Struktur C_xE_y, wobei x und y die Kettenlänge des Alkyls bzw. der Ethylenoxid-Kette bezeich-nen, z. B. $C_{12}E_6$ steht für Hexaoxyethylenglykolmonododecylether. Eine der am häufigsten verwendeten Verbindungen ist Cetromacrogol™ 1000 B.P.C., eine wasserlösliche Verbindung mit einer Alkylkettenlänge von 15 oder 17 und einer

Ethylenoxidkettenlänge zwischen 20 und 24. Es wird in Form von Cetomacrogol-Emulgierwachs bei der Herstellung von Öl-in-Wasser-Emulsionen und auch als Lösungsvermittler für flüchtige Öle verwendet.

12. Polymere Tenside. Die in der Pharmazie am häufigsten verwendeten polymeren Tenside sind die A-B-A-Blockcopolymere, wobei A die hydrophile Kette (Polyethylenoxid, PEO) und B die hydrophobe Kette (Polypropylenoxid, PPO) ist. Die allgemeine Struktur ist PEO-PPO-PEO. Sie sind im Handel mit unterschiedlichen Anteilen von PEO und PPO (Pluronics oder Poloxamere) erhältlich. Auf die Handelsbezeichnung folgt ein Buchstabe L (Flüssigkeit), P (Paste) und F (Flocke). Danach folgen zwei Zahlen, die für die Zusammensetzung stehen – die erste Ziffer steht für die PPO-Molmasse und die zweite Ziffer für den PEO-Anteil in %: Pluronic F68 (PPO-Molmasse 1501–1800) + 140 mol EO. Pluronic L62 (PPO-Molgewicht 1501–1800 + 15 mol EO).

11.2.1 Oberflächenaktive Arzneimittel

Eine große Anzahl von Arzneimitteln ist oberflächenaktiv, z. B. Chlorpromazin, Diphenylmethanderivate (wie Diphenhydramin) und trizyklische Antidepressiva (wie Amitriptylin). Die Lösungseigenschaften dieser oberflächenaktiven Arzneimittel und ihre Assoziationsweise spielen eine wichtige Rolle für ihre biologische Wirksamkeit. Viele Arzneimittel weisen oberflächenaktive Eigenschaften auf, die denen von Tensiden ähneln, d. h. sie reichern sich an Grenzflächen an und bilden bei kritischen Konzentrationen Aggregate (Mizellen). Die Mizellbildung von Arzneimitteln stellt jedoch nur ein mögliches Assoziationsmuster dar, da bei vielen Arzneimittelmolekülen starre aromatische oder heterozyklische Ketten die flexiblen hydrophoben Ketten ersetzen, die in den meisten Tensidsystemen vorhanden sind. Dies wirkt sich so stark auf die Art der Assoziation aus, dass der Prozess nicht als Mizellbildung bezeichnet werden kann. Eine Selbstassoziationsstruktur kann durch hydrophobe Wechselwirkung erzeugt werden (Ladungsabstoßung spielt in diesem Fall eine unbedeutende Rolle), und der Prozess ist im Allgemeinen kontinuierlich, d. h. ohne abrupte Änderung der Eigenschaften. Es sollte jedoch erwähnt werden, dass viele Arzneimittelmoleküle aromatische Gruppen mit einem hohen Grad an Flexibilität enthalten können. In diesem Fall ähneln die Assoziationsstrukturen den Mizellen von Tensiden. Die Aggregationszahlen dieser Assoziationseinheiten sind jedoch viel geringer (im Bereich von 9 bis 12) als bei mizellaren Tensiden (die je nach Alkylkettenlänge Aggregationszahlen von 50 oder mehr aufweisen). Diese geringeren Aggregationszahlen lassen Zweifel an der Mizellenbildung aufkommen, so dass stattdessen ein kontinuierlicher Assoziationsprozess in Betracht gezogen werden kann.

Sowohl die Oberflächenaktivität als auch die Mizellbildung haben Auswirkungen auf die biologische Wirksamkeit vieler Arzneimittel. Oberflächenaktive Arzneimittel neigen dazu, sich hydrophob an Proteine und andere biologische Makromoleküle zu binden. Sie neigen auch dazu, sich mit anderen amphipathischen Molekülen wie anderen Arzneimitteln, Gallensalzen und natürlich mit Rezeptoren zu verbinden. Die Wirkung von Phenothiazinen wird auf ihre Wechselwirkung mit Membranen zurückgeführt, die mit ihrer Oberflächenaktivität korreliert sein kann. Man geht davon aus, dass diese Verbindungen durch Veränderung der Konformation und Aktivität von Enzymen und durch Veränderung der Membrandurchlässigkeit und -funktion wirken.

Zur Veranschaulichung der Bedeutung der Oberflächenaktivität vieler Arzneimittel können mehrere andere Beispiele angeführt werden. Viele Arzneimittel bewirken eine intralysosomale Anhäufung von Phospholipiden, die als multilamellare Objekte in der Zelle zu beobachten sind. Bei den Arzneimitteln, die an der Induktion von Phospholipidose beteiligt sind, handelt es sich häufig um amphipathische Verbindungen. Die Wechselwirkung zwischen den oberflächenaktiven Arzneimittelmolekülen und dem Phospholipid macht das Phospholipid resistent gegen den Abbau durch lysosomale Enzyme, was zu seiner Anreicherung in den Zellen führt.

Viele Lokalanästhetika haben eine signifikante Oberflächenaktivität, und es ist verlockend, ihre Oberflächenaktivität mit ihrer Wirkung in Verbindung zu bringen. Man sollte jedoch andere wichtige Faktoren wie die Verteilung des Medikaments in der Nervenmembran (ein Faktor, der vom pK_a-Wert abhängt) und die Verteilung der hydrophoben und kationischen Gruppen nicht vergessen, die für eine angemessene Störung der Nervenmembranfunktion wichtig sein müssen.

Die biologische Relevanz der Mizellenbildung durch Arzneimittelmoleküle ist nicht so eindeutig wie ihre Oberflächenaktivität, da das Arzneimittel in der Regel in einer Konzentration verabreicht wird, die weit unter der liegt, bei der Mizellen gebildet werden. Die Anhäufung von Arzneimittelmolekülen an bestimmten Stellen kann jedoch dazu führen, dass sie Konzentrationen erreichen, bei denen Mizellen gebildet werden. Solche Aggregate können erhebliche biologische Wirkungen hervorrufen. So kann beispielsweise die Konzentration der monomeren Spezies nur langsam ansteigen oder mit zunehmender Gesamtkonzentration abnehmen, und die Transport- und kolligativen Eigenschaften des Systems werden verändert. Mit anderen Worten: Die Aggregation der Verbindungen beeinträchtigt ihre thermodynamische Aktivität und damit ihre biologische Wirksamkeit in vivo.

11.2.2 Natürlich vorkommende mizellenbildende Systeme

Es gibt mehrere natürlich (im Körper) vorkommende amphipathische Moleküle, wie Gallensalze, Phospholipide, Cholesterin, die eine wichtige Rolle bei verschiedenen biologischen Prozessen spielen. Ihre Wechselwirkungen mit anderen gelösten Stoffen, z. B. Arzneimittelmolekülen, und mit Membranen sind ebenfalls sehr wichtig. Gallensalze werden in der Leber synthetisiert und bestehen aus alicyclischen Verbindungen, die Hydroxyl- und Carboxylgruppen besitzen. Die Positionierung der hydrophilen Gruppen in Bezug auf den hydrophoben Steroidkern verleiht den Gallensalzen ihre

Oberflächenaktivität und bestimmt die Fähigkeit zur Aggregation. Es wurde vermutet, dass sich kleine oder primäre Aggregate mit bis zu 10 Monomeren oberhalb der CMC durch hydrophobe Wechselwirkungen zwischen der unpolaren Seite der Monomere bilden. Diese primären Aggregate bilden größere Einheiten durch Wasserstoffbrückenbindungen zwischen den primären Mizellen.

Der CMC-Wert von Gallensalzen wird stark von ihrer Struktur beeinflusst; die Trihydroxy-Cholansäuren haben einen höheren CMC-Wert als die weniger hydrophilen Dihydroxyderivate. Wie erwartet, hat der pH-Wert der Lösungen dieser Carbonsäuresalze einen Einfluss auf die Mizellenbildung. Bei ausreichend niedrigem pH-Wert werden schwer lösliche Gallensäuren aus der Lösung ausgefällt, wobei sie zunächst in die vorhandenen Mizellen eingebaut oder darin solubilisiert werden. Der pH-Wert, bei dem die Ausfällung bei Sättigung des mizellaren Systems erfolgt, liegt im Allgemeinen etwa eine pH-Einheit höher als der pK_a der Gallensäure.

Gallensalze spielen eine wichtige Rolle bei physiologischen Funktionen und der Aufnahme von Arzneimitteln. Es ist allgemein anerkannt, dass Gallensalze die Fettaufnahme fördern. Gemischte Mizellen aus Gallensalzen, Fettsäuren und Monogylyceriden können als Vehikel für den Fetttransport dienen. Die Rolle der Gallensalze beim Transport von Arzneimitteln ist jedoch nicht gut verstanden. Es wurden mehrere Vorschläge gemacht, um die Rolle der Gallensalze beim Arzneimitteltransport zu erklären, wie z. B. die Erleichterung des Transports von der Leber in die Galle durch direkte Wirkung auf die kanikulären Membranen, die Stimulierung der Mizellenbildung innerhalb der Leberzellen, die Bindung von Arzneimittelanionen an Mizellen usw. Die verbesserte Absorption von Arzneimitteln bei Verabreichung mit Desoxycholsäure kann auf eine Verringerung der Grenzflächenspannung oder Mizellenbildung zurückzuführen sein. Die Verabreichung von Chinin und anderen Alkaloiden in Kombination mit Gallensalzen soll ihre parasitizide Wirkung verstärken. Es wird davon ausgegangen, dass oral eingenommenes Chinin hauptsächlich aus dem Darm absorbiert wird und eine beträchtliche Menge an Gallensalzen erforderlich ist, um eine kolloidale Dispersion von Chinin aufrechtzuerhalten. Gallensalze können auch die Arzneimittelabsorption beeinflussen, indem sie entweder die Membrandurchlässigkeit beeinflussen oder die normale Magenentleerungsrate verändern. So erhöht beispielsweise Natriumtaurocholat die Absorption von Sulfaguanidin aus Magen, Jejunum und Ileum. Dies ist auf eine Erhöhung der Membrandurchlässigkeit zurückzuführen, die durch Calciumverarmung und eine Beeinträchtigung der Bindung zwischen den Phospholipiden in der Membran verursacht wird.

Eine weitere wichtige natürlich vorkommende Klasse von Tensiden, die in biologischen Membranen weit verbreitet sind, sind die Lipide, darunter Phosphatidylcholin (Lecithin), Lysolecithin, Phosphatidylethanolamin und Phosphatidylinositol. Diese Lipide werden auch als Emulgatoren für intravenöse Fettemulsionen, Anästhesieemulsionen sowie zur Herstellung von Liposomen oder Vesikeln für die Verabreichung von Arzneimitteln verwendet. Die Lipide bilden grobe trübe Dispersionen großer Aggregate (Liposomen), die bei Ultraschallbestrahlung kleinere Einheiten oder Vesikel bilden.

Die Liposomen sind smektische Mesophasen von Phospholipiden, die in Doppel-schichten organisiert sind und eine multilamellare oder unilamellare Struktur anneh-men. Bei den multilamellaren Spezies handelt es sich um heterogene Aggregate, die in der Regel durch Dispersion eines dünnen Phospholipidfilms (allein oder mit Choleste-rin) in Wasser hergestellt werden. Durch Beschallung der multilamellaren Einheiten können unilamellare Liposomen entstehen, die manchmal auch als Vesikel bezeichnet werden. Die Nettoladung der Liposomen lässt sich durch den Einbau eines langketti-gen Amins wie Stearylamin (für ein positiv geladenes Vesikel) oder Dicetylphosphat (für eine negativ geladene Spezies) verändern. Sowohl lipidlösliche als auch wasserlös-liche Arzneimittel können in Liposomen eingeschlossen werden. Die fettlöslichen Arz-neimittel werden in den Kohlenwasserstoffzwischenräumen der Lipiddoppelschichten gelöst, während die wasserlöslichen Arzneimittel in die wässrigen Schichten eingela-gert werden. Liposomen können wie Mizellen ein spezielles Medium für Reaktionen zwischen den in den Lipiddoppelschichten eingelagerten Molekülen oder zwischen den im Vesikel eingeschlossenen Molekülen und freien gelösten Molekülen darstellen.

Phospholipide spielen eine wichtige Rolle für die Lungenfunktionen. Das ober-flächenaktive Material in der Alveolarauskleidung der Lunge ist eine Mischung aus Phospholipiden, neutralen Lipiden und Proteinen. Die Senkung der Oberflächen-spannung durch das Surfactant-System der Lunge und die Oberflächenelastizität der Oberflächenschichten unterstützen die Expansion und Kontraktion der Alveolen. Ein Mangel an Lungentensiden bei Neugeborenen führt zu einem Atemnotsyndrom, was zu der Annahme führte, dass die Instillation von Phospholipidtensiden das Problem beheben könnte.

11.2.3 Biologische Auswirkungen der Anwesenheit von Tensiden in pharmazeutischen Formulierungen

Die Verwendung von Tensiden als Emulgatoren, Lösungsvermittler, Dispersionsmittel für Suspensionen oder als Benetzungsmittel in der Formulierung kann zu erheblichen Veränderungen der biologischen Aktivität des Arzneimittels in der Formulierung füh-ren. Tensidmoleküle in der Formulierung können die Verfügbarkeit des Arzneimittels und seine Interaktion mit verschiedenen Stellen auf verschiedene Weise beeinflussen. Das Tensid kann die Desegregation und Auflösung fester Darreichungsformen beein-flussen, indem es die Ausfällungsrate von in Lösung verabreichten Arzneimitteln steu-ert, die Membrandurchlässigkeit erhöht und die Membranintegrität beeinträchtigt. Die Freisetzung von schwer löslichen Arzneimitteln aus Tabletten und Kapseln zur oralen Anwendung kann durch die Anwesenheit von Tensiden erhöht werden, die die Aggre-gation von Arzneimittelteilchen verringern und somit die für die Auflösung verfügbare Fläche der Teilchen vergrößern können. Die Herabsetzung der Oberflächenspannung kann auch ein Faktor sein, der das Eindringen von Wasser in die Wirkstoffmasse be-günstigt. Dieser Benetzungseffekt tritt bei niedriger Tensidkonzentration auf. Oberhalb der CMC kann die Erhöhung der Sättigungslöslichkeit des Wirkstoffs durch Solubilisierung in den Tensidmizellen zu einer schnelleren Auflösung des Wirkstoffs führen. Dadurch erhöht sich die Geschwindigkeit, mit der der Wirkstoff in das Blut gelangt, was sich auf den maximalen Blutspiegel auswirken kann. Sehr hohe Tensidkonzentrationen können jedoch die Absorption des Arzneimittels verringern, indem sie das chemische Potenzial des Arzneimittels herabsetzen. Dies ist der Fall, wenn die Tensidkonzentration die zur Solubilisierung des Arzneimittels erforderliche Konzentration übersteigt. Es kann zu komplexen Wechselwirkungen zwischen den Tensiden und den Proteinen kommen, was zu einer Veränderung der Aktivität der Enzyme führt, die den Wirkstoff metabolisieren. Es gibt auch Hinweise darauf, dass das Tensid die Bindung des Arzneimittels an die Rezeptorstelle beeinflussen kann. Einige Tenside haben eine eigene direkte physiologische Aktivität, und im gesamten Körper können diese Moleküle das physiologische Milieu beeinflussen, indem sie z. B. die Verweilzeit im Magen verändern.

Zahlreiche Studien über den Einfluss von Tensiden auf die Absorption von Arzneimitteln haben gezeigt, dass sie den Transfer von Arzneimitteln durch Membranen erhöhen, vermindern oder gar nicht beeinflussen können. Wie bereits erwähnt, wirkt sich das Vorhandensein von Tensiden auch auf die Auflösungsgeschwindigkeit des Arzneimittels aus.

11.2.4 Solubilisierte Systeme

Solubilisierung ist der Prozess der Herstellung einer thermodynamisch stabilen isotropen Lösung einer Substanz (die normalerweise in einem bestimmten Lösungsmittel unlöslich oder schwer löslich ist) durch Einarbeitung einer (oder mehrerer) zusätzlichen amphiphilen Komponente(n). Es handelt sich um den Einbau der Verbindung (als Solubilisat oder Substrat bezeichnet) in ein mizellares (L_1-Phase) oder umgekehrt mizellares (L_2-Phase) System. Mehrere Faktoren beeinflussen die Solubilisierung:

1. Struktur des Solubilisats: Verallgemeinerungen über die Art und Weise, in der die Struktur die Solubilisierung beeinflusst, werden durch die Existenz verschiedener Solubilisierungsstellen erschwert. Die wichtigsten Parameter, die bei der Untersuchung von Solubilisaten berücksichtigt werden können, sind: Polarität, Polarisierbarkeit, Kettenlänge und Verzweigung, Molekülgröße und Form. Die wichtigste Auswirkung ist vielleicht die Polarität des Solubilisats – manchmal werden sie in polar und apolar eingeteilt; es gibt jedoch Schwierigkeiten mit Zwischenstufen. Es besteht eine gewisse Korrelation zwischen der Hydrophilie/Lipophilie des Solubilisats und dem Verteilungskoeffizienten zwischen Octanol und Wasser (das Konzept der logP-Zahl – je höher der Wert, desto lipophiler ist die Verbindung).

2. Tensidstruktur: Bei Solubilisaten, die in den Kohlenwasserstoffkern eingebunden sind, nimmt das Ausmaß der Solubilisierung mit zunehmender Länge der Alkylkette zu. Bei gleichem R nimmt die Solubilisierung in der Reihenfolge

anionische Stoffe < kationische Stoffe < nichtionische Stoffe zu. Das Solubilisierungsvermögen, das normalerweise durch das Verhältnis von Mol Solubilisat zu Mol Tensid beschrieben wird, nimmt mit zunehmender Kettenlänge an PEO zu. Dies ist auf die Abnahme der Mizellengröße zurückzuführen. Mit zunehmender PEO-Kettenlänge nimmt die Aggregationszahl ab und damit die Zahl der Mizellen pro Mol Tensid zu.

3. Temperatur: Die Solublisierung nimmt mit steigender Temperatur zu, da die Löslichkeit der Verbindung zunimmt und der CMC-Wert (bei nichtionischen Tensiden) mit steigender Temperatur abnimmt.

4. Zugabe von Elektrolyten und Nichtelektrolyten: Die meisten Elektrolyte führen zu einer Verringerung der CMC und können die Aggregatzahl (und Größe) der Mizellen erhöhen. Dies kann zu einer Erhöhung der Solublisierung führen. Die Zugabe von Nichtelektrolyten, z. B. von Alkoholen, kann zu einer Erhöhung der Solubilisierung führen.

Die obigen Ausführungen zeigen deutlich, dass die Solubisierung oberhalb der CMC einen Ansatz zur Formulierung schwerlöslicher Arzneimittel darstellt. Dieser Ansatz hat jedoch mehrere Einschränkungen: begrenzte Kapazität der Mizellen für das Arzneimittel; kurz- oder langfristige unerwünschte Wirkungen; Solubilisierung anderer Inhaltsstoffe wie Konservierungsmittel, Aromen und Farbstoffe, was zu einer Veränderung der Stabilität und Wirksamkeit führen kann.

11.2.5 Pharmazeutische Aspekte der Solubilisierung

Das Vorhandensein von Mizellen und Tensidmonomeren in einer Arzneimittelformulierung kann deutliche Auswirkungen auf die biologische Wirksamkeit haben. Tenside (sowohl Mizellen als auch Monomere) können den Zerfall und die Auflösung fester Darreichungsformen beeinflussen, indem sie die Ausfällungsrate (Verabreichung von Arzneimitteln in Lösung) steuern, die Membrandurchlässigkeit erhöhen und die Membranintegrität beeinträchtigen. Die Freisetzung von schwer löslichen Arzneimitteln aus Tabletten und Kapseln (orale Anwendung) kann durch die Anwesenheit von Tensiden erhöht werden. Durch die Verringerung der Aggregation beim Zerfall von Tabletten und Kapseln wird die Oberfläche vergrößert. Die Verringerung der Oberflächenspannung fördert das Eindringen von Wasser in die Arzneimittelmasse. Oberhalb der CMC kann die Erhöhung dieses Flusses durch Solublisierung zu einem raschen Anstieg der Auflösungsgeschwindigkeit führen. Sehr hohe Tensidkonzentrationen (über dem für die Solublisierung erforderlichen Wert) können jedoch die Absorption des Arzneimittels verringern, indem sie das chemische Potenzial des Arzneimittels herabsetzen. Die komplexe Wechselwirkung zwischen Tensidmizellen, Monomeren und Proteinen kann die metabolisierende Aktivität des Arzneimittels verändern. Tenside können auch die Bindung des Arzneimittels an die Rezeptorstelle verändern.

11.3 Tenside in Agrochemikalien [1, 4, 5]

Die Formulierungen von Agrochemikalien umfassen eine breite Palette von Systemen, die für eine bestimmte Anwendung hergestellt werden. Es lassen sich mehrere Arten unterscheiden, von denen die folgenden die wichtigsten sind: emulgierbare Konzentrate (EC), Emulsionen (EW), Suspensionskonzentrate (SC), Suspoemulsionen (Mischungen aus Suspensionen und Emulsionen), Mikroemulsionen und Kapseln (Formulierungen mit kontrollierter Freisetzung). Alle diese Formulierungen erfordern die Verwendung eines Tensids, das nicht nur für ihre Herstellung und die Aufrechterhaltung ihrer langfristigen physikalischen Stabilität, sondern auch für die Verbesserung der biologischen Leistung der Agrochemikalie unerlässlich ist.

In agrochemischen Formulierungen werden verschiedene Arten von Tensiden verwendet, von denen die anionischen wahrscheinlich am häufigsten eingesetzt werden. Dies ist auf ihre relativ niedrigen Herstellungskosten zurückzuführen – sie werden praktisch in jeder Art von Formulierung verwendet. Lineare Ketten werden bevorzugt, da sie wirksamer und besser abbaubar sind als verzweigte Ketten. Die am häufigsten verwendeten hydrophilen Gruppen sind Carboxylate, Sulfate, Sulfonate und Phosphate. Die allgemeine Formel für anionische Tenside lautet wie folgt:

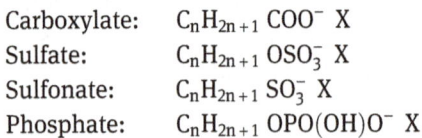

Carboxylate: $C_nH_{2n+1}COO^- X$

Sulfate: $C_nH_{2n+1}OSO_3^- X$

Sulfonate: $C_nH_{2n+1}SO_3^- X$

Phosphate: $C_nH_{2n+1}OPO(OH)O^- X$

Dabei liegt n im Bereich von 8 bis 16 Atomen und das Gegenion X ist in der Regel Na^+.

Verschiedene andere anionische Tenside sind im Handel erhältlich, wie z. B. Sulfosuccinate, Isethionate und Tauride, die manchmal für spezielle Anwendungen eingesetzt werden. Phosphathaltige anionische Tenside werden ebenfalls in einigen Anwendungen eingesetzt. Sowohl Alkylphosphate als auch Alkyletherphosphate werden durch Behandlung der Fettalkohole oder Alkoholethoxylate mit einem Phophorylierungsmittel, in der Regel Phosphorpentoxid, P_4O_{10}, hergestellt. Bei der Reaktion entsteht ein Gemisch aus Mono- und Diestern der Phosphorsäure. Das Verhältnis der beiden Ester wird durch das Verhältnis der Reaktanten und die in der Reaktionsmischung vorhandene Wassermenge bestimmt. Die physikochemischen Eigenschaften der Alkylphosphat-Tenside hängen vom Verhältnis der Ester ab.

Die gebräuchlichsten kationischen Tenside, die in agrochemischen Formulierungen verwendet werden, sind die quaternären Ammoniumverbindungen mit der allgemeinen Formel $R'R''R'''R''''N^+X^-$, wobei X^- in der Regel ein Chloridion ist und R Alkylgruppen darstellt. Eine gängige Klasse von Kationika ist das Alkyltrimethylammoniumchlorid, wobei R 8 bis 18 C-Atome enthält, z. B. Dodecyltrimethylammoniumchlorid, $C_{12}H_{25}(CH_3)_3NCl$. Eine weitere Klasse kationischer Tenside sind solche, die zwei langkettige Alkylgruppen enthalten, z. B. Dialkyldimethylammoniumchlorid, wobei die Alkylgruppen eine Kettenlänge von 8 bis 18 C-Atomen aufweisen. Diese Dialkyltenside sind weniger wasserlöslich als die quaternären Monoalkylverbindungen, werden aber manchmal in agrochemischen Formulierungen als Adjuvans (Hilfsstoff) und/oder Rheologiemodifikatoren verwendet. Ein spezielles kationisches Tensid ist Alkyldimethylbenzylammoniumchlorid (manchmal auch als Benzalkoniumchlorid bezeichnet), das in einigen Formulierungen auch als Adjuvans verwendet werden kann. Imidazoline können auch quaternäre Verbindungen bilden; das häufigste Produkt ist das mit Dimethylsulfat quaternisierte Ditallow-Derivat. Kationische Tenside können auch durch den Einbau von Polyethylenoxidketten modifiziert werden, z. B. Dodecylmethylpolyethylenoxidammoniumchlorid. Kationische Tenside sind im Allgemeinen wasserlöslich, wenn nur eine lange Alkylgruppe vorhanden ist. Sie sind im Allgemeinen mit den meisten anorganischen Ionen und hartem Wasser verträglich. Kationische Tenside sind im Allgemeinen stabil gegenüber pH-Änderungen, sowohl im sauren als auch im alkalischen Bereich. Sie sind mit den meisten anionischen Tensiden unverträglich, jedoch mit nichtionischen Tensiden verträglich. Diese kationischen Tenside sind in Kohlenwasserstoffölen unlöslich. Im Gegensatz dazu sind kationische Tenside mit zwei oder mehr langen Alkylketten in Kohlenwasserstoff-Lösungsmitteln löslich, aber sie sind nur in Wasser dispergierbar (manchmal bilden sie zweischichtige vesikelartige Strukturen). Sie sind im Allgemeinen chemisch stabil und können Elektrolyte vertragen. Der CMC-Wert von kationischen Tensiden liegt nahe bei dem von anionischen Tensiden mit der gleichen Alkylkettenlänge.

Amphotere Tenside, die sowohl kationische als auch anionische Gruppen enthalten, werden ebenfalls in einigen Formulierungen verwendet. Die gebräuchlichsten amphoteren Tenside sind die N-Alkylbetaine, die Derivate von Trimethylglycin $(CH_3)_3NCH_2COOH$ (das als Betain bezeichnet wird) sind. Ein Beispiel für ein Betain-Tensid ist Laurylamido-Propyl-Dimethyl-Betain $C_{12}H_{25}CON(CH_3)_2CH_2COOH$. Diese Alkylbetaine werden manchmal auch als Alkyldimethylglycinate bezeichnet.

Das Hauptmerkmal amphoterer Tenside ist ihre Abhängigkeit vom pH-Wert der Lösung, in der sie gelöst sind. In Lösungen mit saurem pH-Wert erhält das Molekül eine positive Ladung und verhält sich wie ein Kation, während es in Lösungen mit alkalischem pH-Wert negativ geladen wird und sich wie ein Anion verhält. Es kann ein bestimmter pH-Wert definiert werden, bei dem beide ionischen Gruppen gleich stark ionisiert sind (der isoelektrische Punkt des Moleküls). Dies kann durch das folgende Schema beschrieben werden:

$$N^+ \dots COOH \quad \leftrightarrow \quad N^+ \dots COO^- \quad \leftrightarrow \quad NH \dots COO^-$$

sauer pH < 3   isoelektrisch pH > 6   alkalisch

Amphotere Tenside werden manchmal auch als zwitterionische Moleküle bezeichnet. Sie sind in Wasser löslich, wobei die Löslichkeit am isoelektrischen Punkt ein Minimum aufweist. Amphotere Tenside zeigen eine ausgezeichnete Kompatibilität mit anderen Tensiden und bilden Mischmizellen. Sie sind sowohl in Säuren als auch in Laugen chemisch stabil. Die Oberflächenaktivität von Amphoterika ist sehr unterschiedlich und hängt vom Abstand zwischen den geladenen Gruppen ab; sie weisen ein Maximum der Oberflächenaktivität am isoelektrischen Punkt auf.

Die gebräuchlichsten nichtionischen Tenside sind solche auf der Basis von Ethylenoxid, die als ethoxylierte Tenside bezeichnet werden. Es lassen sich mehrere Klassen unterscheiden: Alkoholethoxylate, Alkylphenolethoxylate, Fettsäureethoxylate, Monoalkanolamidethoxylate, Sorbitanesterethoxylate, Fettaminethoxylate und Ethylenoxid-Propylenoxid-Copolymere (manchmal als polymere Tenside bezeichnet). Eine weitere wichtige Klasse der nichtionischen Tenside sind die Multihydroxyprodukte wie Glykolester, Glycerinester (und Polyglycerinester), Glucoside (und Polyglucoside) und Saccharoseester. Aminoxide und Sulfinyl-Tenside sind nichtionische Stoffe mit einer kleinen Kopfgruppe.

Wie bereits erwähnt, werden für die Formulierung aller Agrochemikalien Tenside verwendet. So werden beispielsweise emulgierbare Konzentrate (EC) durch Mischen eines agrochemischen Öls mit einem anderen Öl wie Xylol oder Trimethylbenzol oder einer Mischung verschiedener Kohlenwasserstofflösungsmittel hergestellt. Alternativ kann ein festes Pestizid in einem bestimmten Öl aufgelöst werden, um eine konzentrierte Lösung herzustellen. In einigen Fällen kann das Pestizidöl ohne zusätzliche Öle verwendet werden. In allen Fällen wird ein Tensidsystem (in der Regel eine Mischung aus zwei oder drei Komponenten) aus mehreren Gründen hinzugefügt. Erstens ermöglicht das Tensid die Selbstemulgierung des Öls bei Zugabe zu Wasser. Dies geschieht durch einen komplexen Mechanismus, der eine Reihe physikalischer Veränderungen mit sich bringt, wie z. B. die Senkung der Grenzflächenspannung an der Öl/Wasser-Grenzfläche und die Verstärkung der Turbulenz an dieser Grenzfläche, was zur spontanen Bildung von Tröpfchen führt. Zweitens stabilisiert der Tensidfilm, der an der Öl/Wasser-Grenzfläche adsorbiert, die entstandene Emulsion gegen Ausflockung und/oder Koaleszenz. Die Zersetzung der Emulsion muss verhindert werden, da es sonst während der Anwendung zu übermäßiger Schaumbildung, Sedimentation oder Ölabscheidung kommen kann. Dies führt zum einen zu einer inhomogenen Ausbringung der Agrochemikalie und zum anderen zu möglichen Verlusten. In den letzten Jahren gab es eine große Nachfrage nach dem Ersatz von EC durch konzentrierte wässrige Öl-in-Wasser-Emulsionen (O/W-Emulsionen), die technisch als EW bezeichnet werden. Ein solcher Ersatz hat mehrere Vorteile. Erstens kann man das zugesetzte Öl durch Wasser ersetzen, was natürlich viel billiger und umweltverträglicher ist. Zweitens könnte die Entfernung des Öls dazu beitragen, unerwünschte Wirkungen wie Phytotoxizität, Hautreizungen usw. zu verringern. Drittens kann durch die Formulierung des Pestizids als O/W-Emulsion die Tröpfchengröße auf einen optimalen Wert eingestellt werden, was für die biologische Wirksamkeit entscheidend sein kann. Viertens können der wässrigen kontinuierlichen Phase wasserlösliche Tenside zugesetzt werden, die für die biologische Optimierung wünschenswert sein können. Die Wahl eines Tensids oder eines gemischten Tensidsystems ist entscheidend für die Herstellung einer stabilen O/W-Emulsion. In den letzten Jahren wurden makromolekulare Tenside entwickelt, um sehr stabile O/W-Emulsionen herzustellen, die sich leicht in Wasser verdünnen und ohne nachteilige Auswirkungen auf die Emulsionströpfchen anwenden lassen.

Eine weitere agrochemische Formulierung, in der Tenside verwendet werden, ist das Suspensionskonzentrat (SC). In der Tat sind SCs wahrscheinlich die am häufigsten verwendeten Systeme in agrochemischen Formulierungen. Die Anwendung von SCs ist auch sehr viel bequemer als die von benetzbaren Pulvern (WP). Es besteht keine Staubgefahr, und die Formulierung kann einfach in den Sprühbehältern verdünnt werden, ohne dass ein kräftiges Rühren erforderlich ist. SCs werden in einem zwei- oder dreistufigen Verfahren hergestellt. Das agrochemische Pulver wird zunächst in einer wässrigen Lösung eines Tensids oder eines Makromoleküls (in der Regel als Dispergiermittel bezeichnet) mit einem Hochgeschwindigkeitsmischer dispergiert. Das verwendete Tensid muss eine vollständige Benetzung des Pulvers durch das wässrige Medium gewährleisten. Sowohl die äußeren als auch die inneren Oberflächen der Pulveraggregate oder -agglomerate müssen vollständig benetzt werden, um eine vollständige Dispersion des Pulvers in einzelne Partikel zu gewährleisten. Die resultierende Suspension wird dann einem Nassmahlverfahren (in der Regel dem Perlmahlen) unterzogen, um verbleibende Aggregate oder Agglomerate aufzubrechen und die Partikelgröße auf kleinere Werte zu reduzieren. In der Regel wird eine Partikelgrößenverteilung von 0,1 bis 5 μm angestrebt, mit einem Durchschnitt von 1–2 μm. Die zugesetzte Oberfläche oder das Polymer adsorbiert an den Partikeloberflächen, was zu deren kolloidaler Stabilität führt. Die Partikel müssen über einen langen Zeitraum hinweg stabil gehalten werden, da eine starke Aggregation im System verschiedene Probleme verursachen kann. Erstens neigen die Aggregate, die größer sind als die Primärpartikel, dazu, sich schneller abzusetzen. Zweitens kann jede grobe Aggregation zu einem Mangel an Dispersion bei der Verdünnung führen. Die großen Aggregate können die Sprühdüsen verstopfen und die biologische Wirksamkeit aufgrund der inhomogenen Verteilung der Partikel auf der Zieloberfläche verringern. Abgesehen von ihrer Aufgabe, die kolloidale Stabilität der Suspension zu gewährleisten, werden vielen SCs Tenside zugesetzt, um ihre biologische Wirksamkeit zu erhöhen. Dies geschieht in der Regel durch Solubilisierung des unlöslichen Stoffes in den Tensidmizellen. Dies wird in späteren Abschnitten erörtert. Eine weitere Rolle, die ein Tensid in SCs spielen kann, ist die Verringerung des Kristallwachstums (Ostwald-Reifung). Der letztgenannte Prozess kann auftreten, wenn die Löslichkeit der Agrochemikalie beträchtlich ist (z. B. mehr als 100 ppm) und wenn das SC polydispers ist. Die kleineren Partikel besitzen eine höhere Löslichkeit als die größeren. Mit der Zeit lösen sich die kleinen Partikel auf und lagern sich an den größeren ab. Tenside können diese Ostwald-Reifung durch Adsorption an den Kristalloberflächen verringern und so die Ablagerung der Moleküle an der Oberfläche verhindern.

Mischungen aus Suspensionen und Emulsionen, die als Suspoemulsionen bezeichnet werden, wurden formuliert, um die Anwendung von zwei Wirkstoffen zu ermöglichen, von denen einer fest und der andere eine nicht mischbare Flüssigkeit ist. Solche Mehrphasensysteme sind aufgrund der komplexen Wechselwirkung zwischen den Suspensionspartikeln und den Emulsionströpfchen schwierig zu formulieren.

Diese komplexen Formulierungen erfordern eine angemessene Auswahl von Tensiden und Emulgatoren, um eine Homoflockung der Suspensionspartikel, eine Koaleszenz der Emulsionströpfchen und eine Heteroflockung zwischen den Partikeln und Öltröpfchen zu verhindern.

In jüngster Zeit werden Mikroemulsionen als potenzielle Systeme für die Formulierung von Agrochemikalien in Betracht gezogen. Mikroemulsionen sind isotrope, thermodynamisch stabile Systeme, die aus Öl, Wasser und Tensid(en) bestehen, wobei die freie Bildungsenergie des Systems null oder negativ ist. Es liegt auf der Hand, dass solche Systeme, sofern sie formuliert werden können, sehr attraktiv sind, da sie eine unbegrenzte Haltbarkeit (innerhalb eines bestimmten Temperaturbereichs) aufweisen. Da die Tröpfchengröße von Mikroemulsionen sehr klein ist (normalerweise weniger als 50 nm), erscheinen sie transparent. Die Mikroemulsionströpfchen können als gequollene Mizellen betrachtet werden und lösen daher die Agrochemikalie auf. Dies kann zu einer erheblichen Verbesserung der biologischen Wirksamkeit führen. Somit bieten Mikroemulsionen mehrere Vorteile gegenüber den üblicherweise verwendeten Makroemulsionen. Leider ist die Formulierung von Agrochemikalien als Mikroemulsion nicht ganz einfach, da man in der Regel zwei oder mehr Tenside, ein Öl und die Agrochemikalie verwendet. Diese ternären Systeme erzeugen verschiedene komplexe Phasen, und es ist wichtig, das Phasendiagramm zu untersuchen, bevor man die optimale Zusammensetzung für die Bildung einer Mikroemulsion findet. Zur Herstellung einer solchen Formulierung ist eine hohe Konzentration an Tensiden (10 bis 20 %) erforderlich. Dies macht die Herstellung solcher Systeme im Vergleich zu Makroemulsionen relativ teuer. Die zusätzlichen Kosten könnten jedoch durch eine Verbesserung der biologischen Wirksamkeit ausgeglichen werden, was bedeutet, dass eine geringere Ausbringungsrate von Agrochemikalien erreicht werden könnte.

Eine weitere wichtige Anwendung von Tensiden sind Formulierungen mit kontrollierter Freisetzung, die durch Verkapselung erreicht wird. Im Allgemeinen gibt es zwei Mechanismen für die Freisetzung des Wirkstoffs aus einer Kapsel:

1. Diffusion des Wirkstoffs durch die Mikrokapselwand.
2. Zerstörung der Mikrokapselwand entweder durch physikalische Mittel, z. B. mechanische Kraft, oder durch chemische Mittel, z. B. Hydrolyse, biologischer Abbau, thermische Zersetzung, usw.

Das Freisetzungsverhalten wird durch verschiedene Faktoren wie Partikelgröße, Wanddicke, Art des Wandmaterials, Wandstruktur (Porosität, Polymerisationsgrad, Vernetzungsdichte, Zusatzstoffe usw.), Art des Kernmaterials (chemische Struktur, physikalischer Zustand, Vorhandensein oder Fehlen von Lösungsmitteln) und Menge oder Konzentration des Kernmaterials gesteuert. Das Freisetzungsverhalten wird durch das Zusammenspiel dieser Faktoren bestimmt, und die Optimierung ist für das Erreichen der gewünschten Freisetzungsrate von entscheidender Bedeutung.

Die Formulierung von Agrochemikalien mit kontrollierter Freisetzung bietet eine Reihe von Vorteilen, von denen die folgenden erwähnenswert sind:

1. Verbesserung der Restaktivität.
2. Verringerung der Anwendungsdosis.
3. Stabilisierung des Hauptwirkstoffs gegen Abbau in der Umwelt.
4. Verringerung der Toxizität für Säugetiere durch Reduzierung der Exposition der Arbeitnehmer.
5. Verringerung der Phytotoxizität.
6. Verringerung der Fischtoxizität.
7. Verringerung der Umweltverschmutzung.

Einer der Hauptvorteile der Verwendung von Formulierungen mit kontrollierter Freisetzung, insbesondere von Mikrokapseln, ist die Verringerung der physikalischen Unverträglichkeit, wenn Mischungen im Sprühtank verwendet werden. Sie können auch den biologischen Antagonismus verringern, wenn die Mischungen auf dem Feld angewendet werden.

Die Mikroverkapselung von Agrochemikalien erfolgt hauptsächlich durch Grenzflächenkondensation, In-situ-Polymerisation oder Koazervation. Die Grenzflächenkondensation ist vielleicht die in der Industrie am weitesten verbreitete Methode zur Verkapselung. Der Hauptwirkstoff, der öllöslich, öldispergierbar oder selbst ein Öl sein kann, wird zunächst mit einem geeigneten Tensid oder Polymer in Wasser emulgiert. Ein hydrophobes Monomer A befindet sich in der Ölphase (Öltröpfchen der Emulsion) und ein hydrophiles Monomer B in der wässrigen Phase. Die beiden Monomere interagieren an der Grenzfläche zwischen der Öl- und der wässrigen Phase und bilden eine Kapselwand um das Öltröpfchen. Es lassen sich zwei Haupttypen von Systemen unterscheiden. Ist das zu verkapselnde Material beispielsweise öllöslich, öldispergierbar oder selbst ein Öl, wird zunächst eine Öl-in-Wasser-Emulsion (O/W) hergestellt. In diesem Fall wird das hydrophobe Monomer in der Ölphase gelöst, die die dispergierte Phase bildet. Die Rolle des Tensids in diesem Prozess ist entscheidend, da ein Öl-Wasser-Emulgator (mit hohem hydrophil-lipophilem Gleichgewicht, HLB) erforderlich ist. Alternativ kann ein polymeres Tensid wie teilweise hydrolysiertes Polyvinylacetat (Polyvinylalkohol, PVAL) oder ein Ethylenoxid-Propylenoxid-Ethylenoxid-Blockcopolymer (PEO-PPO-PEO, Pluronic) verwendet werden. Der Emulgator steuert die Tröpfchengrößenverteilung und damit die Größe der gebildeten Kapseln. Ist das zu verkapselnde Material hingegen schwer löslich, wird eine Wasser-in-Öl-Emulsion (W/O) mit einem Tensid mit niedrigem HLB-Wert oder einem A-B-A-Blockcopolymer aus Polyhydroxystearinsäure-Polyethylenoxid-Polyhydroxystearinsäure (PHS-PEO-PHS) hergestellt. In diesem Fall wird das hydrophile Monomer in den wässrigen Tröpfchen der inneren Phase aufgelöst.

Bei der Grenzflächenpolymerisation sind die Monomere A und B polyfunktionelle Monomere, die in der Lage sind, eine Polykondensations- oder Polyadditionsreaktion an der Grenzfläche auszulösen. Beispiele für öllösliche Monomere sind mehrbasische Säurechloride, Bishalogenformiate und Polyisocyanate, während wasserlösliche Monomere Polyamine oder Polyole sein können. So kann eine Kapselwand aus Polyamid,

Polyurethan oder Polyharnstoff gebildet werden. Einige trifunktionale Monomere sind vorhanden, um Vernetzungsreaktionen zu ermöglichen. Wenn Wasser der zweite Reaktant mit Polyisocyanaten in der organischen Phase ist, werden Polyharnstoffwände gebildet. Die letztgenannte Modifikation wird als In-situ-Grenzflächenpolymerisation bezeichnet.

Eines der nützlichsten Verfahren zur Mikroverkapselung beinhaltet Reaktionen, die zur Bildung von Harnstoff-Formaldehyd-Harzen (UF-Harzen) führen. Harnstoff und andere Bestandteile wie Amine, Maleinsäureanhydrid-Copolymere oder Phenole werden der wässrigen Phase zugesetzt, die ölige Tröpfchen des zu verkapselnden Wirkstoffs enthält. Formaldehyd oder Formaldehyd-Oligomere werden zugegeben und die Reaktionsbedingungen so eingestellt, dass sich UF-Kondensate bilden, die manchmal als Aminoplaste bezeichnet werden und vorzugsweise die disperse Phase benetzen sollen. Die Reaktion wird über mehrere Stunden bis zum Abschluss fortgesetzt. Es können Produkte mit recht hoher Aktivität erhalten werden. Eine Abwandlung dieser Technik ist die Verwendung von etherifizierten UF-Harzen. Die UF-Präpolymere werden zusammen mit dem Wirkstoff in der organischen Phase unter Verwendung von Schutzkolloiden (z. B. PVAL) gelöst, und die Reaktion wird durch Temperatur und Säurekatalysator eingeleitet. Dies fördert die Bildung der Schale in der organischen Phase an der Grenzfläche zwischen den Tröpfchen in der Ölphase und der wässrigen Lösung.

Es sollte erwähnt werden, dass die Rolle der Tenside im Verkapselungsprozess sehr wichtig ist. Abgesehen von ihrer direkten Rolle bei der Herstellung von Mikrokapseldispersionen können Tenside dazu verwendet werden, die Freisetzung des Wirkstoffs aus der Mikrokapseldispersion zu steuern.

Die dritte Rolle des Tensidsystems in Agrochemikalien besteht darin, die biologische Wirksamkeit zu verbessern. Es ist wichtig, optimale Bedingungen für eine wirksame Anwendung der Agrochemikalien zu schaffen.

Die Optimierung der Übertragung der Agrochemikalie auf das Ziel erfordert eine sorgfältige Analyse der einzelnen Schritte bei der Anwendung. Die meisten Agrochemikalien werden als Flüssigspritzmittel ausgebracht, insbesondere bei der Blattanwendung. Die ausgebrachten Sprühmengen reichen von hohen Werten in der Größenordnung von 1000 Litern pro Hektar (wobei das agrochemische Konzentrat mit Wasser verdünnt wird) bis zu sehr geringen Mengen in der Größenordnung von 1 Liter pro Hektar (wenn die agrochemische Formulierung ohne Verdünnung ausgebracht wird). Es werden verschiedene Sprühtechniken angewandt, von denen das Sprühen mit hydraulischen Düsen wahrscheinlich die häufigste ist. In diesem Fall wird die Agrochemikalie in Form von Sprühtröpfchen mit einem breiten Spektrum an Tröpfchengrößen (in der Regel im Bereich von 100 bis 400 μm Durchmesser) ausgebracht. Bei der Anwendung sind Parameter wie das Tröpfchengrößenspektrum, die Impaktion und Adhäsion, das Gleiten und Zurückhalten, die Benetzung und Ausbreitung von größter Bedeutung, um eine maximale Erfassung durch die Zieloberfläche sowie eine angemessene Abdeckung der Zieloberfläche zu gewährleisten. Neben diesen „oberflächenchemischen" Faktoren, d. h. der Wechselwirkung mit verschiedenen Grenzflächen, sind weitere Parameter, die die biologische Wirksamkeit beeinflussen, die Bildung von Ablagerungen, die Penetration und die Wechselwirkung mit dem Wirkort. Die Bildung von Ablagerungen, d. h. von Rückständen, die nach der Verdunstung der Sprühtröpfchen zurückbleiben, wirkt sich direkt auf die Wirksamkeit des Pestizids aus, da diese Rückstände als „Reservoir" für die Agrochemikalie fungieren und somit die Wirksamkeit der Chemikalie nach der Anwendung steuern. Die Penetration der Agrochemikalie und ihre Interaktion mit dem Wirkort sind bei systemischen Verbindungen sehr wichtig. Die Verbesserung der Penetration ist manchmal entscheidend, um zu verhindern, dass die Agrochemikalie durch Umwelteinflüsse wie Regen und/oder Wind entfernt wird. All diese Faktoren werden durch Tenside und Polymere beeinflusst. Darüber hinaus bestehen einige Hilfsstoffe, die in Kombination mit der Formulierung verwendet werden, aus Ölen und/oder Tensidmischungen. Sowohl statische als auch dynamische Faktoren, z. B. die statische und dynamische Oberflächenspannung und der Kontaktwinkel, sowie ihre Auswirkungen auf die Penetration und Aufnahme der Chemikalie müssen untersucht werden.

Im Allgemeinen gibt es zwei Hauptansätze für die Auswahl von Adjuvantien:

1. Ein physikalisch-chemischer Ansatz, der darauf abzielt, die Dosis der Agrochemikalie zu erhöhen, die von der Zielpflanze oder dem Zielinsekt aufgenommen wird, d. h. die Ablagerung, Benetzung, Ausbreitung, Adhäsion und Retention zu verbessern.
2. Aktivierung der Aufnahme, die durch die Zugabe eines Tensids verstärkt wird. Dies ist das Ergebnis spezifischer Wechselwirkungen zwischen dem Tensid, der Agrochemikalie und der Zielart. Die Wechselwirkungen stehen möglicherweise nicht im Zusammenhang mit den intrinsischen oberflächenaktiven Eigenschaften des Tensids/Adjuvans.

Die beiden oben genannten Ansätze müssen bei der Auswahl eines Hilfsstoffs für eine bestimmte Agrochemikalie und die Art der verwendeten Formulierung berücksichtigt werden. Die wichtigsten Adjuvantien sind:

1. Tenside;
2. Polymere.

In einigen Fällen werden diese in Kombination mit Pflanzenölen (z. B. Methyloleat) verwendet. Es können mehrere komplexe Rezepturen verwendet werden, und in vielen Fällen ist die genaue Zusammensetzung eines Hilfsstoffs nicht genau bekannt.

Adjuvantien werden auf zwei verschiedene Arten angewendet:

1. Einarbeitung in die Formulierung; dies ist meist bei fließfähigen Produkten (SC und EW) der Fall.
2. Verwendung in Tankmischungen während der Anwendung. Solche Adjuvantien können komplexe Mischungen aus verschiedenen Tensiden, Ölen, Polymeren usw. sein.

Die Wahl eines Hilfsstoffes hängt ab von:

1. der Art der Agrochemikalie, wasserlöslich oder unlöslich (lipophil), wobei ihre Löslichkeit und ihr logP-Wert wichtig sind;
2. der Wirkungsweise der Agrochemikalie, d. h. systemisch oder nicht-systemisch, selektiv oder nicht-selektiv;
3. der Art der verwendeten Formulierung, d. h. fließfähig, EC, Korn, Granulat, Kapsel usw.

Die wichtigsten Adjuvantien sind oberflächenaktive Stoffe vom anionischen, nichtionischen oder zwitterionischen Typ. In einigen Fällen werden Polymere als Kleber oder Antidriftmittel zugesetzt. Die Tensidmoleküle lagern sich aufgrund ihrer dualen Natur an verschiedenen Grenzflächen an. Dies führt zu einer Verringerung der Oberflächenspannung Luft/Flüssigkeit, γ_{LV}, und der Grenzflächenspannung fest/flüssig, γ_{SL}. Bei allmählicher Erhöhung der Tensidkonzentration nehmen sowohl γ_{LV} als auch γ_{SL} ab, bis die kritische Mizellbildungskonzentration (CMC) erreicht ist, nach der beide Werte praktisch konstant bleiben. Diese Situation stellt die Gleichgewichtsbedingungen dar, bei denen die Adsorptions- und die Desorptionsrate gleich sind. Die Situation unter dynamischen Bedingungen, wie z. B. beim Sprühen, kann komplizierter sein, da die Adsorptionsgeschwindigkeit nicht der Geschwindigkeit der Tröpfchenbildung entspricht. Oberhalb der CMC werden Mizellen gebildet, die bei niedrigen C-Werten im Wesentlichen kugelförmig sind (mit einer Aggregatzahl im Bereich von 50 bis 100 Monomeren). Je nach den Bedingungen (z. B. Temperatur, Salzkonzentration, Struktur der Tensidmoleküle) können auch andere Formen entstehen, z. B. stäbchenförmige und lamellare Mizellen. Da Mizellen bei der Betrachtung von Adjuvantien eine entscheidende Rolle spielen, ist es wichtig, ihre Eigenschaften im Detail zu verstehen. Die Mizellenbildung ist ein dynamischer Prozess, d. h. es stellt sich ein dynamisches Gleichgewicht ein, bei dem die Tensidmoleküle ständig die Mizellen verlassen, während andere in die Mizellen eintreten (dasselbe gilt für die Gegenionen). Der dynamische Prozess der Mizellbildung wird durch zwei Relaxationsprozesse beschrieben:

1. Eine kurze Relaxationszeit τ_1 (in der Größenordnung von 10^{-8} bis 10^{-3} s), die die Lebensdauer eines Tensidmoleküls in einer Mizelle darstellt.
2. Eine längere Relaxationszeit τ_2 (in der Größenordnung von 10^{-3} bis 1 s), die ein Maß für den Prozess der Mizellbildung und Auflösung ist.

τ_1 und τ_2 hängen von der Struktur des Tensids und seiner Kettenlänge ab, und diese Relaxationszeiten bestimmen einige der wichtigen Faktoren bei der Auswahl von Hilfsstoffen, wie die dynamische Oberflächenspannung.

Der CMC-Wert nichtionischer Tenside ist in der Regel um zwei Größenordnungen niedriger als der der entsprechenden anionischen Tenside mit derselben Alkylkettenlänge. Dies erklärt, warum nichtionische Tenside bei der Auswahl von Adjuvantien im Allgemeinen bevorzugt werden. Bei einer gegebenen Reihe nichtionischer Tenside mit derselben Alkylkettenlänge nimmt der CMC-Wert mit der Abnahme der Anzahl der

Ethylenoxideinheiten (EO) in der Kette ab. Im Gleichgewicht verschieben sich die γ-logC-Kurven zu niedrigeren Werten, wenn die EO-Kettenlänge abnimmt. Unter dynamischen Bedingungen kann sich die Situation jedoch umkehren, d. h. die dynamischen Oberflächenspannungen könnten für das Tensid mit der längeren EO-Kette niedriger werden. Dieser Trend ist verständlich, wenn man die Dynamik der Mizellenbildung betrachtet. Das Tensid mit der längeren EO-Kette hat einen höheren CMC-Wert und bildet im Vergleich zu dem Tensid mit der kürzeren EO-Kette kleinere Mizellen. Dies bedeutet, dass die Lebensdauer einer Mizelle mit einer längeren EO-Kette kürzer ist als die einer Mizelle mit einer kürzeren EO-Kette. Dies erklärt, warum die dynamische Oberflächenspannung einer Lösung eines Tensids mit einer längeren EO-Kette niedriger sein kann als die einer Lösung eines analogen Tensids (bei gleicher Konzentration) mit einer kürzeren EO-Kette.

Bei einer Reihe von anionischen Tensiden mit der gleichen ionischen Kopfgruppe nimmt die Lebensdauer einer Mizelle mit abnehmender Alkylkettenlänge der hydrophoben Komponente ab. Die Verzweigung der Alkylkette könnte ebenfalls eine wichtige Rolle für die Lebensdauer einer Mizelle spielen. Daher ist es wichtig, bei der Auswahl eines Tensids als Hilfsstoff dynamische Oberflächenspannungsmessungen durchzuführen, da dies eine wichtige Rolle bei der Sprayretention spielen kann.

Die oben genannten Messungen sollten jedoch nicht isoliert betrachtet werden, da auch andere Faktoren eine wichtige Rolle spielen können, z. B. die Solubilisierung, die größere Mizellen erfordern kann. Die Auswahl eines Tensids als Adjuvans erfordert die Kenntnis der beteiligten Faktoren, auf die im Folgenden näher eingegangen wird.

Bei hohen Tensidkonzentrationen (in der Regel über 10 %) bilden sich mehrere flüssigkristalline Phasen. Es können drei Haupttypen von Flüssigkristallen unterschieden werden:

1. hexagonale (mittlere) Phase, die aus zylindrischen anisotropen Einheiten besteht und eine hohe Viskosität aufweist;
2. kubische, körperzentrierte, isotrope Phase mit einer höheren Viskosität als die hexagonale Phase;
3. lamellare (saubere) Phase, die aus blattartigen Einheiten besteht, die anisotrop sind, aber eine niedrigere Viskosität als die hexagonale Phase haben.

Die oben genannten Phasen können sich bei der Verdunstung eines Sprühtropfens bilden. In einigen Fällen bildet sich zunächst eine mittlere Phase, die bei weiterer Verdunstung eine kubische Phase bilden kann, die aufgrund ihrer sehr hohen Viskosität die Agrochemikalie einschließen kann. Dies könnte für einige der systemischen Fungizide von Vorteil sein, die „Ablagerungen" benötigen, die als Reservoir für die Chemikalie dienen. Die viskosen kubischen Phasen können auch die Zähigkeit der agrochemischen Partikel (insbesondere bei SC) und damit die Regenfestigkeit verbessern. Bei einigen anderen Anwendungen wird eine lamellare Phase bevorzugt, da diese (aufgrund ihrer geringeren Viskosität) eine gewisse Mobilität bietet.

Bei der Ausbringung einer Agrochemikalie in Form eines Sprühstrahls gibt es eine Reihe von Grenzflächen, bei denen die Wechselwirkung mit der Formulierung eine wichtige Rolle spielt. Die erste Grenzfläche bei der Anwendung ist die zwischen der Sprühlösung und der Atmosphäre (Luft), die das Tröpfchenspektrum, die Verdunstungsrate, die Drift usw. bestimmt. In diesem Zusammenhang ist die Adsorptionsrate des Tensids und/oder Polymers an der Grenzfläche zwischen Luft und Flüssigkeit von entscheidender Bedeutung. Dies erfordert dynamische Messungen von Parametern wie der Oberflächenspannung, die Aufschluss über die Adsorptionsgeschwindigkeit geben. Die zweite Grenzfläche ist die zwischen den auftreffenden Tröpfchen und der Blattoberfläche (bei Insektiziden kann die Wechselwirkung mit der Insektenoberfläche wichtig sein). Die auf die Oberfläche auftreffenden Tröpfchen durchlaufen eine Reihe von Prozessen, die ihre Adhäsion und Retention sowie ihre weitere Ausbreitung auf der Zieloberfläche bestimmen. Die Verdunstungsrate des Tröpfchens und der Konzentrationsgradient des Tensids im Tröpfchen bestimmen die Art der gebildeten Ablagerung. Diese Prozesse der Impaktion, Adhäsion, Retention, Benetzung und Ausbreitung sowie die Interaktion mit der Blattoberfläche werden alle von der Art und Konzentration des verwendeten Tensids beeinflusst.

11.4 Tenside in Farben und Beschichtungen [6]

Farben oder Oberflächenbeschichtungen sind komplexe mehrphasige kolloidale Systeme, die als kontinuierliche Schicht auf eine Oberfläche aufgetragen werden. Eine Farbe enthält in der Regel pigmentierte Stoffe, um sie von klaren Filmen, die als Klarlacke oder Lasuren bezeichnet werden, zu unterscheiden. Der Hauptzweck eines Anstrichs oder einer Oberflächenbeschichtung besteht darin, der Oberfläche ein ästhetisches Aussehen zu verleihen, gleichzeitig wird sie aber auch geschützt. Eine Autolackierung kann beispielsweise das Aussehen der Karosserie verbessern, indem sie ihr Farbe und Glanz verleiht, und sie schützt die Karosserie auch vor Korrosion.

Bei der Entwicklung einer Farbformulierung muss man die spezifischen Wechselwirkungen zwischen den Farbkomponenten und den Substraten kennen. Dieses Thema ist von besonderer Bedeutung, wenn es um die Ablagerung und Haftung der Komponenten auf dem Substrat geht. Bei Letzterem kann es sich um Holz, Kunststoff, Metall, Glas usw. handeln. Die Wechselwirkungskräfte zwischen den Farbkomponenten und dem Substrat müssen bei der Formulierung jeder Farbe berücksichtigt werden. Darüber hinaus kann die Art des Auftragens von einem Substrat zum anderen variieren. All diese Faktoren werden durch Tenside beeinflusst.

Um die grundlegenden Konzepte und die Rolle der Tenside zu verstehen, muss man sich zunächst mit den Farbkomponenten befassen. Die meisten Farbformulierungen bestehen aus dispersen Systemen (Feststoff in flüssiger Dispersion). Die disperse Phase besteht aus primären Pigmentteilchen (organisch oder anorganisch), die für Deckkraft, Farbe und andere optische Effekte sorgen. Diese befinden sich in der Regel im Submikronbereich. Andere grobe Partikel (meist anorganisch) werden in der Grundierung und im Vorlack verwendet, um das Substrat zu versiegeln und die Haftung der Deckschicht zu verbessern. Die zusammenhängende Phase besteht aus einer Lösung von Polymeren oder Harzen, die die Grundlage für einen zusammenhängenden Film bilden, der die Oberfläche versiegelt und sie vor der äußeren Umgebung schützt. Die meisten modernen Farben enthalten Dispersionen, die als Filmbildner verwendet werden. Diese Dispersionen (mit einer Glasübergangstemperatur meist unterhalb der Umgebungstemperatur) koaleszieren auf der Oberfläche und bilden einen starken und dauerhaften Film. Die Farbformulierung kann noch weitere Bestandteile enthalten, wie Korrosionsschutzmittel, Trockner, Fungizide usw.

Die primären Pigmentteilchen (normalerweise im Submikronbereich) sind für die Deckkraft, die Farbe und die Korrosionsschutzeigenschaften verantwortlich. Das wichtigste verwendete Pigment ist Titandioxid, das aufgrund seines hohen Brechungsindexes zur Herstellung weißer Farbe verwendet wird. Um eine maximale Streuung zu erreichen, muss die Partikelgrößenverteilung von Titandioxid innerhalb einer engen Grenze kontrolliert werden. Rutil mit einem Brechungsindex von 2,76 wird gegenüber Anatas, das einen niedrigeren Brechungsindex von 2,55 hat, bevorzugt. So bietet Rutil die Möglichkeit einer höheren Opazität als Anatas und ist widerstandsfähiger gegen Kreidung bei äußerer Einwirkung. Um eine maximale Opazität zu erreichen, sollte die Partikelgröße von Rutil zwischen 220 und 140 nm liegen. Die Oberfläche von Rutil ist photoaktiv und wird mit Siliziumdioxid und Aluminiumoxid in unterschiedlichen Anteilen beschichtet, um die Photoaktivität zu verringern.

Farbige Pigmente können aus anorganischen oder organischen Partikeln bestehen. Für ein schwarzes Pigment kann man Ruß, Kupferkarbonat, Mangandioxid (anorganisch) oder Anilinschwarz (organisch) verwenden. Für Gelb kann man Blei, Zink, Chromate, Cadmiumsulfid, Eisenoxide (anorganisch) oder Nickel-Azogelb (organisch) verwenden. Für Blau/Violett kann man Ultramarin, Preußischblau, Kobaltblau (anorganisch) oder Phthalocyanin, Indanthrenblau, Carbazolviolett (organisch) verwenden. Für Rot kann man Eisenoxidrot, Cadmiumselenid, Mennige, Chromrot (anorganisch) oder Toluidinrot, Chinacridon (organisch) verwenden.

Die Dispersion des Pigmentpulvers im kontinuierlichen Medium erfordert mehrere Prozesse, nämlich die Benetzung der äußeren und inneren Oberfläche der Aggregate und Agglomerate, die Trennung der Teilchen von diesen Aggregaten und Agglomeraten durch Anwendung mechanischer Energie, die Verdrängung der eingeschlossenen Luft und die Beschichtung der Teilchen mit dem Dispersionsharz. Außerdem müssen die Partikel entweder durch elektrostatische Doppelschichtabstoßung und/oder sterische Abstoßung gegen Ausflockung stabilisiert werden. Alle diese Verfahren erfordern die Verwendung eines Tensids.

Das Dispersionsmedium kann je nach Anwendung wässrig oder nicht-wässrig sein. Es besteht aus einer Dispersion des Bindemittels in der Flüssigkeit (die manchmal auch als Verdünnungsmittel bezeichnet wird). Der Begriff Lösungsmittel wird häufig verwendet, um Flüssigkeiten einzuschließen, die das polymere Bindemittel nicht auflösen. Lösungsmittel werden in Farben verwendet, um die Herstellung der Farbe zu ermöglichen, und sie ermöglichen das Auftragen der Farbe auf die Oberfläche. In den meisten Fällen wird das Lösungsmittel nach dem Auftragen durch einfaches Verdampfen entfernt, und wenn das Lösungsmittel vollständig aus dem Lackfilm entfernt wird, sollte es die Leistung des Lackfilms nicht beeinträchtigen. In der Anfangsphase kann das zurückbleibende Lösungsmittel jedoch die Härte, Flexibilität und andere Filmeigenschaften beeinträchtigen. Bei Farben auf Wasserbasis kann das Wasser als echtes Lösungsmittel für einige der Komponenten wirken, sollte aber für den Filmbildner ein Nichtlösungsmittel sein. Dies ist insbesondere bei Dispersionsfarben der Fall.

Mit Ausnahme von Wasser handelt es sich bei allen in Oberflächenbeschichtungen verwendeten Lösungsmitteln, Verdünnungsmitteln und Verdünnern um organische Flüssigkeiten mit niedrigem Molekulargewicht. Es lassen sich zwei Arten unterscheiden: Kohlenwasserstoffe (sowohl aliphatische als auch aromatische) und sauerstoffhaltige Verbindungen wie Ether, Ketone, Ester, Etheralkohole usw. Lösungsmittel, Verdünner und Verdünnungsmittel steuern den Fluss der nassen Farbe auf dem Substrat, um einen zufriedenstellend glatten, gleichmäßigen, dünnen Film zu erhalten, der in einer bestimmten Zeit trocknet. In den meisten Fällen werden Lösungsmittelgemische verwendet, um die optimalen Bedingungen für den Farbauftrag zu erreichen. Die wichtigsten Faktoren, die bei der Auswahl von Lösungsmittelmischungen berücksichtigt werden müssen, sind ihre Löslichkeit, Viskosität, Siedepunkt, Verdampfungsrate, Flammpunkt, chemische Beschaffenheit, Geruch und Toxizität.

Wie bereits erwähnt, besteht das Dispersionsmedium aus einem Lösungsmittel oder Verdünnungsmittel und dem Filmbildner. Letzterer wird manchmal auch als „Bindemittel" bezeichnet, da er die partikelförmigen Bestandteile zusammenbindet und so den kontinuierlichen, filmbildenden Teil der Beschichtung bildet. Bei dem Filmbildner kann es sich um ein Polymer mit niedrigem Molekulargewicht (oleoresinöses Bindemittel, Alkyd, Polurethan, Aminoharze, Epoxidharz, ungesättigter Polyester), ein Polymer mit hohem Molekulargewicht (Nitrocellulose, Lösungsvinyl, Lösungsacryl), eine wässrige Dispersion (Polyvinylacetat, Acryl oder Styrol/Butadien) oder eine nichtwässrige Polymerdispersion (NAD) handeln. Die Polymerlösung kann in Form einer Feinpartikeldispersion in einem Nichtlösungsmittel vorliegen. In einigen Fällen kann das System eine gemischte Lösung/Dispersion sein, was bedeutet, dass die Lösung sowohl einzelne Polymerketten als auch Aggregate dieser Ketten (manchmal als Mizellen bezeichnet) enthält. Ein auffälliger Unterschied zwischen einem Polymer, das vollständig im Medium löslich ist, und einem, das Aggregate dieses Polymers enthält, ist die in beiden Fällen erreichte Viskosität. Ein Polymer, das vollständig im Medium löslich ist, weist bei einer bestimmten Konzentration eine höhere Viskosität auf als ein anderes Polymer (bei gleicher Konzentration), das Aggregate bildet. Ein weiterer wichtiger Unterschied ist der schnelle Anstieg der Lösungsviskosität mit zunehmendem Molekulargewicht bei einem vollständig löslichen Polymer.

Wenn das Polymer in Lösung Aggregate bildet, führt eine Erhöhung des Molekulargewichts des Polymers nicht zu einem dramatischen Anstieg der Viskosität.

Die frühesten filmbildenden Polymere, die in Farben verwendet wurden, basierten auf natürlichen Ölen, Gummis und Harzen. Modifizierte Naturprodukte basieren
auf Cellulosederivaten wie Nitrocellulose, die durch Nitrierung von Cellulose unter
genau festgelegten Bedingungen gewonnen wird. Auch organische Ester von Cellulose wie Acetat und Butyrat können benutzt werden. Eine weitere Klasse natürlich
vorkommender Filmbildner sind solche, die auf pflanzlichen Ölen und daraus ge-
wonnenen Fettsäuren basieren (nachwachsende Rohstoffe). Zu den in Beschichtungen verwendeten Ölen gehören Leinöl, Sojaöl, Kokosnussöl und Tallöl. Wenn sie
chemisch zu Harzen kombiniert werden, tragen die Öle zur Flexibilität und bei vielen
Ölen zum oxidativen Vernetzungspotenzial bei. Das Öl kann auch chemisch modifiziert werden (Beispiel: Hydrierung von Rizinusöl, das mit Alkydharzen kombiniert
werden kann, um bestimmte Eigenschaften der Beschichtung zu erzielen).

Ein weiteres früher verwendetes Bindemittel für Anstriche sind die ölhaltigen
Bindemittel, die durch Erhitzen von Ölen und entweder natürlichen oder vorbehan-
delten Harzen hergestellt werden, so dass sich das Harz im Ölanteil des Bindemittels auflöst oder dispergiert. Diese oleoresinösen Bindemittel wurden jedoch später
durch Alkydharze ersetzt, die wahrscheinlich eine der ersten Anwendungen synthe-
tischer Polymere in der Beschichtungsindustrie darstellen. Diese Alkydharze sind
Polyester, die durch Reaktion von Pflanzenöltriglyceriden, Polyolen (z. B. Glycerin)
und zweiwertigen Säuren oder deren Anhydriden gewonnen werden. Diese Alkydharze verbesserten die mechanische Festigkeit, die Trocknungsgeschwindigkeit und
die Haltbarkeit im Vergleich zu den ölhaltigen Trägern. Die Alkydharze wurden
auch modifiziert, indem ein Teil der zweiwertigen Säure durch ein Diisocyanat (z. B.
Toluoldiisocyanat, TDI) ersetzt wurde, um eine höhere Zähigkeit und schnellere
Trocknungseigenschaften zu erzielen.

Eine andere Art von Bindemitteln basiert auf (gesättigten und ungesättigten)
Polyesterharzen. Diese bestehen in der Regel hauptsächlich aus miteinander umge-
setzten zwei- oder mehrwertigen Alkoholen und zwei- oder dreiwertigen Säuren
oder Säureanhydriden. Sie wurden auch mit Silikon modifiziert, um ihre Haltbarkeit zu verbessern.

In jüngerer Zeit werden Acrylpolymere aufgrund ihrer hervorragenden Eigenschaften wie Klarheit, Festigkeit sowie Chemikalien- und Witterungsbeständigkeit in
Farben verwendet. Acrylpolymere sind Systeme, die in ihrer Struktur Acrylat- und
Methylacrylatester sowie andere ungesättigte Vinylverbindungen enthalten. Es können sowohl thermoplastische als auch duroplastische Systeme hergestellt werden,
wobei letztere so formuliert sind, dass sie Monomere mit zusätzlichen funktionellen
Gruppen enthalten, die nach der Bildung der ursprünglichen Polymerstruktur weiter
zu Vernetzungen reagieren können. Diese Acrylpolymere werden durch radikalische
Polymerisation synthetisiert. Die wichtigste polymerbildende Reaktion ist ein Ketten-
fortpflanzungsschritt, der auf einen anfänglichen Initiierungsprozess folgt. Eine

Vielzahl von Kettenübertragungsreaktionen ist möglich, bevor das Kettenwachstum durch einen Abbruchprozess beendet wird.

Durch Übertragung erzeugte Radikale können, wenn sie ausreichend aktiv sind, neue Polymerketten initiieren, wenn ein Monomer vorhanden ist, das leicht polymerisiert werden kann. Radikale, die durch Kettentransfermittel (niedermolekulare Mercaptane, z. B. primäres Octylmercaptan) erzeugt werden, sollen neue Polymerketten initiieren. Diese Mittel werden eingeführt, um das Molekulargewicht des Polymers zu kontrollieren.

Die zur Herstellung von Acrylpolymeren verwendeten Monomere sind von unterschiedlicher Natur und können im Allgemeinen als „hart" (wie Methylmethacrylat, Styrol und Vinylacetat) oder „weich" (wie Ethylacrylat, Butylacrylat, 2-Ethylhexylacrylat) eingestuft werden. Reaktive Monomere können auch Hydroxylgruppen aufweisen (z. B. Hydroxyethylacrylat). Saure Monomere wie Methacrylsäure sind ebenfalls reaktiv und können in geringen Mengen zugesetzt werden, damit die Säuregruppen die Dispersion der Pigmente verbessern können. Bei den praktischen Beschichtungssystemen handelt es sich in der Regel um Copolymere aus „hart" und „weich". Die Härte des Polymers wird durch seine Glasübergangstemperatur T_g charakterisiert.

Die große Mehrheit der Acrylpolymere besteht aus statistischen Copolymeren. Durch die Steuerung des Anteils der „harten" und „weichen" Monomere und des Molekulargewichts des fertigen Copolymers erhält man die richtige Eigenschaft, die für eine bestimmte Beschichtung erforderlich ist. Es können zwei Arten von Acrylharzen hergestellt werden, nämlich thermoplastische und duroplastische. Erstere finden Anwendung in Autolacken, obwohl sie einige Nachteile haben, wie z. B. Rissbildung bei Kälte, was einen Prozess der Plastifizierung erfordern kann. Diese Probleme werden durch die Verwendung von duroplastischen Acrylaten überwunden, welche die Chemikalien- und Alkalibeständigkeit verbessern. Außerdem kann man damit höhere Feststoffgehalte in billigeren Lösungsmitteln verwenden. Duroplastische Harze können selbstvernetzend sein oder ein mitreagierendes Polymer oder einen Härter erfordern.

Emulsionspolymere sind die am häufigsten verwendeten Filmbildner in der Beschichtungsindustrie. Dies gilt insbesondere für wässrige Dispersionsfarben, die für die Innendekoration verwendet werden. Diese wässrigen Emulsionsfarben werden bei Raumtemperatur aufgetragen, und die Emulsionspolymere koaleszieren auf dem Substrat und bilden einen thermoplastischen Film. Manchmal werden funktionelle Polymere zur Vernetzung des Beschichtungssystems verwendet. Die Polymerpartikel sind in der Regel submikron (0,1 bis 0,5 μm).

Im Allgemeinen gibt es drei Methoden zur Herstellung von Polymerdispersionen, nämlich Emulsions-, Dispersions- und Suspensionspolymerisation. Bei der Emulsionspolymerisation wird das Monomer in einem Nichtlösungsmittel, in der Regel Wasser, emulgiert, meist in Gegenwart eines Tensids. Ein wasserlöslicher Initiator wird zugegeben, und in dem wässrigen Medium bilden sich Polymerpartikel, die wachsen, wenn der Monomervorrat in den emulgierten Tröpfchen allmählich aufgebraucht ist.

Bei der Dispersionspolymerisation, die in der Regel zur Herstellung nichtwässriger Polymerdispersionen verwendet und allgemein als nichtwässrige Dispersionspolymerisation (NAD; engl. non-aqueous dispersion) bezeichnet wird, bilden Monomer, Initiator, Stabilisator (als Schutzmittel bezeichnet) und Lösungsmittel zunächst eine homogene Lösung. Die Polymerpartikel fallen aus, wenn die Löslichkeitsgrenze des Polymers überschritten wird. Die Partikel wachsen weiter, bis das Monomer verbraucht ist. Bei der Suspensionspolymerisation wird das Monomer in der kontinuierlichen Phase mit einem Tensid oder einem polymeren Suspensionsmittel emulgiert. Der Initiator (der öllöslich ist) wird in den Monomertröpfchen gelöst, und die Tröpfchen werden in unlösliche Partikel umgewandelt, es werden jedoch keine neuen Partikel gebildet.

Wie bereits erwähnt, wird bei der Emulsionspolymerisation das Monomer, z. B. Styrol oder Methylmethacrylat, das in der kontinuierlichen Phase unlöslich ist, mit Hilfe eines Tensids emulgiert, das an der Grenzfläche zwischen Monomer und Wasser adsorbiert. Die Mizellen des Tensids in der Gesamtlösung lösen einen Teil des Monomers auf. Ein wasserlöslicher Initiator wie Kaliumpersulfat $K_2S_2O_8$ wird hinzugefügt, der sich in der wässrigen Phase zersetzt und freie Radikale bildet, die mit den Monomeren interagieren und oligomere Ketten bilden. Lange Zeit wurde angenommen, dass die Keimbildung in den „monomer-gequollenen Mizellen" stattfindet. Dieser Mechanismus wurde damit begründet, dass die Reaktionsgeschwindigkeit oberhalb der kritischen Mizellbildungskonzentration stark ansteigt und dass die Anzahl der gebildeten Partikel und ihre Größe in hohem Maße von der Art des Tensids und seiner Konzentration (die die Anzahl der gebildeten Mizellen bestimmt) abhängen. Später wurde dieser Mechanismus jedoch in Frage gestellt und es wurde behauptet, dass das Vorhandensein von Mizellen bedeutet, dass ein Überschuss an Tensid vorhanden ist und die Moleküle leicht zu jeder Grenzfläche diffundieren.

Die am meisten akzeptierte Theorie der Emulsionspolymerisation wird als Theorie der koagulativen Keimbildung bezeichnet; es wurde ein zweistufiges Modell der koagulativen Keimbildung vorgeschlagen. Bei diesem Prozess wachsen die Oligomere durch Ausbreitung, gefolgt von einem Abbruchprozess in der kontinuierlichen Phase. Es entsteht eine zufällige Spule, die im Medium unlöslich ist, und diese erzeugt ein Vorläufer-Oligomer am θ-Punkt. Die Vorläuferpartikel wachsen anschließend hauptsächlich durch Koagulation zu echten Dispersionspartikeln. Ein gewisses Wachstum kann auch durch weitere Polymerisation erfolgen. Die kolloidale Instabilität der Vorläuferpartikel kann durch ihre geringe Größe bedingt sein, und die langsame Polymerisationsgeschwindigkeit kann auf eine verminderte Quellung der Partikel durch das hydrophile Monomer zurückzuführen sein. Die Rolle der Tenside in diesen Prozessen ist von entscheidender Bedeutung, da sie die Stabilisierungseffizienz bestimmen und die Wirksamkeit des oberflächenaktiven Mittels letztlich die Anzahl der gebildeten Partikel bestimmt. Dies wurde durch die Verwendung von Tensiden unterschiedlicher Art bestätigt. Die Wirksamkeit eines jeden Tensids bei der Stabilisierung der Partikel war der dominierende Faktor und die Anzahl der gebildeten Mizellen war relativ unwichtig.

Eine typische Emulsionspolymerisationsformulierung enthält Wasser, 50 % Monomer, das für die erforderliche Glasübergangstemperatur T_g zugemischt wird, Tensid (und oft Kolloid), Initiator, pH-Puffer und Fungizid. Harte Monomere mit einer hohen T_g werden bei der Emulsionspolymerisation verwendet, z. B. Vinylacetat, Methylmethacrylat und Styrol. Zu den weichen Monomeren mit einem niedrigen T_g gehören Butylacrylat, 2-Ethylhexylacrylat, Vinylversatat und Maleinsäureester. Am besten geeignet sind Monomere mit geringer, aber nicht zu geringer Wasserlöslichkeit. Andere Monomere wie Acrylsäure, Methacrylsäure und haftungsfördernde Monomere können in die Formulierung aufgenommen werden. Es ist wichtig, dass die Dispersionspartikel bei der Verdunstung des Verdünnungsmittels koaleszieren. Die minimale Filmbildungstemperatur (MFFT) der Farbe ist eine Eigenschaft des Farbsystems. Sie steht in engem Zusammenhang mit der T_g des Polymers, doch kann letztere durch vorhandene Materialien wie Tenside und die Inhomogenität der Polymerzusammensetzung an der Oberfläche beeinflusst werden. Polymere mit hoher T_g koaleszieren bei Raumtemperatur nicht, und in diesem Fall wird ein Weichmacher („Koaleszenzmittel") wie Benzylalkohol in die Formulierung aufgenommen, um die T_g des Polymers zu verringern und damit die MFFT der Farbe zu reduzieren. Natürlich muss für jedes Farbsystem die MFFT bestimmt werden, da, wie oben erwähnt, die T_g des Polymers stark von den Inhaltsstoffen der Farbformulierung beeinflusst wird.

Bei der Emulsionspolymerisation können verschiedene Arten von Tensiden verwendet werden, z. B. anionische Tenside (Sulfate, Sulfonate, Phosphate), kationische Tenside (Alkylammonium-Tenside), zwitterionische Tenside (Betaine) und nichtionische Tenside (Alkohol- und Alkylphenolethoxylate, Sorbitan-Ester und deren Ethoxylate, Aminoxide, Alkylglucoside).

Tenside spielen eine zweifache Rolle: Erstens bieten sie dem Monomer einen Ort, an dem es polymerisieren kann, und zweitens stabilisieren sie die sich bildenden Polymerpartikel. Darüber hinaus aggregieren Tenside zu Mizellen (oberhalb der kritischen Mizellbildungskonzentration), die die Monomere auflösen können. In den meisten Fällen wird für die optimale Herstellung von Polymerdispersionen eine Mischung aus anionischen und nichtionischen Tensiden verwendet. Kationische Tenside werden nur selten verwendet, außer für bestimmte Anwendungen, bei denen eine positive Ladung auf der Oberfläche der Polymerteilchen erforderlich ist.

Zusätzlich zu den Tensiden benötigen die meisten Dispersionszubereitungen den Zusatz eines Polymers (manchmal auch als „Schutzkolloid" bezeichnet) wie teilweise hydrolysiertes Polyvinylacetat (im Handel als Polyvinylalkohol, PVAL, bezeichnet), Hydroxyethylcellulose oder ein Blockcopolymer aus Polyethylenoxid (PEO) und Polypropylenoxid (PPO). Diese Polymere können mit unterschiedlichen Molekulargewichten oder Anteilen von PEO und PPO geliefert werden.

11.5 Tenside in Detergenzien [7]

Die Hauptfunktion eines Waschmittels besteht darin, Schmutz zu entfernen: wasserlösliche Stoffe (anorganische Salze, Zucker usw.), Partikel (Metalloxide, Karbonate, Ruß usw.), Fette und Öle (tierisches Fett, Pflanzenöl, Talg, Fett usw.), Proteine (aus Blut, Ei, Milch usw.), Kohlenhydrate (Stärke), bleichbare Farbstoffe (Obst, Gemüse, Kaffee, Tee usw.). Bei jeder Waschtechnologie hängt die Reinigungsleistung von den spezifischen Wechselwirkungen zwischen der Substratoberfläche, dem Schmutz und den Waschmittelkomponenten ab. Das Verständnis dieser Wechselwirkungen ermöglicht die Entwicklung effizienter und wirtschaftlicher Waschmittel.

Die physikalische Entfernung des Schmutzes von einer Oberfläche erfolgt durch die unspezifische Adsorption von Tensiden an den verschiedenen vorhandenen Grenzflächen und durch die spezifische Adsorption von Chelatbildnern an bestimmten polaren Schmutzbestandteilen. Ein indirekter Effekt wird durch den Austausch von Calciumionen verursacht, wobei die Freisetzung von Calciumionen aus Schmutzablagerungen und Fasern eine Auflockerung der Struktur des Rückstands bewirkt. Die Kompression der elektrischen Doppelschichten an den Grenzflächen ist erheblich. Alle diese Effekte wirken zusammen, um ölige und partikelförmige Verschmutzungen von textilen Substraten oder festen Oberflächen zu entfernen.

Um den Mechanismus der Schmutzentfernung zu verstehen, müssen mehrere Grenzflächeneigenschaften berücksichtigt werden: Die Luft/Wasser-Grenzfläche, die Oberflächenspannung, Benetzung, Schaumbildung und Elastizität des Films bestimmt; die Flüssig/flüssig-Grenzfläche, die Grenzflächenspannung, Grenzflächenviskosität und Emulgierung bestimmt; die Fest/flüssig-Grenzfläche, die die Stabilität der Suspension nach der Schmutzentfernung bestimmt; die Fest/fest-Grenzfläche, die die Haftung von Schmutzpartikeln oder Öltröpfchen am Substrat bestimmt.

Die Entfernung von Schmutz (flüssig oder fest) kann von „glatten" Oberflächen (z. B. in Geschirrspülern) oder von porösen oder faserigen Materialien (z. B. von Textilien) erfolgen. Ein gutes Reinigungs- oder Waschmittel muss drei Hauptfunktionen erfüllen:

1. gutes Benetzungsvermögen;
2. Fähigkeit, den Schmutz von der Oberfläche zu entfernen oder diesen Prozess zu unterstützen;
3. Fähigkeit, den einmal entfernten Schmutz zu lösen oder zu dispergieren und seine erneute Ablagerung auf der sauberen Oberfläche zu verhindern.

Um ein gutes Reinigungsmittel zu formulieren, muss man die verschiedenen Prozesse verstehen: Benetzung, Schmutzentfernung, Flüssigkeitsverschmutzung, Verhinderung der Wiederanlagerung von Schmutz.

Die besten Netzmittel sind nicht unbedingt die besten Reinigungsmittel. Um eine optimale Benetzung zu erreichen, muss die dynamische Oberflächenspannung gesenkt werden (das ist der Wert für sehr kurze Zeiträume, da der Prozess auf sehr kurzen Zeitskalen abläuft). Dies erfordert Moleküle mit kürzeren Alkylketten (C_8) und Tenside mit kurzen Relaxationszeiten für die Mizellen (normalerweise Moleküle mit hohem HLB-Wert).

Für eine optimale Reinigungswirkung benötigt man Moleküle mit hoher Oberflächenaktivität (maximale Senkung der Oberflächenspannung) und dies erfordert Moleküle mit einer Kettenlänge von C_{12} bis C_{14}. Tenside mit höherer Alkylkettenlänge sind nicht erwünscht, da sie hohe Krafft-Temperaturen aufweisen.

In der Praxis bestehen die meisten Detergenzien aus einer breiten Palette von Molekülen mit unterschiedlich langen Alkylketten und verschiedenen Kopfgruppen (anionisch oder nichtionisch mit einer Reihe von Ethylenoxideinheiten). Eine Waschmittelformulierung enthält auch andere Inhaltsstoffe wie Schaumverhinderer, Gerüststoffe zur Entfernung mehrwertiger Ionen, Polymere zur Verhinderung einer erneuten Ablagerung, Bleichmittel, Enzyme, Korrosionsinhibitoren, Duftstoffe, Farben usw.

Schmutz ist in der Regel ölhaltig und enthält Staub-, Ruß- und andere Partikel. Seine Entfernung erfordert den Ersatz der Grenzfläche Schmutz/Oberfläche (gekennzeichnet durch eine Spannung γ_{SD}) durch eine Grenzfläche Feststoff/Wasser (gekennzeichnet durch eine Spannung γ_{SW}) und eine Grenzfläche Schmutz/Wasser (gekennzeichnet durch eine Spannung γ_{DW}).

Die Adhäsionsarbeit zwischen einem Schmutzpartikel und einer festen Oberfläche, W_{SD}, ist gegeben durch:

$$W_{SD} = \gamma_{DW} + \gamma_{SW} - \gamma_{SD}. \tag{11.1}$$

Eine schematische Darstellung der Schmutzentfernung ist in Abb. 11.4 zu sehen.

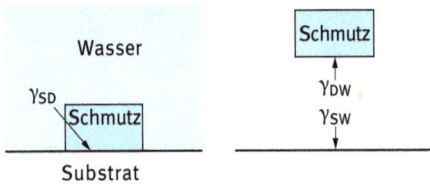

Abb. 11.4: Schematische Darstellung der Entfernung von Schmutz von einem Substrat.

Die Aufgabe des Waschmittels ist es, γ_{DW} und γ_{SW} zu senken, was γ_{SD} verringert und die Entfernung von Schmutz durch mechanisches Umrühren erleichtert.

Nichtionische Tenside sind im Allgemeinen weniger wirksam bei der Entfernung von Schmutz als anionische Tenside. In der Praxis wird eine Mischung aus anionischen und nichtionischen Tensiden verwendet.

Handelt es sich bei dem Schmutz um eine Flüssigkeit (Öl oder Fett), so hängt die Entfernung von der Ausgewogenheit der Kontaktwinkel ab. Das Öl oder Fett bildet einen kleinen Kontaktwinkel mit dem Substrat (wie in Abb. 11.5 dargestellt). Um den

Kontaktwinkel zwischen dem Öl und dem Substrat (und damit die Entfernung des Schmutzes) zu vergrößern, muss man die Grenzflächenspannung zwischen Substrat und Wasser, γ_{SW}, und die Grenzflächenspannung zwischen Öl und Wasser, γ_{DW}, verringern.

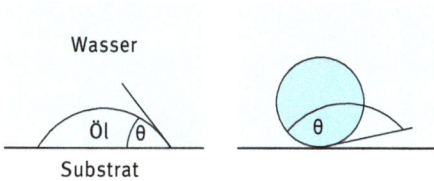

Abb. 11.5: Schematische Darstellung der Entfernung von Öl von einem Substrat.

Die Zugabe von Reinigungsmitteln vergrößert den Kontaktwinkel an der Grenzfläche Schmutz/Substrat/Wasser, so dass der Schmutz „abperlt" und sich vom Substrat löst. Tenside, die sowohl an der Grenzfläche Substrat/Wasser als auch an der Grenzfläche Schmutz/Wasser adsorbieren, sind am wirksamsten. Wenn das Tensid nur an der Schmutz/Wasser-Grenzfläche adsorbiert und die Grenzflächenspannung zwischen Öl und Substrat (γ_{SD}) herabsetzt, ist die Schmutzentfernung schwieriger. Nichtionische Tenside sind bei der Entfernung von flüssigem Schmutz am wirksamsten, da sie die Grenzflächenspannung zwischen Öl und Wasser verringern, ohne die Spannung zwischen Öl und Substrat zu verringern.

Um zu verhindern, dass sich Schmutzpartikel nach ihrer Entfernung wieder auf dem Substrat ablagern, müssen sie im Reinigungsbad auf kolloidchemischem Wege stabilisiert werden. Die Verhinderung kann durch elektrische Ladung und/oder sterische Barrieren erfolgen, die durch Adsorption der Tensidmoleküle aus dem Reinigungsbad sowohl durch die Schmutzpartikel als auch durch das Substrat entstehen. Die wirksamsten Detergenzien für diesen Zweck sind nichtionische Tenside vom Typ Poly(ethylenoxid). In einigen Formulierungen werden nichtionische Polymere oder Polyelektrolyte hinzugefügt, um die erneute Ablagerung von Schmutzpartikeln zu verhindern (z. B. Natriumcarboxymethylcellulose oder andere nichtionische Polymere).

Literatur

[1]   Th. F. Tadros, „Applied Surfactants", Wiley-VCH, Deutschland (2005).
[2]   Th. F. Tadros (ed.) „Colloids in Cosmetics", Wiley-VCH, Deutschland (2008).
[3]   D. Attwood and A. T. Florence, „Surfactant Systems", Chapman and Hall, London (1983).
[4]   Th. F. Tadros, „Surfactants in Agrochemicals", Marcel Dekker, New York (1994).
[5]   Th. F.Tadros, „Colloids in Agrochemicals", Wiley-VCH, Deutschland (2009).
[6]   Th. F. Tadros, „Colloids in Paints", Wiley-VCH, Deutschland (2010).
[7]   E. Smulders, „Laundry Detergents", Wiley-VCH, Deutschland (2002).

Register

https://doi.org/10.1515/9783110798579-012

www.ingramcontent.com/pod-product-compliance
Lightning Source LLC
Chambersburg PA
CBHW061359210326

41598CB00035B/6033